Inhaltsverzeichnis

Der Mensch als Umweltfaktor – Populationsdynamik und Biodiversität

Evolution

Neuronale Informationsverarbeitung

Verhaltensbiologie

6 Übungsaufgaben

7 Original-Prüfungsaufgaben 2015

1 Arbeiten mit Finale

Liebe Abiturientin, lieber Abiturient,

das große Finale der Schulzeit – das Abitur – ist in greifbare Nähe gerückt. Für die Oberstufe des Gymnasiums und die Abiturprüfung wünschen wir viel Erfolg! Damit die Ziele im Fach Biologie leichter erreicht werden können, steht der Finale Prüfungstrainer als kompetenter und zuverlässiger Begleiter zur Seite – bei der Vorbereitung von Klausur, schriftlicher Abiturprüfung oder Colloquium sowie bei der Nachbereitung der Unterrichtsinhalte. Die besondere Stärke von Finale liegt in der extrem kompakten Darstellung aller wesentlichen Inhalte der Jahrgangsstufen 11 und 12 im Fach Biologie. Dazu kommen Abituraufgaben und Übungsaufgaben mit Musterlösungen, die mithilfe von Selbstdiagnosebögen ermöglichen, die eigene Leistung einzuschätzen und gezielt an Schwächen zu arbeiten. Allgemeine Teile, die beispielsweise beim Erfassen und Bearbeiten von Prüfungsaufgaben helfen, runden das Buch ab. Der Finale-Prüfungstrainer gliedert sich in die folgenden Kapitel:

1 Arbeiten mit Finale

Neben der kurzen Einführung und Tipps zum Umgang mit diesem Buch finden sich hier Hinweise zu Prüfungsanforderungen und -gestaltung in der Oberstufe.

2 Operatoren, Anforderungsbereiche und inhaltliche Vorgaben

Dieses Kapitel gibt einen Überblick über „Arbeitsanweisungen“ in Aufgaben, sogenannte Operatoren, die eine eindeutige Fragestellung garantieren sollen. Ein Lehrplanauszug verdeutlicht die fachlichen Inhalte der Oberstufe.

3 Das mündliche Abitur

Hier finden Sie einen kurzen Einblick in die Besonderheiten der Colloqiumsprüfung.

4 Methoden- und Kommunikationskompetenz

Prüfungsmaterialien, wie beispielsweise Texte, Diagramme oder Schemata, erfassen und auswerten – dazu soll dieser Teil des Buches eine Hilfestellung geben.

5 Basiswissen

Das Basiswissen bietet eine kompakte Kurzfassung wesentlicher im Unterricht besprochener fachlicher Inhalte – inklusive der nötigen Fachbegriffe mit Definition.

6 Übungsaufgaben

Übungsaufgaben mit Musterlösungen und Selbstdiagnosebögen ermöglichen, Wissen und Fertigkeiten zu überprüfen sowie Stärken und Schwächen aufzudecken.

7 Original-Prüfungsaufgaben 2015

Die Aufgaben des letzten Abiturs (mit Musterlösung) geben einen Einblick in mögliche Fragestellungen und Schwierigkeitsgrad der offiziellen Abiturprüfung.

Prüfungen in der Oberstufe

Biologie in der Oberstufe – im Vergleich zur Unter-/Mittelstufe

Wird in der Oberstufe im Fach Biologie alles anders? Nein, sicherlich nicht – und dennoch ändert sich etwas sehr Wesentliches: Aus einem zweistündigen Nebenfach wird ein dreistündiges Fach mit Halbjahresklausur. Während in der Unter- und Mittelstufe lediglich der Stoff der letzen beiden Schulstunden beispielsweise für eine Stegreifaufgabe oder Abfrage relevant war, wird jetzt in einer Klausur der Stoff mehrerer Monate geprüft. Ein Überblick über das Wissen sowie eine Vernetzung von Inhalten ist folglich deutlich stärker gefordert als in den Jahren zuvor. Umso wichtiger wird daher, sich den Stoff kontinuierlich anzueignen und einen Überblick über etliche vorangegangene Unterrichtsstunden zu behalten, da die Inhalte eines Themas mitunter stark aufeinander aufbauen. Eine kurzzeitige, punktuelle Vorbereitung auf die Klausur – ohne erarbeitetes Vorwissen – wird vermutlich nicht zum gewünschten Ergebnis führen.

Prüfungen in der Oberstufe – Allgemeines

Schriftliche Prüfungen in der Oberstufe sind in der Regel „materialgebunden" und prüfen den Stoff anhand konkreter Beispiele ab. Als Vorlage dienen beispielsweise Diagramme, Tabellen, Texte, Skizzen oder Beschreibungen von Experimenten, die einen konkreten Fall darstellen. Diese müssen erfasst, erläutert, zusammengefasst und ausgewertet werden (siehe Kapitel 4 – Methoden- und Kommunikationskompetenz). Die Prüfungsaufgaben untergliedern sich dabei in unterschiedliche Teilaufgaben, die das vorliegende Material aus verschiedenen Blickwinkeln betrachten. Die „Arbeitsanweisungen" der Aufgaben sind durch festgelegte Operatoren genau beschrieben und variieren vom Schwierigkeitsgrad zwischen reiner Wiedergabe des erlernten Wissens und problemlösendem Denken. Normalerweise werden innerhalb einer Aufgabe fachliche Inhalte verschiedener Bereiche abgeprüft (siehe Kapitel 3 – Operatoren, Anforderungsbereiche und inhaltliche Vorgaben).

Klausuren in der Oberstufe

An vielen bayerischen Schulen werden für Biologieklausuren in der Oberstufe etwa zwischen 45 und 90 Minuten angesetzt. Pro Ausbildungsabschnitt wird eine Klausur geschrieben, die den Stoff mehrerer Monate abdeckt. Grundlage sind konkrete Fallbeispiele mit Materialien (siehe oben). Die erreichte Punktzahl der Klausur wird mit dem Durchschnitt aller anderen Leistungsnachweise dieses Ausbildungsabschnittes im Verhältnis 1:1 verrechnet und ist damit ein wesentlicher Bestandteil der Gesamtnote.

Schriftliche Abiturprüfung

Die zentral gestellte Abiturprüfung dauert 180 Minuten und ist aus drei Blöcken aufgebaut. Jeder Block hat ein Rahmenthema, erstreckt sich inhaltlich jedoch über Themenbereiche mehrerer Ausbildungsabschnitte und ist aus ca. 6 – 7 Teilaufgaben aufgebaut. Vom Kultusministerium werden für jeden Block zwei Alternativen zur Auswahl vorgegeben, was eine Anpassung an die gesetzten Schwerpunkte im Unterricht ermöglichen soll. Die Entscheidung, welche der Alternativen (A1 oder A2, B1 oder B2, ...) der drei Blöcke jeweils bearbeitet werden muss, fällt in der Regel der Kurslehrer zusammen mit einer weiteren Fachlehrkraft. Was auf den ersten Blick als Nachteil erscheinen mag (keine Wahlfreiheit) kann bei großer Anspannung vor der Abiturprüfung (der Normalfall vieler Prüflinge) auch als Vorteil gewertet werden. Die Prüfung komplett zu überblicken, Schwierigkeiten zu erkennen und das Geforderte anhand der Operatoren und vor dem Hintergrund der im Unterricht gelegten Schwerpunkte einzuschätzen würde in der Prüfungssituation sicherlich nicht immer leicht fallen.

Colloquium

Das Colloquium, eine 30-minütige, mündliche Prüfung, ist aus zwei Hauptteilen aufgebaut: Der erste Teil entspricht einem 10-minütigen Referat und einer 5-minütigen Fragezeit zu Themen des Referats und weiteren Themen des gewählten Schwerpunktes. In den verbleibenden 15 Minuten der Prüfung werden zu etwa gleichen Teilen zwei weitere Ausbildungsabschnitte geprüft. Die Wahl des Schwerpunktes erfolgt frei aus einer Themenbereichsliste, die der Kursleiter einige Zeit vor dem Abitur zur Verfügung stellt. Von den verbleibenden drei (nicht als Schwerpunkt gewählten) Halbjahren kann der Ausbildungsabschnitt 11/1 oder 11/2 gestrichen werden und ist damit nicht Bestandteil der Prüfung (weitere Informationen S. 18 ff.).

(Noten-)Punktesystem in der Oberstufe

Bewertet werden die Leistungen in der Oberstufe nach dem Punktesystem. Die Maximalpunktzahl von 15 (Noten-)Punkten entspricht dabei einer Note +1, 0 Punkte der Note 6. Vorteil dieses Systems: Auch die Tendenz der Note geht in die Abiturnote mit ein. Die Punktevergabe erfolgt dabei im Abitur entsprechend eines vorgegebenen Notenschlüssels. (siehe Tabelle). Dieser Abiturschlüssel kann in einen prozentualen Schlüssel umgewandelt werden (siehe rechte Spalte), der so oft auch in Klausuren und anderen Leistungserhebungen der Oberstufe Anwendung findet.

Punkte	Note	BE (Abitur)	%
15	1+	120 – 115	> 95
14	1	114 – 109	> 90
13	1–	108 – 103	> 85
12	2+	102 – 97	> 80
11	2	96 – 91	> 75
10	2–	90 – 85	> 70
9	3+	84 – 79	> 65
8	3	78 – 73	> 60
7	3–	72 – 67	> 55
6	4+	66 – 61	> 50
5	4	60 – 55	> 45
4	4–	54 – 49	> 40
3	5+	48 – 41	> 33,3
2	5	40 – 33	> 26,6
1	5–	32 – 25	> 20
0	6	24 – 0	20 – 0

Tipp

Häufig werden zu Beginn der Oberstufe Punktzahlen falsch eingeschätzt und nur zweistellige Punktzahlen als Erfolg gewertet, 9 Punkte (Note +3!) bereits als mäßige Leistung empfunden. Es empfiehlt sich daher, anfangs die Punkte bewusst in Noten umzurechnen und mit den Erwartungen/Zehntklassnoten zu vergleichen.

Kompetenzen in der Oberstufe nach EPA

EPA – „einheitliche Prüfungsanforderungen in der Abiturprüfung“

Die EPA der Kultusministerkonferenz der Länder legt fest, welche Kompetenzen ein Abiturient besitzen sollte. Sie ist damit Grundlage für die Erstellung von Abiturprüfungsaufgaben, Klausuren und anderen Leistungserhebungen in der Oberstufe. Die in der EPA formulierten Kompetenzen sind dabei als Fähigkeiten zu verstehen, Probleme selbstständig zu lösen – unter Verwendung allgemein naturwissenschaftlicher und fachspezifisch biologischer Arbeitstechniken und Methoden. Als die vier großen Kompetenzbereiche nennt die EPA neben den Fachkenntnissen die Kompetenzbereiche Methoden, Kommunikation und Reflexion. Um zu verstehen, nach welchen Kriterien beispielsweise Abitur- oder Klausuraufgaben erstellt werden, bietet es sich an, sich zumindest einen groben Überblick darüber zu verschaffen, was unter den verschiedenen Kompetenzbereichen zu verstehen ist. Dazu ist die folgende zusammenfassende Tabelle geeignet. Die Vorgaben im Detail finden sich im Internet auf der Seite www.kmk.org unter dem Suchbegriff „EPA Biologie“.

Fachkenntnisse	**Methoden**
• Fachkenntnisse anwenden: biologische Phänomene, Zusammenhänge, Theorien zur Erklärung • Fachkenntnisse fragestellungsbezogen und eigenständig strukturiert wiedergeben • Fachkenntnisse systematisieren und verknüpfen	• beobachten, vergleichen, beschreiben und erklären biologischer Phänomene • geeignete Untersuchungsmethoden finden und anwenden • biologische Prinzipien anwenden • Ursache und Wirkung unterscheiden • Experimente planen und durchführen • Fehlerdiskussionen führen • Hypothesen entwickeln und begründen • Modelle und Regeln erstellen und beurteilen • Materialien erschließen und auswerten
Kommunikation	**Reflexion**
• Inhalte strukturiert, verständlich und übersichtlich darstellen • auf das Wesentliche reduzieren • Sprache und Fachsprache angemessen verwenden • geeignete Präsentationsformen wählen • auf Nachfragen eingehen	• betrachten aus verschiedenen Blickwinkeln, eigenes Urteil fällen • Bedeutung biologischer Erkenntnisse im Alltag darstellen • Stellung des Menschen im biologischen System kritisch reflektieren • Einflüsse biologischer Forschung auf das Weltbild des Menschen darstellen

Die EPA zeigt deutlich, dass Fachwissen zwar eine wesentliche Grundlage für die Vorbereitung auf die Prüfungen der Qualifizierungsphase ist, jedoch für sich alleine nicht ausreicht. Ob Ihre Stärken im Bereich Fachkenntnisse oder in anderen Kompetbereichen liegen, lässt sich mit Hilfe der Selbstdiagnosebögen feststellen.

Umgang mit den Selbstdiagnosebögen

Aufbau eines Selbstdiagnosebogens

Im Kapitel 6 (Übungsaufgaben) findet sich – hinter Material, Aufgabenstellung und Lösung einer jeden Aufgabe – ein Selbstdiagnosebogen. Dieser ordnet den einzelnen Teilaufgaben detailliert zu, welche Kompetenzen jeweils abgeprüft wurden und welchen Schwierigkeitsgrad die Teilaufgabe (Anforderungsbereich AFB I/II/III, siehe Seite 12) hat. Er listet die erreichbaren Bewertungseinheiten (BE) für jede Teilaufgabe auf und gibt die Möglichkeit, jeweils die erreichte Zahl an Bewertungseinheiten einzutragen. Die letzte Spalte unterbreitet gezielte Förderungsvorschläge. Zur Verdeutlichung hier ein Ausschnitt eines Selbstdiagnosebogens (Übungsaufgabe 3):

Aufgabe Nr.	Kernkompetenzen	AFB	BE	erreichte BE	Förderung
1	Ableiten eines X-chromosomal-rezessiven Erbgangs aufgrund einer Stammbaumanalyse Begründeter Ausschluss von anderen Erbgängen mittels Beispielen aus dem Stammbaum	II III	10 5		MENDELsche Regeln, Stammbaumanalyse, Kriterien für bestimmte Erbgänge (S. 78 ff.)
2	Einfache Analyse der Genotypen durch Auswertung des Stammbaums	I	4		Stammbaumanalyse (S. 78 ff.)
3	Einfache Wahrscheinlichkeitsberechnung	II	5		MENDELsche Regeln (S. 75 ff.)

Chance des Selbstdiagnosebogens

Wurde eine Übungsaufgabe bearbeitet und die eigene Lösung mit der Musterlösung verglichen, können die erreichten Bewertungseinheiten in den Selbstdiagnosebogen eingetragen werden. Der Vergleich mit den Maximalleistungen ermöglicht es, festzustellen, in welchen Bereichen Stärken oder Schwächen vorhanden sind. Um die aufgetretenen Schwächen gezielt beseitigen zu können, werden in der letzten Spalte Vorschläge gemacht, an welcher Stelle des Buchs man die entsprechenden Kompetenzen nachlesen und üben kann oder wo das entsprechende Fachwissen zu finden ist. Prinzipiell empfiehlt es sich, bei häufig auftretenden methodischen Schwächen nochmals das 4. Kapitel (Methoden- und Kommunikationskompetenz), bei fachlichen Schwächen relevante Bereiche des 5. Kapitels (Basiswissen) durchzuarbeiten. Somit kann der Selbstdiagnosebogen ein Instrument sein, sich Aufbau und Anforderungen von Prüfungsaufgaben vor Augen zu führen, zu verstehen und die treffsichere und gezielte Beantwortung von Fragestellungen einzuüben.

2 Operatoren, Anforderungsbereiche und inhaltliche Vorgaben

Die Operatoren nach EPA

In der Abiturprüfung – wie auch den Klausuren und anderen Leistungserhebungen der Oberstufe – kommen in Aufgabenstellungen sogenannte Operatoren zum Einsatz. Es handelt sich um exakt definierte Arbeitsanweisungen, mit deren Hilfe Fragestellungen eindeutig zu beantworten sind und Fehldeutungen vermieden werden sollen. Sie geben an, in welcher Art und Weise und in welchem Umfang eine Aufgabe beantwortet werden soll.
So fordert beispielsweise der Operator „nennen“ oder „angeben“ eine reine Aufzählung von Fakten ohne Erklärung, die dementsprechend stichpunktartig oder halbsatzartig erfolgen kann. Im Vergleich dazu stehen die Operatoren „erklären“ oder „erläutern“ für eine weitaus umfassendere Art der Darstellung. Während beim „Erklären“ das Nachvollziehbar- und Verständlichmachen eines Sachverhaltes ausreichend ist, erfordert das „Erläutern“ eine besonders ausführliche, umfassende und anschauliche Art der Darstellung. Es ist daher ratsam, sich die Operatoren und andere wesentliche Aspekte der Aufgabenstellung vor der Bearbeitung einer Aufgabe bewusst zu machen – z. B. durch Anstreichen mit einem Textmarker.
Wer sich trotz der Operatoren dennoch unsicher ist bezüglich des geforderten Umfangs der Antwort, der sollte einen Blick auf die Bewertungseinheiten der Aufgabe werfen. Sie können eine zusätzliche Orientierung liefern, sind aber sicherlich nicht der entscheidende Faktor.
Operatoren sind häufig mit verschiedenen Schwierigkeitsgraden, sogenannten Anforderungsbereichen (AFB I-III, siehe Seite 12), verbunden. Auch wenn eine exakte Zuordnung nicht immer möglich ist, wird bei der folgenden Auflistung gängiger Operatoren eine grobe Einteilung vorgenommen.

Es empfiehlt sich, bei Aufgabenstellungen auch auf weitere Präzisierungen wie beispielsweise „kurz, knapp, exakt, ausführlich, erschöpfend, ...“ oder „ausgehend von, unter Mitverwendung von, ...“ zu achten, da sie die Arbeitsanweisung des Operators hervorheben oder näher eingrenzen können.

Operator	Definition	AFB
ableiten	auf der Grundlage von Erkenntnissen sachgerechte Schlüsse ziehen	II – III
analysieren/ untersuchen	wichtige Bestandteile oder Eigenschaften auf eine bestimmte Fragestellung hin herausarbeiten	II – III
angeben/ nennen	Elemente, Sachverhalte oder Daten ohne Erläuterung aufzählen	I
auswerten	Daten/Einzelergebnisse/Elemente in einen Zusammenhang stellen und ggf. zu einer Gesamtaussage zusammenfassen	II
begründen	Sachverhalte auf Regeln und Gesetzmäßigkeiten bzw. Ursache-Wirkung-Beziehungen zurückführen	II – III
beschreiben	Strukturen, Sachverhalte oder Zusammenhänge strukturiert und fachspezifisch richtig mit eigenen Worten wiedergeben	I
beurteilen	zu einem Sachverhalt ein selbstständiges Urteil mithilfe von Fachwissen/-methoden formulieren und begründen	III
bewerten	einen Gegenstand/Sachverhalt an erkennbaren Wertekategorien oder Beurteilungskriterien messen	III
charakterisieren	kurze und prägnante Darstellung typischer, wesentlicher Merkmale	I – II
darstellen	Sachverhalte, Zusammenhänge, Methoden, etc. strukturiert wiedergeben (ggf. unter Verwendung von Fachsprache)	I
deuten/ interpretieren	fachspezifische Zusammenhänge in Hinblick auf eine gegebene Fragestellung hin begründet darstellen	II – III
diskutieren/ erörtern	Argumente und Beispiele zu einer Aussage oder These einander gegenüberstellen und abwägen	II
erklären	mithilfe eigener Kenntnisse in einen Zusammenhang einordnen sowie ihn nachvollziehbar und verständlich machen	II
erläutern	einen Sachverhalt veranschaulichend darstellen und durch zusätzliche Informationen verständlich machen	I – II
ermitteln	einen Zusammenhang oder eine Lösung finden und das Ergebnis formulieren	II
Hypothese entwickeln …	begründete Vermutung auf der Grundlage von Beobachtungen, Untersuchungen, Experimenten, Aussagen formulieren	III
ordnen, (ein-/zu-)	Sachverhalte begründet in einen größeren Zusammenhang stellen	I – II
skizzieren	Sachverhalte, Strukturen oder Ergebnisse auf das Wesentliche reduziert übersichtlich grafisch darstellen	I
Stellung nehmen	nach kritischer Prüfung/sorgfältiger Abwägung eines nicht eindeutigen Gegenstandes ein begründetes Urteil abgeben	II
überprüfen/ prüfen	Sachverhalte oder Aussagen an Fakten oder innerer Logik messen und eventuelle Widersprüche aufdecken	III
vergleichen	Gemeinsamkeiten, Ähnlichkeiten und Unterschiede ermitteln	I – II
zeichnen	eine möglichst exakte grafische Darstellung beobachtbarer oder gegebener Strukturen anfertigen	I – II
zusammenfassen	das Wesentliche in konzentrierter Form herausstellen	I

Anforderungsbereiche

Jeder weiß nur zu gut, dass sich die einzelnen Aufgaben einer Prüfungsarbeit vom Schwierigkeitsgrad her stark unterscheiden. Neben „leichten“ Fragestellungen, die im Unterricht genau in dieser Form besprochen wurden oder deren Lösung dem Hefteintrag entspricht, gibt es Aufgaben, bei denen man erlerntes Wissen und Fähigkeiten auf unbekannte Themenbereiche anwenden muss oder bei denen Probleme gelöst werden müssen. Die verschiedenen Schwierigkeitsgrade werden dabei mit AFB I, AFB II und AFB III bezeichnet. Grob vereinfach entspricht dabei:

AFB I **„einfache“ Aufgabe** **„Wiedergabe“**
AFB II **„mittlere“ Aufgabe** **„Anwendung“**
AFB III **„schwere“ Aufgabe** **„Problemlösen“**

Genauer betrachtet stehen die unterschiedlichen Anforderungsbereiche und die verschiedenen Kompetenzbereiche nach EPA miteinander in Beziehung. Die folgende Tabelle gibt einen vereinfachten Überblick, wie die unterschiedlichen Kompetenzbereiche auf verschiedenen Ebenen abgeprüft werden.

	AFB I	**AFB II**	**AFB III**
Fachkenntnisse Fachwissen	wiedergeben	anwenden	transferieren, verknüpfen
Methoden Fachmethoden	beschreiben, durchführen	nutzen	problemorientiert auswählen, anwenden
Kommunikation Darstellungsformen	mit vorgegebener Darstellungsform arbeiten	geeignete Darstellungsform nutzen	Darstellungsform selbstständig auswählen/nutzen
Reflexion Bewertungen	nachvollziehen	beurteilen, kommentieren	selbst kritisch vornehmen

Die schlechte Nachricht: Bei einer Prüfung in der Oberstufe müssen in der Regel alle Anforderungsbereiche abgedeckt werden. Die gute Nachricht: Die Anforderungsbereiche I und II, die „einfacheren“ Aufgaben, stehen dabei deutlich im Vordergrund. Mit der Wiedergabe von erlerntem Wissen und der Anwendung von Wissen und Fertigkeiten sind in der Regel mehr als die Hälfte aller Aufgaben zu lösen. Im Abitur geht man von einer ungefähren prozentualen Verteilung der Bewertungseinheiten von ca. 30 % AFB I, etwa 50 % AFB II sowie um die 20 % AFB III aus. Eine gründliche Vorbereitung bezüglich Fachwissen und gängigen Fachmethoden legt also einen Grundstein für die Lösung eines Großteils der Aufgaben in der Oberstufe.

Anforderungen im Colloquium

Auch wenn in einer mündlichen (Colloquiums-)Prüfung natürlich ebenfalls die Operatoren Anwendung finden und die verschiedenen Anforderungsbereiche in angemessener Verteilung (Schwerpunkt AFB I + II) vorhanden sein müssen, liegt bei dieser Prüfung ein besonderes Gewicht auf dem Aspekt der „Kommunikation“. Die Fähigkeit, Inhalte in einer angemessenen Fachsprache unter Einsatz geeigneter Medien darzustellen, ist ein gewichtiger Teil der Note des Colloquiums. Es ist folglich ratsam, sich vorher darüber Gedanken zu machen, welche Medien (Tafel, Overheadprojektor, Folien, Folienstifte, ...) zur Verfügung stehen und wie man mit diesen Mitteln ein gelungenes Referat halten kann. Tipps und Tricks zur Colloquiumsprüfung finden sich im Kapitel 3 „Das mündliche Abitur“ (Seite 18 ff.).

Inhaltliche Vorgaben

Die Vorgaben für die im Unterricht zu behandelnden Themen und zu vermittelnden Kompetenzen sind im Lehrplan des Kultusministeriums verbindlich festgelegt. Unterricht und Leistungserhebungen werden nach den dort getroffenen Vorgaben geplant. Der vollständige Lehrplan ist im Internet unter www.isb-gym8-lehrplan.de (Kapitel III Jahrgangsstufen-Lehrplan – Jahrgangsstufe 11/12 – Biologie) zu finden. Er enthält sowohl fachliche Vorgaben als auch allgemeine Zielsetzungen. In der folgenden Tabelle sind die Schwerpunkte des Lehrplans im Überblick inklusive ihrer Gewichtung (Unterrichtsstundenzahl in Klammern) dargestellt.

Jahrgansstufe 11	**Jahrgangsstufe 12**
Stoffwechsel (26) Bau einer Zelle, Enzyme, Photosynthese, Zellatmung	Evolution (20) Evolutionstheorie nach Darwin, Entstehung von Leben/Vielfalt
Genetik/Gentechnik (48) Bau und Funktion der DNA, gentechnische Standardverfahren	Neurobiologie (15) Bau und Funktion von Nervenzellen, Synapsen
Ökologie (10) Vermehrung und Entwicklung von Populationen	Verhaltensbiologie (28) angeborenes/erlerntes Verhalten, Soziobiologie – Leben in der Gruppe

Für die Prüfungsvorbereitung sind in erster Linie die fachlichen Vorgaben des Lehrplans von Interesse, weshalb auf den folgenden vier Seiten ein Lehrplanauszug aus fachlicher Sicht zu finden ist. Besonders für die Abiturvorbereitung ist es unerlässlich, zu überprüfen, ob alle hier genannten Inhalte bekannt sind. Das Basiswissen dieses Buches orientiert sich im Wesentlichen an Inhalt und Reihenfolge der Lehrplanthemen.

Der folgende Auszug des Lehrplans Biologie 11/12 gibt einen Überblick über verbindlich vorgeschriebene Themen und **Begriffe** sowie *zusätzlich mögliche Inhalte*.

11.1 Strukturelle und energetische Grundlagen des Lebens (Stoffwechsel)

Organisation und Funktion der Zelle

- **Zelle: Biomembran** (Bau/Funktion), **Chloroplast, Mitochondrium, Zellkern**
- **Enzyme:** Abhängigkeit der **Enzymaktivität** von der Substratkonzentration, Temperatur, kompetitive/allosterische **Hemmung**

Energiebindung und Stoffaufbau durch Fotosynthese

- **Bedeutung der Fotosynthese:** organische Verbindungen als Energiespeicher, Wasserstoffübertragung zur Energieübertragung; *organische Kohlenstoffverbindungen als Energieträger in der Technik*
- Experimente zur Aufklärung der **Fotosynthese: Temperatur- und Lichtabhängigkeit** (Hinweise auf zwei Reaktionssysteme), **HILL-Reaktion, Absorptionsspektrum und Wirkungsspektrum, Tracer-Methode**
- **Lichtreaktionen** (**energetisch/chemiosmotisch,** Bruttogleichungen)
- **lichtunabhängige Reaktionen** (Bruttogleichung)
- Bedeutung der **Fotosyntheseprodukte** für die Pflanze: **Anabolismus und Katabolismus, Transport, Speicherung**
- **Abhängigkeit** der **Fotosyntheserate** von **Außenfaktoren** (Bedeutung und Anwendung)

Grundprinzipien der Energiefreisetzung durch Stoffabbau

- **anaerober Stoffabbau: Glykolyse** (nur Bruttogleichung), **alkoholische Gärung und Milchsäuregärung,** Bedeutung
- **aerober Stoffabbau: Zellatmung** (Bruttogleichung)
- **Stoff- und Energiegesamtbilanz** des anaeroben/aeroben Stoffabbaus

11.2 Genetik und Gentechnik

Molekulargenetik

- **DNA** als Speicher der genetischen Information, Vergleich mit **RNA**
- Prinzip der **komplementären Basenpaarung** durch Wasserstoffbrücken
- semikonservativer Mechanismus der **Replikation** (Meselson/Stahl)
- **Proteinbiosynthese** bei Prokaryoten: **genetischer Code**, Transkription und deren **Regulation**, Translation
- Besonderheiten Eukaryoten: **Mosaikgene, Intron, Exon, Prozessierung**
- **Genmutationen** (Ursachen/Folgen): Austausch, Verlust oder Einschub von Nukleotiden, Bedeutung von **Reparaturenzymen**, *Krebsentstehung*

Zytogenetik

- **Zellzyklus/Mitose:** Ablauf, Bedeutung, Mitosestadien lichtmikroskopisch
- geschlechtliche Fortpflanzung: Keimzellenbildung durch **Meiose** (Reduktions-/Äquationsteilung); Neukombination des Erbguts
- numerische Chromosomenaberration beim Menschen: **Trisomie 21, gonosomale Abweichungen**, Auswertung von **Karyogrammen**

Klassische Genetik

- **mono-/dihybrider Erbgang: Allelbegriff, dominant-rezessive Genwirkung**
- **MENDELsche Regeln:** statistischer Charakter
- **unvollständige** Dominanz, additive Polygenie, Genkoppelung/-austausch

Humangenetik

- **Erbgänge** beim Menschen, **Erbkrankheiten**
- **AB0-Blutgruppensystem (multiple Allelie, Kodominanz), Rhesussystem**
- genetische Familienberatung/Risikoabschätzung: **Stammbaumanalyse, Heterozygotentest, Pränataldiagnostik, ethische Analyse**

Gentechnik

- Neukombination von Erbanlagen mit molekulargenetischen Techniken: Einbringen von Fremd-DNA in Wirtszellen **(Viren/Plasmide als Vektoren)**, **Selektion** transgener Zellen durch Markergene, **Klonierung**
- bedeutsame Methoden der Gentechnik: **Gensonden, cDNA, PCR**
- Anwendung der **Gentechnik**: **genetischer Fingerabdruck, Beispiele** aus Tier- und Pflanzenzucht, Lebensmittel- und Medikamentenherstellung, Gendiagnostik und Gentherapie beim Menschen
- **ethische Aspekte**

11.3 Der Mensch als Umweltfaktor – Populationsdynamik und Biodiversität (Ökologie)

Ökologie

- idealisierte **Populationsentwicklung**: **Wachstumsphasen**
- Einfluss von Umweltfaktoren auf die Entwicklung von Populationen: **logistisches Wachstum**
- Bedeutung verschiedener **Fortpflanzungsstrategien**
- **Populationsentwicklung des Menschen**
- Einflüsse des Menschen auf die Artenvielfalt (z. B. Tier-/Pflanzentransfer, wirtschaftliche Nutzung, Freizeit, Schadstoffeintrag, Klimaveränderungen)
- **Biodiversität:** Bedeutung (ökologisch/ökonomisch), **Bioindikatoren**
- *Umweltmanagement: Natur-/Artenschutz, Nachhaltigkeit, internationale Abkommen*

12.1 Evolution

Evolutionsforschung

- Gemeinsamkeiten/Vielfalt fossiler/rezenter Lebewesen (Evolutionsdokument)
- **CUVIER, LAMARCK** und **DARWIN** (Vergleich der Theorien, Entwicklung des Evolutionsgedankens, Auswirkung auf Ordnungssysteme)
- **morphologischer** und **biologischer Artbegriff**
- Beurteilung von Ähnlichkeiten zur Rekonstruktion der Stammesgeschichte: **Homologiekriterien** (Beispiele: Anatomie, Embryologie, Molekularbiologie)
- **Analogie** und **konvergente Entwicklung**

Mechanismen der Evolution

- **erweiterte Evolutionstheorie:** Zusammenspiel von Evolutionsfaktoren
- Allelfrequenzänderung durch Mutation/Rekombination (Evolutionsgeschwindigkeit), **Selektion** (Formen), **Gendrift**
- **Rassen- und Artbildung** infolge reproduktiver und geografischer **Isolation**; **adaptive Radiation**

Evolutionsprozesse

- Hypothesen zu den Anfängen des Lebens: **chemische Evolution, erste** hypothetische **Zellen**, **Ernährungsformen, Vielzelligkeit**
- Evolutionsschübe nach **Massenaussterben**
- **Koevolution:** Bestäuber – Blütenpflanze, Wirt – Parasit

Evolution des Menschen

- Einordnung des **Homo sapiens** im System anhand **anatomischer, chromosomaler** und **molekularer Merkmale**
- Faktoren bei der **Hominiden-Entwicklung**: Umweltveränderungen, anatomisch-morphologische Veränderungen, soziale und kulturelle Evolution

12.2 Neuronale Informationsverarbeitung (Neurobiologie)

Neuron – Ruhe- und Aktionspotenzial

- **Bau eines Neurons,** myelinisierte und nicht myelinisierte Nervenfaser
- **Ruhepotenzial:** Modellvorstellung zur Entstehung und Aufrechterhaltung
- **Aktionspotenzial:** Auslösebedingungen, zeitlicher Verlauf, absolute/relative **Refraktärphase**
- Modellvorstellung zu Entstehung, Verlauf und **Weiterleitung** des Aktionspotenzials

Synapsen

- elektrochemische Vorgänge an chemischen **Synapsen**
- **erregende** und **hemmende** Synapsen
- Wirkung von **Nervengiften**, Medikamenten und Suchtmitteln
- *Lernen/Gedächtnis (neuronal), Parkinson, Multiple Sklerose, Alzheimer*

12.3 Verhaltensbiologie

Vollständig und überwiegend genetisch bedingte Verhaltensweisen (Ethologie)

- unbedingte **Reflexe**
- **Instinkthandlungen** (Erbkoordinationen): Voraussetzungen (innere Faktoren, reaktionsauslösende Reize), ungerichtetes Appetenzverhalten, Filtermechanismen, Taxis, Endhandlung, **Attrappenversuche**
- **Mann-Frau-Schema, Kindchenschema:** Rolle in Gesellschaft und Medien
- **Kaspar-Hauser**-Experimente: Hinweise auf angeborenes Verhalten

Erweiterung einfacher Verhaltensweisen durch Lerneinflüsse (Ethologie)

- **Prägung:** Kriterien, biologische Bedeutung
- **prägungsähnliche Vorgänge beim Menschen, Hospitalismus**
- Modifikation einer Erbkoordination durch **Erfahrung**
- **Konditionierung:** Lernen der Bedeutung eines Reizmusters/einer Handlung
- *Spielverhalten, Nachahmung und Tradition, kognitives Lernen*

Kooperation (Individuum und soziale Gruppe)

- **Kooperation** (Nahrungserwerb, Schutz, Verteidigung, Fortpflanzung)
- **Kosten-Nutzen-Betrachtung, Optimalitätsmodell**
- **altruistisches Verhalten: Helfergesellschaften, Eusozialität, Hamilton-Regel** (Verwandtschaftsgrad)
- direkter/indirekter Fortpflanzungserfolg (evolutionsstabile Strategie)

Kommunikation (Individuum und soziale Gruppe)

- **Sender-Empfänger-Modell**
- situations-/biotopabhängige Nutzung verschiedener Sinneskanäle
- **Kosten-Nutzen-Betrachtung:** Signalisieren, Signalempfang, Signalfälschung

Aggression (Individuum und soziale Gruppe)

- **Intensitätsstufen:** Imponieren und Drohen, Kämpfen, Beschädigen
- **Formen der Aggressionskontrolle:** Beschwichtigung, Rangordnung, Territorialität, Migration
- **proximate Ursachen aggressiver Verhaltensweisen:** hormonelle Einflüsse, Versorgungszustand, Verfügbarkeit von Ressourcen, Umwelteinflüsse
- **ultimate Ursachen**: Kosten-Nutzen-Analyse, Aggression *z. B. über Spieltheorie*

Sexualverhalten (Individuum und soziale Gruppe)

- **Sexualverhalten:** Partnerfindung/-bindung **(Balzverhalten, Sexualtrachten)**
- ökologische Bedingungen und Paarungssysteme: **Monogamie, Polygamie, Kosten-Nutzen-Analyse** und Fortpflanzungserfolg
- **Infantizid**

- *Aggressionsmodelle, Haltungsbedingungen bei Tieren, menschliches Verhalten*

3 Das mündliche Abitur

Biologie Colloquium oder schriftliche Prüfung? – „... das ist hier die Frage!“

Ganz so dramatisch, wie die Frage in Shakespeares Meisterstück, wird diese Entscheidung gewiss nicht sein – und doch sind einige bei der Suche nach der „richtigen“ Entscheidung genauso zerrissen wie Hamlet. Gleich vorneweg: Die „tatsächliche“ Entscheidung kann Ihnen keiner abnehmen. Ob die „tatsächliche“ dann auch die „richtige“ Entscheidung war, gehört häufig eher in den Bereich der Philosophie als an diese Stelle. Selbst die Prüfungsergebnisse lassen noch so viel Spielraum für die subjektive Bewertung der erreichten Leistungen, dass die Frage „was wäre wenn“ nie beantwortet werden kann. Was folgt daraus? Wenn man sich nach reiflicher Überlegung entschieden hat, sollte man diese Wahl nicht ständig hinterfragen. Dies würde vor der Prüfung nur zu Verunsicherung und im Nachhinein zu sinnloser Frustration führen. Ist man bei der Wahl also auf sich alleine gestellt? Nein! Beispielsweise kann der Lehrer, der sowohl die Prüfungsformen als auch Ihre persönlichen Stärken und Schwächen aus Unterricht und Leistungserhebungen kennt, Ihnen sicherlich Tipps geben, welche Prüfungsform aus seiner Sicht für Sie besser geeignet ist. Des Weiteren helfen eventuell folgende allgemeinen Überlegungen:

Was erwartet Sie in der **schriftlichen** Prüfung? Vermutlich eine ähnliche Prüfung wie die Klausurarbeiten der vier Halbjahre zuvor. Die Aufgaben sind stark **„materialgebunden“** (Diagramme, Texte, Skizzen, Beschreibungen von Experimenten, ... – konkrete Beispiele) und beinhalten Teilaufgaben unterschiedlicher Schwierigkeitsgrade. Jeder Themenblock besitzt ein Rahmenthema, geht im Unterschied zur Klausur jedoch inhaltlich betrachtet auf verschiedene Bereiche ein. Bei der Beantwortung der Fragen steht weniger das Wissensdetail im Vordergrund als das Überblicken des Stoffes und das Anwenden biologischer Fertigkeiten. Verschaffen Sie sich einen Eindruck anhand der letztjährigen Abituraufgaben (siehe Seite 185 ff.) – aber bitte dabei nicht vergessen: Zum derzeitigen Zeitpunkt fehlt Ihnen vielleicht noch die Vorbereitung, nur die Hälfte der Fragenblöcke wurden im Abitur ausgewählt und für eine „gute“ (Note 2) Beantwortung sind 70 % (und nicht 100 %) der Bewertungseinheiten (BE) erforderlich.

Was ist das besondere am **Colloquium**? In der mündlichen Prüfung hat die Darbietung in einer angemessenen Fachsprache einen relativ hohen Stellenwert. Einem Referat mit Fragen zum gewählten Schwerpunkt folgt ein allgemeiner Teil zu den beiden nicht ausgeschlossenen, verbleibenden Semestern. Die Aufgaben entsprechen dabei inhaltlich im Wesentlichen den schriftlichen Abituraufgaben. Im Unterschied zu der schriftlichen Prüfung besteht im Colloquium jedoch die Möglichkeit, über ein halbes Schuljahr an Stoff durch das Streichen von 11/1 oder 11/2 sowie die Schwerpunktsetzung auszuschließen – ein gewichtiger Faktor für viele Schüler.

Schwerpunktsetzung/Ausschluss von Semestern

Einige Wochen vor der Prüfung wird der Schwerpunkt aus einer vom Kursleiter vorgegebenen Liste frei gewählt. Die Liste wird dabei pro Halbjahr in der Regel drei oder vier Unterpunkte enthalten. Das Schema zeigt eine denkbare Auswahlliste gemäß Lehrplan. Die Themen müssen dabei nicht zwangsläufig in der Reihenfolge aufgeführt sein, in der sie auch im Unterricht besprochen wurden.

Themenliste Colloquium (beliebiges, nach Lehrplan mögliches Beispiel)	
Semester 11/1	[1] Organisation und Funktion der Zelle, Energiefreisetzung durch Stoffabbau [2] Energiebindung und Stoffaufbau durch Fotosynthese [3] Molekulargenetik, Zytogenetik
Semester 11/2	[1] Klassische Genetik, Humangenetik [2] Gentechnik [3] Der Mensch als Umweltfaktor – Populationsdynamik und Biodiversität
Semester 12/1	[1] Neuronale Informationsverarbeitung [2] Evolutionsforschung, Mechanismen der Evolution [3] Evolutionsprozesse, Evolution des Menschen
Semester 12/2	[1] Vollständig und überwiegend genetisch bedingte Verhaltensweisen [2] Erweiterung einfacher Verhaltensweisen durch Lerneinflüsse [3] Individuum und soziale Gruppe
Einzelthemen der Schwerpunkte siehe Lehrplan!	

Der Schwerpunkt kann beliebig gesetzt werden. Wird beispielsweise Molekulargenetik und Zytogenetik (11/1 [3]) als Schwerpunkt gewählt, so wird das Referat aus diesem Themenbereich gestellt und die Fragen zum Referat beziehen sich ebenfalls auf den gewählten Scherpunkt. 11/1 [1] und 11/1 [2] sind also in der Regel nicht Bestandteil der Prüfung. Bei dieser Schwerpunktwahl muss automatisch das Semester 11/2 gestrichen werden, da nur ein Streichen der Inhalte aus der 11. Klasse, aber nicht der 12. Klasse möglich ist. Der zweite Teil der Prüfung beschäftigt sich inhaltlich folglich mit den Semestern 12/1 und 12/2. Wählt man den Schwerpunkt im 12. Ausbildungsjahr, so kann beim Streichen zwischen 11/1 und 11/2 gewählt werden. Eine beliebte Strategie bei Schülern ist die Schwerpunktsetzung im 11. Jahrgang, da so der lange zurückliegende Stoff (eines ganzen Schuljahres) bis auf den Schwerpunkt nicht mehr (oder nur im Überblick soweit für den Schwerpunkt von grundlegender Bedeutung) vorbereitet werden muss. Der zweite Teil der Prüfung erstreckt sich dann über den Stoff von etwa einem dreiviertel Schuljahr.

Referatthemen im Colloquium

An dieser Stelle einen Überblick über mögliche Fragestellungen des Colloquiums zu geben, ist aufgrund der Vielfalt der möglichen Themen, der unterschiedlichen Schwerpunktsetzungen im Unterricht sowie der unterschiedlichen Prüfer sicherlich nicht möglich. Man kann jedoch davon ausgehen, dass sich die Fragestellungen nicht wesentlich von denen der Leistungserhebungen der letzten zwei Jahre im Fach Biologie sowie den Abituraufgaben unterscheiden. Zur Vorbereitung können folglich Abituraufgaben oder auch die Übungsaufgaben des vorliegenden Finalebandes herangezogen werden. Einen Eindruck einer Colloquiumsprüfung vermittelt die exemplarische Prüfung auf Seite 23 und 24.

Tipp

Fragen Sie beim Prüfer nach dem **Prüfungsablauf** und vor allen Dingen nach **Referratthemen** der letzten Jahre. Dies ist die beste Möglichkeit, einen Eindruck von den speziellen Gepflogenheiten an Ihrer Schule zu erhalten. Fragen Sie beispielsweise auch nach, ob Sie üblicherweise nur „ein" Referatthema (ohne weitere Differenzierung in Einzelfragen) oder ausformulierte Einzelfragen erhalten.

Ablauf der Colloquiumsprüfung

Teil „0": Vorbereitungszeit

Die Vorbereitungszeit für das Referat des Colloquiums beträgt 30 Minuten. Das Thema des Referats wird in schriftlicher Form vorgelegt, nicht jedoch die Fragen des zweiten Prüfungsteils. Im Fach Biologie sind zur Bearbeitung keine fachlichen Hilfsmittel zugelassen. Achtung: Ein eingeschaltetes Handy oder eine Smartwatch in der Tasche, die in der heutigen Zeit über das Internet praktisch unbegrenzten Zugang zu jeglichem Fachwissen liefern könnten, sind unerlaubte Hilfsmittel. Daher: Diese Geräte zuvor ausgeschaltet bei der Aufsicht abgeben oder nicht mit in die Vorbereitung nehmen.
Alle Aufzeichnungen (z. B. Stichpunkte für das Referat), die in der Vorbereitungszeit erstellt werden, dürfen und sollen in der Prüfung verwendet werden. Viele Schulen stellen Folien und Folienstifte im Vorbereitungsraum bereit (im Zweifelsfall bitte nachfragen). Sie bieten die Möglichkeit, eine Gliederung, Skizzen oder Stichpunkte für das Referat vorzuformulieren – was bei großer Nervosität sehr hilfreich sein kann, da man sich im Referat „an den Anhaltspunkten der Folie entlang hangeln" kann.
Bereiten Sie notwendige Skizzen unbedingt während der Vorbereitungszeit auf Folie vor. Während des Referats geht ansonsten wertvolle Zeit mit der Anfertigung verloren. Zudem neigt man unter Nervosität zu Leichtsinnsfehlern.

Teil 1: Referat

Der erste Prüfungsteil dauert etwa 15 Minuten. Davon sind die ersten maximal 10 Minuten der Prüfung für den freien Vortrag reserviert, die verbleibenden Minuten für Fragen des Prüfers. Die Fragen beziehen sich entweder auf das Referat und klären Ungenauigkeiten und Fehler oder führen an einzelnen Stellen fachlich weiter in die

Tiefe. Es ist jedoch auch möglich, dass andere – mit dem Referat eng verknüpfte – Aspekte des Schwerpunkts geprüft werden.
Die 10 Minuten Referatzeit sollten wenn möglich ausgenutzt werden. Natürlich kann auch ein deutlich kürzeres Referat das Referatthema fachlich herausragend und umfassend behandeln. Es bleibt jedoch zu bedenken, dass sich damit die Zeit verlängert, in der der Prüfer Fragen zum Schwerpunkt/Referat stellt. In der Regel werden Referate, die deutlich länger als 10 Minuten dauern, vom Prüfer abgebrochen. Überlange Referate sind also kein geeignetes Mittel, die Fragezeit zu verkürzen, da sich ein abgebrochenes und damit unvollständiges und vom Zeitmanagement her unzureichendes Referat höchstwahrscheinlich nachteilig auf die Note auswirkt.

Teil 2: Fragenteil

Der zweite Teil der Prüfung bezieht sich auf die beiden verbleibenden Semester, die weder Schwerpunkt- noch Streichsemester sind. Sie werden in den zweiten 15 Minuten des Colloquiums in etwa zu gleichen Teilen geprüft. Die Fragen werden in der Regel mündlich beantwortet. Es kann jedoch auch verlangt werden, einzelne Aspekte der Frage (Skizzen, Schemata, Übersichten, ...) beispielsweise an der Tafel oder auf einem Schmierblatt zu formulieren. Die Fragen orientieren sich an den Abituraufgaben und können – genau wie diese – stark materialgebunden sein. Es ist durchaus üblich, dass einzelne Diagramme und Abbildungen interpretiert oder Ergebnisse von Experimenten ausgewertet werden sollen.
Erwarten Sie nach der Colloquiumsprüfung keine Aussage vom Prüfer darüber, wie er Ihre Leistung in der Prüfung bewertet. Die Bekanntgabe der Note (bzw. Punktzahl) direkt nach der Prüfung ist der prüfenden Lehrkraft nicht gestattet.

Tipp

Fragen Sie bitte unbedingt beim Prüfer nach, ob im Colloquium ausschließlich Fragen zum **Schwerpunkt** gestellt werden und die anderen Themen des Halbjahres komplett vernachlässigt werden können oder inwiefern einzelne Aspekte der anderen Semesterthemen – beispielsweise als Grundwissen für den Schwerpunkt – eine Rolle spielen. Ebenso wichtig ist es, vor der Prüfungsvorbereitung zu klären, welche Unterthemen zum Schwerpunkt gehören – falls dies nicht aus dem Lehrplan oder den Hefteinträgen zweifelsfrei ersichtlich ist.
Notieren Sie sich, welche Angaben Sie auf dem Fragebogen zur Schwerpunktwahl des Colloquiums gemacht haben – oder besser noch: Kopieren Sie den Bogen vor der Abgabe. Zwischen dem Ausfüllen des Wahlzettels und der eigentlichen Prüfung liegen einige intensive und aufregende Wochen mit schriftlichen Abiturprüfungen. Die Gefahr, nach dieser Zeit zwar sicher zu glauben, Thema „XY“ als Schwerpunkt gewählt zu haben, und dabei vergessen zu haben, dass man sich doch kurz vorher noch anders entschieden hat, ist einfach zu groß.

Vorbereitung auf die Colloquiumsprüfung

Im Vordergrund steht – wie bei jeder anderen Prüfung auch – das **intensive Studium der gewählten Inhalte** aufgrundlage der Hefteinträge (sie spiegeln die Unterrichtsschwerpunkte am besten wieder) und mindestens einer weiteren, ergänzenden Quelle (Basiswissen Finale, Schulbuch, ...). Nach der „Lernphase" ist das Bearbeiten von **Übungsaufgaben** (Abituraufgaben, Übungsaufgaben) sehr empfehlenswert, da man so schnell Routine in der Beantwortung immer wiederkehrender Fragestellungen (in wechselndem Gewand) bekommt. Es ist empfehlenswert, sich zusätzlich **vor der Colloquiumsprüfung darüber Gedanken zu machen, ...**

- wie man **elegant** in den Themenschwerpunkt/das Referatsthema **einsteigen** könnte und „Ich erzähle jetzt etwas über ..." vermeiden kann.
- wie man das **Ende des Referats** deutlich machen kann und dem Prüfer und sich selbst die leidige Frage „Fertig?" ersparen kann.
- auf welche **Art** und **Weise** man das Referat halten möchte (freier Vortrag ohne Hilfsmittel, Tafelanschrieb, Stichpunkte auf Folie, Gliederung auf Folie oder an der Tafel, Karteikarten zum Stichpunkte ablesen, ...).
- ob man **probeweise ein(ige) Referat(e)** für sich, den Spiegel oder Freunde zu einem Themenbereich des Schwerpunkts halten möchte, um die Situation und den zeitlichen Rahmen einzuüben – besonders, wenn das freie Reden vor anderen Personen etwas schwerer fällt.
- welche grundlegenden Dinge bei Referaten zu beachten sind, so z. B.
  - **freie Rede** (kein Ablesen, evtl. Stichpunkte auf Karteikarten)
  - Verwendung einer angemessenen **Fachsprache**
  - laute und deutliche Aussprache, **nicht zu schnell**
  - **Präsentation** im Stehen mit Orientierung zum Zuhörer
  - auf die kontrollierte **Handhaltung** achten (im Zweifelsfall Karteikarten festhalten, auf keinen Fall Hände in die Hosentaschen stecken)
  - klare **Gliederung** des Vortrags (evtl. schriftliche Gliederung)
  - **Betonung wesentlicher Inhalte**, ausgewogene Darstellung
  - **Anschauungsmaterial in den Vortrag integrieren** und fachliche Inhalte am Anschauungsmaterial verdeutlichen
  - **Zeitvorgabe** möglichst exakt **einhalten**
- ob man eine **Uhr** mitnehmen möchte, um besser einschätzen zu können, wie lange die 10 Minuten Redezeit des Referats sind bzw. wie lange die gesamte Prüfung noch dauert. (Achtung: Handy und Smartwatches sind nicht zugelassen!)
- welchen **ersten Eindruck** man aufgrund der gewählten Kleidung vermitteln möchte – auch wenn dies keine Relevanz für die Notengebung hat. Von einem „Verkleiden" ist dabei genauso abzuraten wie von einer Kleidungswahl, die der Bedeutung der Prüfung in keiner Art und Weise gerecht wird.
- dass nicht jede Frage „wie aus der Pistole geschossen" beantwortet werden muss. Man darf sich durchaus auch eine kurze Bedenkpause erbitten oder den Prüfer an den Vorüberlegungen und Abwägungen teilhaben lassen, wenn die passende Antwort auf die Frage nicht auf der Hand liegt.

Beispiel für ein Referatsthema im Colloquium zum Schwerpunkt 11/2: Humangenetik – Das Blutgruppen-System AB0

Problemstellung
Bei Schwangerschaften spielen Blutgruppe und Rhesus-Faktor eine Rolle.
Eine Mutter mit dem Rhesusfaktor rh^- bekommt mit ihrem Mann der Blutgruppe AB ihr erstes Kind mit der Blutgruppe B Rh^+. Das zweites Kind besitzt die Blutgruppe B Rh^+, das drittes Kind 0 rh^-.

Aufgabe
Charakterisieren Sie anschaulich die molekularbiologischen Unterschiede der Blutgruppen im AB0-System beim Menschen.
Erstellen Sie einen Stammbaum der Familie und ordnen Sie den Personen alle möglichen Genotypen bezüglich der Blutgruppe begründet zu.
Gehen Sie dann umfassend am vorgegebenen Beispiel auf Komplikationen bei der Geburt der Kinder ein und stellen Sie eine passende Therapieform vor.

Allgemeine Lösungshinweise

Im Colloquium müssen Sie innerhalb der 30 Minuten der Vorbereitungszeit die Problematik der Aufgabe selbstständig identifizieren. Erstellen Sie auf einem Papier oder einer Folie einen logischen „Ablaufplan", an den Sie sich in Ihrem Referat (10 Minuten) halten können. Argumentieren Sie immer mit Fachbegriffen und gehen Sie dabei strukturiert vor. Wandeln Sie Alltagssprache in Fachsprache um und halten Sie Ihren Vortrag möglichst frei.

Lösungsvorschlag

(1) Charakterisierung der molekularbiologischen Unterschiede

- Blutgruppen bestimmendes Element: besondere Oberflächenmoleküle der Erythrocyten (= Antigene bestehend aus Kohlenhydrat-Ketten)
- im Blutserum gegensätzliche Antikörper („Y")
- diese agglutinieren bei Kontakt mit den Erythrocyten der jeweils anderen Blutgruppen
- eine Vermischung von Blut unterschiedlicher Blutgruppen wird dadurch erschwert
- bei Blutgruppe 0 werden keine Antigene präsentiert, aber Antikörper gegen A / B / AB ausgebildet
- bei Blutgruppe AB gibt es keine Antikörper (diese würde gegen sich selbst arbeiten)

Lösungshinweis: Es empfiehlt sich auf dem Ihnen zur Verfügung stehenden Papier oder der Folie während der Prüfungsvorbereitung eine Tabelle mit Schemazeichnungen zu den Blutgruppen (Antigene + Antikörper) anzulegen und anhand dessen in der Präsentation die molekularbiologischen Unterschiede vorzustellen. Eine mögliche Darstellungsform finden Sie auf Seite 81. Alternativ können Sie die Veranschaulichung auch an eine Tafel zeichnen, dies kostet aber etwas Zeit, die Ihnen dann bei den Erläuterungen fehlen könnte.

(2) Stammbaum und Ableitung der Genotypen der Familie

Die Blutgruppen A / B sind kodominant zueinander, aber dominant gegenüber 0. Daher kommen nur folgende Genotypen infrage:

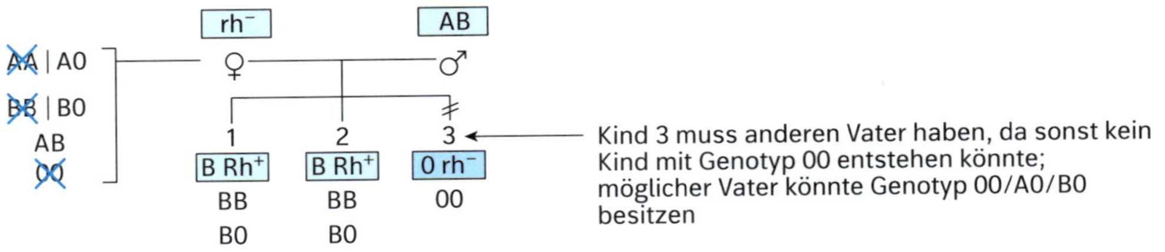

(3) Mögliche Komplikation bei Geburt des 2. Kindes und Therapieform

- Mutter ist rh^-, erstes Kind ist Rh^+
- kommt es bei der ersten Geburt (zwangsläufig) zu einem Blutkontakt zwischen Kind und Mutter, bildet die Mutter gegen das Kindesblut mit Anti-D-Antikörper aus
- bei Schwangerschaft mit Kind 2 (Rh^+) können Anti-D-Antikörper gegen Rh^+-Antigene des Kindes aus der Mutter in den Embryo wandern und das Rh^+-Kind schädigen → Rhesusunverträglichkeit
- Therapieform: Anti-D-Prophylaxe
  Gleich nach der ersten Geburt werden der rh^- Mutter Anti-D-Antikörper (gegen Rh^+-Antigene) injiziert → Maskierung der kindlichen D-Blutzellen durch die injizierten Antikörper
- Immunsystem der Mutter baut daraufhin keine eigenen Anti-D-Antikörper gegen Rh^+-Blut auf, bei der 2. Schwangerschaft kommt es zu keinen Komplikationen

Fragen zum Referat:

In erster Linie werden die Fragen zum Referat (5 Minuten) hauptsächlich Nachfragen zu Details, eventuell nicht behandelten Aspekten oder fachlichen Ungenauigkeiten im Referat sein. Wurde das Thema im Referat jedoch umfassend und tadellos dargestellt, werden sich die Fragen auf (interessante) Randaspekte des Themas oder andere Aspekte des Schwerpunkts, die (mehr oder weniger stark) mit dem Thema in Verbindung stehen, beziehen. Hier einige Beispiele:

- Erklären Sie den wesentlichen Unterschied zwischen der intermediären und kodominanten Vererbung! → intermediär: Phänotypische Mischformen treten auf usw.
- Liegen die Genorte für Blutgruppe und Rhesusfaktor auf einem oder auf zwei Chromosomen? Erläutern Sie diesen Umstand anhand des zugrundeliegenden Vererbungskonzeptes! → unabhängige Vererbung → keine Genkopplung → auf zwei Chromosomen
- Nennen Sie die Mendelschen Regeln? Stellen Sie eine begründete Hypothese auf, ob sie sich auf die Familienverhältnisse (teilweise) anwenden lassen. → dihybrider Erbgang, unabhängige Vererbung → 3. Mendelsche Regel anwendbar
- Andere Probleme bei der Schwangerschaft können mit Hilfe der Pränataldiagnostik analysiert werden. Charakterisieren Sie gängige Methoden. → Fruchtwasseruntersuchung, Chorionzottenbiopsie, Nabelschnurpunktion usw.

4 Überprüfung der Methoden- und Kommunikationskompetenz

In den Abitur- und Klausuraufgaben ist nicht nur Ihr Fachwissen wie die Kenntnis biologischer Fachbegriffe und deren Definitionen oder biologischer Phänomene und deren Abläufe gefragt. Auch Ihre Methoden- und Kommunikationskompetenz (siehe Kapitel 1) wird überprüft. Abitur- und Klausuraufgaben sind daher materialgebunden. Operatoren in der Aufgabenstellung fordern Sie dazu auf, die in dem Aufgabenmaterial enthaltenen Texte, Diagramme, Schemata, Bilder etc. richtig zu „lesen", d. h. genau zu erfassen, zu deuten und zur Lösung der gestellten Aufgaben zu verwenden. Sie werden z. B. aufgefordert, Daten einer Tabelle in eine Grafik umzuformen oder ein geschildertes Experiment so zu verstehen, dass Sie dessen Fragestellung angeben oder Hypothesen entwickeln können. Es wird also festgestellt, wie gut Sie mit den angegebenen Materialien umgehen können. In den folgenden Abschnitten erhalten Sie dazu gezielte Tipps. Zudem werden Musterlösungen vorgestellt.

Umgang mit Texten

Viele Aufgabenformate enthalten Sachtexte, die zusammengefasst, erläutert, verglichen, interpretiert oder in Diagramme, schematische Darstellungen oder Modelle übersetzt werden sollen. Geben Sie sich Mühe, die einzelnen Aussagen zu erfassen und entsprechend der Aufgabenstellung in eigenen Worten wiederzugeben. Und denken Sie nicht, das stehe doch alles schon da. Meist sind die Texte so komprimiert, dass jedes Detail wichtig ist.

Erfassen der Inhalte

- Welche Aussagen enthält der Text, das Diagramm oder die Abbildung?
- Welche Aussagen sind in Bezug auf die Aufgabenstellung wichtig?
- Werden Fragen durch den Text aufgeworfen, die zunächst nicht beantwortet werden können?

Eigenes Formulieren von Texten

Sie werden bei der Bearbeitung von Klausuraufgaben dazu aufgefordert, eigenständig Texte zu formulieren. Strukturieren Sie Ihren Text durch Absätze. Jeder Absatz greift einen neuen Gedanken auf. Formulieren Sie kurze und klare Sätze. Bauen Sie Ihre Darstellung logisch schlussfolgernd Satz für Satz auf. Benutzen Sie die Fachsprache. Zum Üben ist es sinnvoll, wenn Sie sich bei der Bearbeitung einer Aufgabe erst einmal alle Fachbegriffe aufschreiben, die Ihnen zu der jeweiligen Fragestellung relevant erscheinen. Ordnen Sie die Fachbegriffe dann am besten als „Mind-Map" in einem **„Netz aus Fachbegriffen"** an, das die jeweiligen Zusammenhänge der Begriffe untereinander deutlich macht. Danach wird Ihnen die Beantwortung leichter fallen, weil Sie schon eine Gliederung im Kopf haben und diese nur noch ausformulieren müssen. Ebenfalls ist das **Beantworten in Stichpunkten**, vor allem von Prozessen (z. B. Informationsübertragung an einer Synapse, Ablauf der Proteinbiosynthese, Beschreibung der Meiose …) deutlich effizienter, als das romanhafte Aufschreiben solcher Vorgänge. Es erleichtert Ihnen das Schreiben aufgrund von Übersichtlichkeit und hilft dem Korrektor, Ihre Gedankengänge leichter zu erfassen.

Beim Formulieren kommt es nicht nur auf die sinnvolle Benutzung von Fachbegriffen an, sondern auch auf die logische Darstellung Ihrer Aussagen. Geben Sie zuerst eine **These** (Behauptung) an, die Sie dann mit **Argumenten** begründen.

Beispiel für eine logische Argumentation

Mögliche Aufgabenstellung: Belegen Sie anhand des vorgegebenen Materials (Ergebnisse eines Serum-Präzipitin-Tests), ob der Mensch mit dem Schimpansen oder dem Orang-Utan stammesgeschichtlich näher verwandt ist.

	Mensch – Mensch	Mensch – Orang-Utan	Mensch – Schimpanse
Grad der Ausfällung	100 %	42 %	85 %

Lösung: Der Mensch ist aus den vorgegebenen Arten näher mit dem Schimpansen als mit dem Orang-Utan verwandt **(These)**, weil der Grad der Ausfällung beim Serum-Präzipitin-Test höher (85 %) als der beim Orang-Utan (42 %) ist **(Argument)**.

Thesen werden oft mit den Wörtern „daher“, „deshalb“ oder „also“ eingeleitet, Argumente hingegen mit „weil“, „denn“, „da“. Argumentieren Sie dort, wo es geht, mit Textbelegen oder Fakten aus einem Diagramm oder einer Tabelle. Lassen Sie diese Daten nicht ungenutzt unter den Tisch fallen.

Umgang mit Diagrammen (vgl. Übungsaufg. 1, 2, 6, 7, 9, 10, B 1/2, C 1/2)

In vielen Aufgabenstellungen wird eine Beschreibung und Interpretation von Diagrammen gefordert. Diese halten in komprimierter und übersichtlicher Form Daten aus Untersuchungen, Experimenten, Naturbeobachtungen usw. fest.

Tipp

Hilfreich ist es zunächst, den Bezug des Diagramms zur Aufgabe zu erfassen. Ist die Legende nicht aussagekräftig genug, findet man häufig im Aufgabentext einen Abbildungshinweis, der Aufschluss gibt über den Zusammenhang zwischen Grafik und Aufgabe.

Erfassen der Inhalte

- Mit welchen Größen sind die x-Achse und die y-Achse bezeichnet?
- Was sagt ein Punkt, ein Linienabschnitt oder ein Balken in dem Diagramm aus?
- Welche Besonderheiten, die eventuell zunächst noch nicht erklärbar sind, fallen auf?
- Sind zusätzliche Interpretationshilfen wie z. B. Pfeile, Hervorhebungen, Beschriftungen enthalten?
- Werden Angaben zur Streuung der Messwerte gemacht?

Beispielhafte Erfassung der Abbildung 1

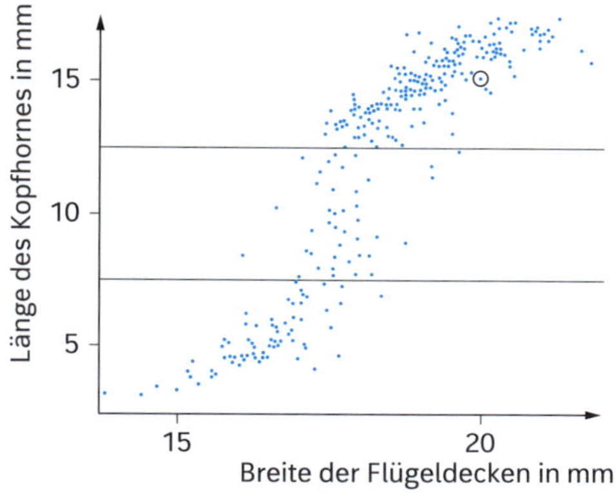

Abb. 1: Hornlängen des kolumbianischen Zuckerrohrkäfers

Für den kolumbianischen Zuckerrohrkäfer ist die Länge des Kopfhorns in mm auf der senkrechten (y) Achse gegen die Breite der Flügeldecken auf der waagerechten (x) Achse in mm aufgetragen. Die Punkte in Abbildung 1 stehen für jeweils einen vermessenen Käfer. Der hervorgehobene Punkt in der Abbildung (umkreister Punkt) bedeutet, dass bei einem Käfer mit einer Flügeldeckenlänge von 20 mm eine Kopfhornlänge von 15 mm festgestellt wurde.
Auffällig ist, dass es viele Käfer mit einem kleinen Kopfhorn von etwa 5 mm gibt, deren Flügeldeckengröße zwischen etwa 13 und 17 mm liegt, und gleichzeitig sehr viele Käfer mit einem großen Kopfhorn von ca. 15 mm, die Flügeldecken zwischen 17 und 22 mm Länge besitzen.
Die beiden waagerechten Linien in der Abbildung teilen die Population in drei Käfergruppen ein: kleine Käfer mit kleinem Kopfhorn, große Käfer mit großem Kopfhorn (größter Anteil an der Population) und mittelgroße Käfer mit einer Flügeldeckenlänge um die 17,5 mm, deren Kopfhornlänge zwischen 7,5 und 12,5 mm schwankt (kleinste Gruppe innerhalb der Population).
Insgesamt ist sowohl in der Gruppe der kleinen als auch in der der großen Käfer eine deutliche Korrelation zwischen der Breite der Flügeldecken und der Länge des Kopfhorns erkennbar.

Beschreiben eines Diagramms

In der Regel wird in der Aufgabenstellung die Beschreibung (s. Kapitel 2, Operator **beschreiben**) gefordert. Aber auch wenn eine Erklärung, Erläuterung oder Interpretation gefordert wird, empfiehlt es sich, zunächst das Diagramm in der Reihenfolge zu beschreiben, wie man es erfasst hat.

- In einem einleitenden Satz geben Sie Auskunft über die Grundaussage der grafischen Darstellung, und falls angegeben, auch über Quelle und Entstehungsdatum und -zeitraum (Abbildung 1: Hornlänge in Relation zur Breite der Flügeldecken in Millimetern beim kolumbianischen Zuckerrohrkäfer).

- Nennen Sie den Diagrammtyp (z. B. Säulendiagramm, Balkendiagramm, Streifendiagramm, Kreisdiagramm, Liniendiagramm, Streudiagramm → Abbildung 1).
- Geben Sie die Größenbezeichnungen auf den Achsen mit Skalierung (evtl. logarithmisch) an.
- Geben Sie die Inhalte des Diagramms wieder, auch dann, wenn diese Informationen an anderer Stelle (z. B. in der Aufgabenstellung) schon erwähnt sind.
- Beschreiben Sie bei einem Liniendiagramm den Verlauf der Kurve mit Angaben zu Beginn, Ende, Steigung, Extremwerten (Maxima, Minima, Nullstellen) sowie Regelmäßigkeiten (periodische Schwankungen).
- Wenn Sie sich auf spezielle Punkte oder Bereiche einer Kurve beziehen, geben Sie bei Ihrer Beschreibung die Koordinaten an oder markieren Sie Ihren ausgewählten Diagrammbereich durch Einkreisen etc.

Tipp

Schreiben Sie bei Diagrammen, die eine Veränderung über einen gewissen Zeitraum beschreiben (z. B. Aufgabe 6 „Die Population der Dreizehenmöwe auf Helgoland“) nicht: „Von 1975 bis 2000 steigt die Kurve von 1000 auf 7000 und hat 2003 ein Maximum von 8300“, sondern: „In den Jahren 1975 bis 2000 nimmt die Zahl der Brutpaare um 6000 zu. Ihren Maximalwert hat sie im Jahre 2003 mit 8300 Paaren erreicht.“

- Wenn möglich, geben Sie Kurven oder Kurvenabschnitten einen Namen (z. B. Wachstumskurve, Häufigkeitsverteilungskurve, Sättigungskurve, Optimumskurve, linearer Bereich, exponentieller Anstieg, Maximum). Einige Kurven kann man in spezielle Phasen einteilen, wie beispielsweise Wachstumskurven: Anlaufphase, Vermehrungsphase, stationäre Phase, evtl. Absterbephase (s. Abbildung 2).

Beispiel für die Beschreibung der Abbildung 2

In Abbildung 2 ist in einem Kurvendiagramm das Wachstum einer Hefekultur in einer Nährsalzlösung bei einer Temperatur von 22 °C über eine Dauer von elf Tagen dargestellt. Auf der Abszisse (x-Achse) ist die Zeit angegeben, auf der Ordinate (y-Achse) die Populationsgröße in einem logarithmischen Maßstab. Die senkrechten Linien grenzen die Phasen des Wachstums voneinander ab.

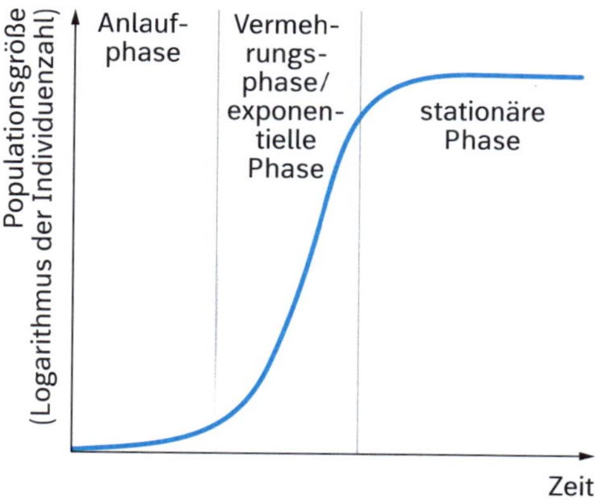

Abb. 2: Wachstum einer Hefekultur in einer Nährlösung (Temperatur 22 °C)

Interpretation eines Diagramms

Nachdem Sie in der Beschreibung gezeigt haben, dass Sie die Kernaussagen des Diagramms erfasst haben, stellen Sie nun eine Beziehung zum Kontext der Aufgabe her. Erklären Sie die von Ihnen beschriebenen Teilaspekte/Kurvenabschnitte möglichst vollständig.

- Lassen sich die Aussagen des Diagramms in Beziehung zur Aufgabenstellung setzen? Lassen sie sich für die Beantwortung von Teilaufgaben heranziehen?
- Lassen sich die Aussagen des Diagramms zur Bestätigung eines beschriebenen Phänomens oder einer aufgestellten Hypothese heranziehen oder widerlegen sie diese?
- Werden neue Fragen durch die Informationen des Diagramms aufgeworfen?
- Was sind mögliche Ursachen für die aus dem Verlauf der Kurve abgeleiteten Sachverhalte?

Tipp

Können Sie bestimmte Auffälligkeiten im Diagramm nicht erklären, erwähnen Sie diese trotzdem und stellen Sie dazu Vermutungen an, die Sie vielleicht sogar (mit weiteren Materialien oder Ihrem Vorwissen) begründen können. Oder stellen Sie sich dazu Fragen, z. B.: „Diesen Sachverhalt kann ich mir (z. B. mit dem Konkurrenzausschlussprinzip) nicht erklären. Dafür muss es eine andere Erklärung geben.“ Nutzen Sie für die Erklärung des Diagramms und dessen Bedeutung für die Aufgabenstellung unbedingt Fachbegriffe, Modellvorstellungen etc. Wenden Sie dabei die Fachausdrücke an, indem Sie diese im Kontext definieren.

Beispiel für die Interpretation der Abbildung 2

Mögliche Aufgabenstellung: **Beschreiben** und **erklären** Sie die Art des Wachstums der Hefekultur in Abbildung 2.
Die Interpretation einer solchen Kurve mit Bakterien statt Hefen lesen Sie im Kapitel „Der Mensch als Umweltfaktor” unter dem Abschnitt a. Idealisierte Populationsentwicklung nach (S. 88 f.).

Vergleich von Diagrammen

Häufig müssen Sie mehrere Diagramme bzw. Kurvenverläufe in einem Diagramm miteinander in Beziehung setzen, also z. B. vergleichen oder zuordnen. Suchen Sie bei dem Vergleich von Diagrammen sowohl nach Gemeinsamkeiten als auch nach Unterschieden im Kurvenverlauf (Anfang, Ende, Steigung, Maxima, Minima, Nullstellen, Symmetrieverhältnisse, periodische Schwankungen).
Achten Sie darauf, ob die zu vergleichenden Diagramme/Kurven evtl. unterschiedliche Skalen oder Achsen haben. Berücksichtigen Sie diese Unterschiede bei Ihren Aussagen.

Erstellen eines Diagramms

Gelegentlich wird Ihre Methodenkompetenz dadurch überprüft, dass Sie die Ergebnisse eines Experiments oder die Daten aus einer Tabelle in einem Diagramm darstellen sollen. Dabei wird nicht nur die inhaltliche Korrektheit, sondern auch die Darstellungsweise bewertet. Stellen Sie dazu folgende Überlegungen an:

- Welcher Diagrammtyp ist am besten geeignet?
- Welche Messgrößen sollen miteinander in Beziehung gesetzt werden, wie beschriftet man die waagerechte und die senkrechte Achse? Auf der x-Achse wird die unabhängige Größe (Stellgröße; der Faktor, der verändert wird), auf der y-Achse die davon abhängige Größe (Messgröße; der Faktor, der gemessen wird) dargestellt.
- Wie skaliert man Ordinate (y-Achse) und Abszisse (x-Achse)?
- Wie formuliert man die Legende?

Umgang mit Bildern (vgl. Übungsaufg. 1, 4, 7)

Zu den typischen Materialien in biologischen Aufgabenstellungen gehören Bilder. Sie bieten die Möglichkeit, Einzelmerkmale zu benennen, zu beschreiben oder zu analysieren.
Sieht der Arbeitsauftrag vor, Bilder zur Lösung einer Aufgabe hinzuzuziehen, erwähnen Sie zunächst **formale Aspekte**, die Sie der Quellenangabe oder der Legende entnehmen können:
Wie ist das Bild entstanden? Handelt es sich z. B. um eine Zeichnung oder ein Foto, um ein licht- oder elektronenmikroskopisches Bild?

Machen Sie dann **allgemeine Aussagen zu den Inhalten des Bildes**:

- Handelt es sich zum Beispiel um eine mikroskopische Struktur in einer Zelle, um eine Vergrößerung eines Insektenorgans oder ein Satellitenbild bei Nacht?
- Benennen Sie den Ausschnitt und die Größenverhältnisse der Ihnen vorliegenden fotografischen Abbildung.

Jetzt erst ermitteln Sie die **zentrale(n) Aussage(n)** des Bildes. Interpretieren Sie diese in Beziehung zur Aufgabenstellung und vor dem Hintergrund Ihrer Fachkenntnisse und Fachbegriffe. Ordnen Sie die Aussage der fotografischen Abbildung in den Kontext aller weiteren Materialien ein und bewerten Sie die Aussagekraft des Bildes hinsichtlich seines Lösungsbeitrags.

Beispiel für die Interpretation der Abbildung 3

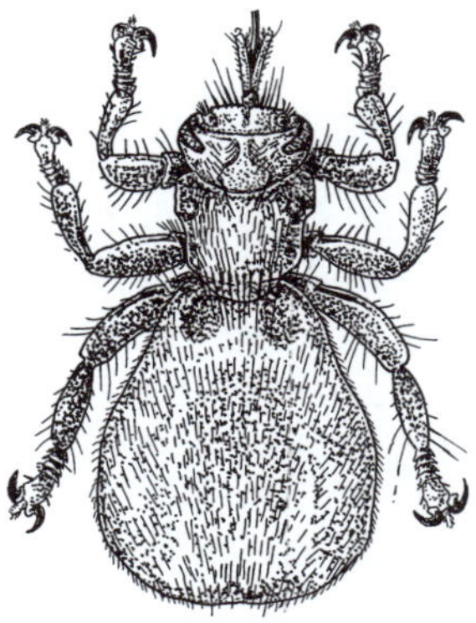

Abb. 3: Schaflausfliege

Vorgegebener Text zur Abbildung: „Schaflausfliegen leben im Fell von Schafen. Diesen saugen sie Blut durch die Haut ab. Sie ähneln eher Läusen als Fliegen. Zur Ausbreitung der Tiere gibt der enge Kontakt der Schafe in der Herde reichlich Gelegenheit."

Mögliche Aufgabenstellung: **Beschreiben** Sie die Eigenschaften einer Schaflausfliege, die diese als Parasiten kennzeichnet.
Lösung: Schaflausfliegen besitzen lange, mit Haken versehene Beine, mit denen sie sich gut im Fell der Wirte festhalten können. Vorne am Kopf besitzen sie ein Saugorgan.

Umgang mit schematischen Abbildungen (vgl. Übungsaufg. 1 – 5, A 1/2, B 2, C 2)

Viele Aufgabenstellungen enthalten schematische Zeichnungen, die vereinfachte Strukturen (z. B. Bau einer Zelle) oder Abläufe (z. B. Stoffwechselwege, Verlauf eines Experiments) veranschaulichen.

Beschreibung schematischer Darstellungen

Ordnen Sie in einem ersten Schritt diese Abbildungen in einen größeren thematischen Rahmen bzw. Sachzusammenhang ein, erfassen Sie allgemeine Aspekte und beschreiben Sie:

- Welchem Themengebiet kann die Abbildung zugeordnet werden?
- Welche Informationen geben Ihnen Beschriftungen und Legende einer Abbildung?
- Werden Strukturen, Abläufe oder Funktionszusammenhänge dargestellt?
- Beschreiben Sie die gezeigten Strukturen, Abläufe oder Bezüge. Gehen Sie dabei möglichst systematisch vor, z. B. von links nach rechts, von unten nach oben oder von außen nach innen. Ausgangspunkt können auch auffällige Elemente im Schema sein. Halten Sie ihr gewähltes Beschreibungssystem konsequent ein.

Interpretation schematischer Darstellungen

- Nennen Sie die Funktion der Abbildung im Kontext der Aufgabenstellung. Dient sie z. B. als Veranschaulichung, Begründung, Erläuterung, Versuchsbeschreibung?
- Gliedern Sie die in der Abbildung enthaltenen Informationen, indem Sie die meist vorgegebenen Gliederungsmuster wiedergeben.
- Beziehen Sie sich in Ihrer Auswertung auf diese Gliederung und stellen Sie Bezüge zu den Arbeitsanweisungen bzw. Operatoren der Aufgabe und zu den übrigen Materialien her.
- Wirft die Abbildung evtl. neue Fragen auf? Formulieren Sie diese.

Anfertigung einer Skizze

Oft werden Sie in einer Aufgabenstellung aufgefordert, eine Skizze zu einem bekannten Sachverhalt anzufertigen. Gefordert ist eine markante, nicht detailliert ausgearbeitete Übersichtsdarstellung, die metrisch nicht korrekt sein muss, die Größenverhältnisse sollten aber stimmen. Eine gute Skizze ist dadurch gekennzeichnet, dass

- sie alle wesentlichen Strukturen oder Aspekte enthält,
- sie klar und übersichtlich gezeichnet wird: klare Linien und abgrenzbare Strukturen, sinnvolle Größe der Skizze (meist etwa 1/2 Seite),
- die Strukturen deutlich erkennbar und unterscheidbar sind und
- alle Elemente beschriftet sind.

Umgang mit Experimenten (vgl. Übungsaufg. 5, 11, A 2, B1, C 2)

Der biologische Erkenntnisprozess geht von einer wissenschaftlichen Naturbeobachtung aus, die meist planmäßig durchgeführt wird und objektive Daten liefert. Sie lässt sich zunächst nicht erklären, ihr kann also keine Ursache zugeordnet werden. Man deckt die Ursache durch ein Experiment auf. Der **Weg der naturwissenschaftlichen Erkenntnisgewinnung** ist in Abbildung 4 verdeutlicht:

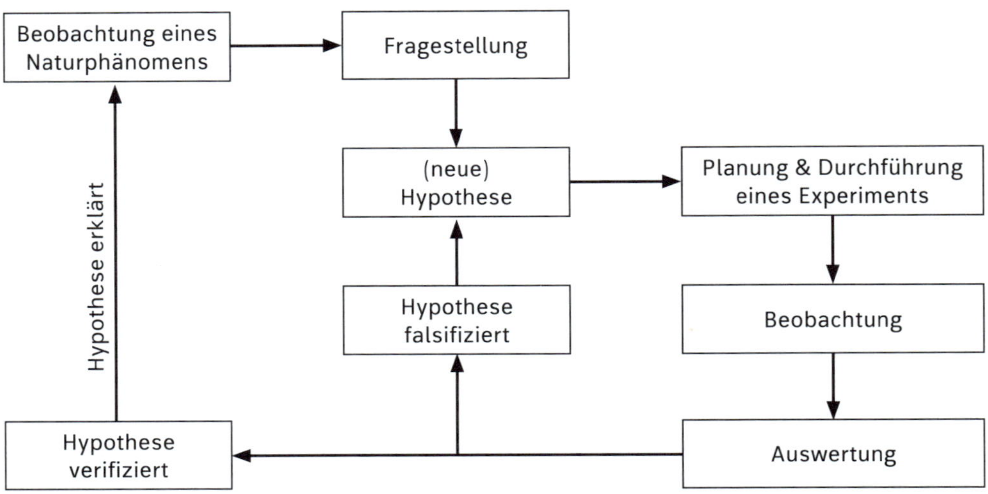

Abb. 4: Weg der naturwissenschaftlichen Erkenntnisgewinnung

Der Forscher formuliert verschiedene **Fragestellungen**, die sich aus einer Beobachtung heraus ergeben. Als vorläufige Antwort darauf werden dann Vermutungen über mögliche Ursachen geäußert (**Hypothesen**). Sie müssen überprüfbar sein und schließen die Vorhersage eines Ergebnisses unter einer bestimmten Voraussetzung ein: „Wenn ..., dann ...".
Zur Überprüfung der Hypothese wird unter der spezifischen Fragestellung ein Experiment entwickelt und durchgeführt. Ein Experiment zeichnet sich dadurch aus, dass nur eine Variable (Stellgröße) verändert wird, nie mherere zugleich. Die Beobachtung (die gemessenen Daten) wird zur Auswertung übersichtlich dargestellt (Tabellen, Diagramme). Die wichtigsten Ergebnisse werden beschrieben und gedeutet. In der Schlussfolgerung wird der Bezug zu Fragestellung und Hypothese hergestellt: Wird die Ausgangsfrage beantwortet? Lässt sich die formulierte Hypothese bestätigen (verifizieren) oder muss sie modifiziert oder sogar vollständig verworfen werden (falsifizieren)? Dann erfolgt die Diskussion der Ergebnisse, d. h. sie werden in Beziehung gesetzt zu anderen Untersuchungsergebnissen, die im sachlichen Zusammenhang in der Literatur beschrieben sind. Eine kritische Auseinandersetzung mit dem eigenen Versuchsaufbau ist immer ratsam.
Eine bestätigte Hypothese gilt erst dann als bewiesen oder als gesichertes Wissen, wenn sie immer wieder unabhängig voneinander bestätigt werden kann.

Gängige Formen des zu bearbeitenden Aufgabenmaterials aufgrund eines Experiments:

1) Es wird die Durchführung eines Experiments geschildert. Sie haben die Aufgabe, die zugrunde liegende Fragestellung, die Hypothese und/oder das Ergebnis vorherzusagen.

> **Tipp**
>
> Lassen Sie sich nicht dadurch entmutigen, dass Ihnen das Experiment unbekannt ist. Häufig ist Ihnen die eingesetzte Methode bekannt: Dann beschreiben Sie diese in einem ersten Schritt. Erst dann versuchen Sie, Bezüge zur Aufgabenstellung herzustellen. Formulieren Sie in jedem Fall eine Frage und eine Hypothese. Stimmen Sie das Beobachtungsergebnis mit Ihrer aufgestellten Hypothese ab.

Es wird folgendes Experiment geschildert: Man hält eine Banane so über ein Teelicht, dass die Flammenspitze gerade einen Punkt auf der Bananenschale berührt. Nach einer Minute hat sich die Schale dunkel verfärbt, auch außerhalb der verkohlten Stelle. Stellen Sie eine Vermutung über die Form der Verfärbung auf.
Gehen Sie folgendermaßen vor:

- **Beschreiben** Sie zunächst kurz das, was Ihnen bekannt ist: die Schale einer Banane verfärbt sich bei längerer Lagerungszeit über braun zu schwarz. Sie weist zunächst einige dunkle Stellen auf, die sich ausdehnen, irgendwann ist die ganze Schale schwarz. An solchen Prozessen sind stets Enzyme beteiligt.
- Nun erst **stellen** Sie das Bekannte dem Unbekannten **gegenüber**. Es ist anzunehmen, dass die Aktivität der Enzyme in der Bananenschale wie alle anderen Enzyme

auch, durch die Temperatur beeinflusst wird. Ist die Temperatur zu hoch, denaturieren sie, bis zu einer gewissen Grenze steigt die Reaktionsgeschwindigkeit aber mit zunehmender Temperatur (RGT-Regel).

- Leiten Sie aus der Gegenüberstellung und dem Vergleich zunächst ein mögliches **Beobachtungsergebnis** ab: An der Stelle, wo die Flammenspitze die Schale berührt hat, wird die Schale verkohlt sein. In einem kreisförmigen Bereich um dieses Zentrum herum wird die Schale kaum verändert sein, da die Hitze der nahen Flamme die Enzyme denaturieren ließ. In einem weiteren, ebenfalls kreisförmigen Bereich wird sich die Schale braun färben, da die Enzyme durch die höhere Temperatur wesentlich schneller arbeiten als bei Raumtemperatur. Die **Hypothese** lautet also: Wenn die Verfärbung der Bananenschale durch Enzyme hervorgerufen wird, dann lässt sich die Reaktionsgeschwindigkeit dieser Enzyme durch Temperatur beeinflussen. Die dazugehörigen **Ausgangsfragen** lauten: Wie lässt sich das Verfärbungsmuster erklären, das entsteht, wenn man eine Bananenschale punktuell über einer Kerzenflamme erhitzt?

Tipp

Gehen Sie, auch wenn das nicht ausdrücklich in der Aufgabe gefordert wird, darauf ein, ob dieses Experiment Ihrer Meinung nach wirklich die von Ihnen formulierte Hypothese und auch die Ausgangsfrage bestätigt. Schließen Sie also eine **Diskussion** an.

In diesem Fall wird die Hypothese zwar bestätigt, es ist aber noch nicht ganz sicher, ob das Verfärbungsmuster wirklich auf die Wirkung von Enzymen zurückzuführen ist. Es müssten sich weitere Versuche anschließen, die die Hypothese verifizieren oder falsifizieren, z. B. indem man Bananen an unterschiedlich temperierten Orten lagert, andere Wärmequellen nutzt etc.

2) Aufgrund einer Fragestellung oder Hypothese sollen Sie ein geeignetes Experiment schildern.

- Machen Sie sich klar, dass das geeignete Experiment eine Hypothese nicht nur bestätigen (verifizieren), sondern auch widerlegen (falsifizieren) kann.
- Erwägen Sie den Einsatz verschiedener fachspezifischer Methoden, z. B. Mikroskopieren, Anfärben, radioaktive Markierung, Einsatz von Enzymen, genetischer Fingerabdruck, DNA-Hybridisierung, Einsatz von Gen-Sonden.
- Ist eine bestimmte Methode geeignet, stellen Sie diese mit den erforderlichen Fachbegriffen oder auch Geräten vor.
- Ordnen Sie Ihr Experiment wie ein Protokoll in Materialien, Versuchsaufbau, Durchführung, voraussichtliches Beobachtungsergebnis.
- Illustrieren Sie die Durchführung des Experiments mit einer Skizze, z. B. mit einem Versuchsaufbau oder einem Verlaufsschema.

3) Aufgrund eines skizzierten Versuchsaufbaus sollen Sie Fragestellung, Beobachtungsergebnis und Deutung der Ergebnisse ableiten.
- In einem ersten Schritt beschreiben Sie den dargestellten Versuchsaufbau, auch wenn dies nicht ausdrücklich gefordert wird. Während dieser Beschreibung wird Ihnen i. d. R. klar, wie das zugrunde liegende Experiment durchzuführen ist.
- Gehen Sie dann vor wie in 1): Vom Bekannten zum noch nicht Bekannten.
- Erst im letzten Schritt leiten Sie Beobachtungsergebnis, Hypothese und Fragestellung ab und überprüfen, ob diese widerspruchsfrei zueinander formuliert sind.

4) Im Zusammenhang mit Beobachtungsergebnissen, deren Daten häufig in unübersichtlicher Form dargestellt sind, werden Sie gelegentlich aufgefordert, diese in eine übersichtlichere Form zu überführen.
- Beachten Sie dazu den Abschnitt „Umgang mit Diagrammen" (S. 26).

Umgang mit Hypothesen (vgl. Übungsaufg. 1, 2, 4, 8, 9, A2, B1/2)

Materialgebundene Aufgaben sehen manchmal vor, dass Sie nicht nur im Rahmen von Experimenten Hypothesen aufstellen, sondern erst über das Aufstellen von Hypothesen und deren Diskussion zu einer Lösung kommen.

Aufstellen von Hypothesen

Eine Hypothese ist eine begründete Vermutung, dass bestimmten Beobachtungen eine Gesetzmäßigkeit zugrunde liegt. Eine Hypothese muss mit den objektiven Daten in Einklang stehen und darf in sich keine Widersprüche aufwerfen.
- Sichten Sie zunächst das gesamte Material und stellen Sie für sich eine Beziehung zur Thematik der Aufgabe her.
- Arbeiten Sie das Material gemäß den Anweisungen durch und tragen Sie auf diese Weise möglichst viele Informationen zusammen, die Grundlage für die Bildung einer Hypothese sein können.
- Ordnen Sie dann die von Ihnen ausgewählten Informationen, fassen Sie diese unter bestimmten Gesichtspunkten zusammen.
- Formulieren Sie nun auf der Basis dieser Übersicht eine möglichst klare und präzise Hypothese, evtl. auch mehrere Hypothesen.
- Belegen Sie die formulierten Hypothesen mit Daten oder Fakten aus dem Arbeitsmaterial und wägen Sie dabei die Argumente genau ab. Dabei ist es wichtig, auch die (möglichen) Gegenargumente zu prüfen.
- Es kommt bei der Aufstellung von Hypothesen nicht darauf an, druckreife Formulierungen zu erstellen. Möglich sind alle, die sich logisch aus dem Arbeitsmaterial ableiten lassen.

Tipp
Aufgestellte Hypothesen nicht ohne Prüfung stehen lassen!

Überprüfen von Hypothesen: So bestätigen (verifizieren) oder widerlegen (falsifizieren) Sie vorgegebene oder selbst aufgestellte Hypothesen

Nachdem Sie Ihre Hypothese aufgrund aller Daten mit eigenen Worten formuliert haben, blicken Sie noch einmal zurück (nach folgenden Punkten überprüfen Sie auch vorgegebene Hypothesen):

- Stehen alle Angaben und Informationen aus den Materialien mit der Hypothese im Einklang?
- Belegen Sie Ihre Hypothese umfassend mithilfe aller relevanten Materialien und stellen Sie diese in einen Begründungszusammenhang.
- Werden Widersprüche deutlich, verwerfen Sie die Hypothese und halten sich nicht weiter mit ihrer Begründung auf. Eine Hypothese ist widerlegt, wenn z. B. ein Versuchsergebnis nicht im Einklang mit der formulierten Hypothese steht.

Tipp

Beachten Sie bei den Formulierungen, dass Hypothesen stets vorläufigen Charakter haben und keine feststehenden Fakten sind.
Haben Sie den Auftrag, selbst eine Hypothese aufzustellen, und hält die erste einer Prüfung nicht stand, suchen Sie ohne viel Zeit zu verlieren nach einer neuen Hypothese. Wenn Ihnen keine weitere einfällt, begründen Sie die Widersprüche und schlagen Sie vor, wie man vorgehen könnte, um eine Lösung herbeizuführen.
Sind mehrere Hypothesen vorgegeben, stellen Sie vor einer Überprüfung zunächst die Unterschiede klar heraus.

Umgang mit Modellen (vgl. Übungsaufg. 2, 4, 5, A 2, B 2, C 1)

Modelle bilden die Wirklichkeit nach. Sie erfassen dabei nicht alle Merkmalseigenschaften des Naturobjekts, sondern dienen nur der Erklärung weniger, oft nur einer Eigenschaft. Sie können Strukturelemente oder Funktionszusammenhänge veranschaulichen. Dabei können sie die Wirklichkeit spiegeln oder aber nur hypothetischer Natur sein. Meist vereinfachen sie komplexe Sachverhalte und machen sie leichter vermittelbar.
Bei der Beschreibung und Erklärung von Modellen ist in den Formulierungen darauf zu achten, dass das Modell nicht mit der Wirklichkeit verwechselt wird. Das können Sie dadurch erreichen, dass Sie

- die Modellebene und die Ebene der Wirklichkeit getrennt beschreiben und nicht miteinander vermischen,
- Elemente des Modells bestimmten Eigenschaften der Wirklichkeit zuordnen oder
- bei einem Funktionsmodell zunächst nur beschreiben, wie das Modell funktioniert, und erst dann erklären, welche Vorgänge in der Natur damit veranschaulicht werden sollen.

Tipp

Die Zuordnung von Modellelement und Naturmerkmal sowie seine Erklärungsfunktion können gut in einer Tabelle veranschaulicht werden.

So könnte z. B. die Funktion des Isoleucins in dem angedeuteten Stoffwechselweg in Abbildung 5 mithilfe eines Schwammmodells (Abbildung 6) in Tabellenform erklärt werden:

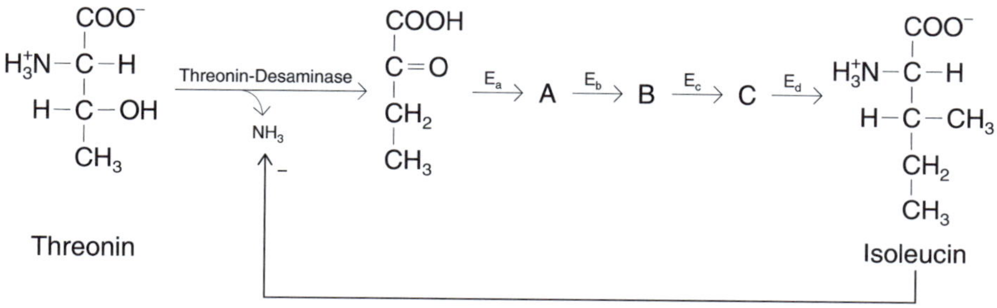

Abb. 5: Ausschnitt aus dem Threoninstoffwechsel

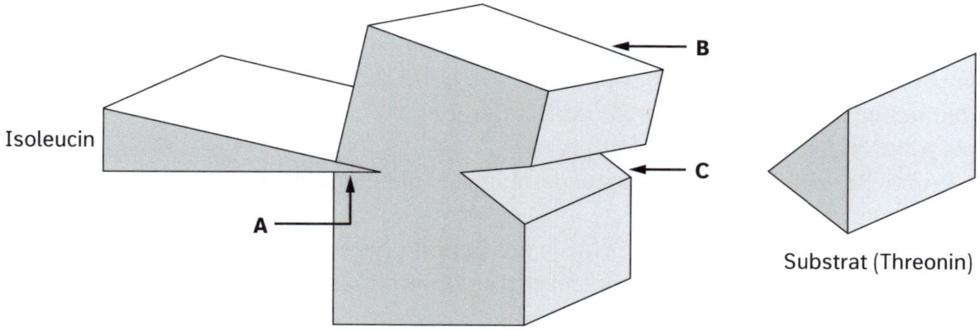

Abb. 6: Schwammmodell zur Erklärung der Funktion des Isoleucins im Threoninstoffwechsel

Modellstruktur (Funktion)	**veranschaulichtes Objekt**	**Funktion**
Schwammmodell der Abbildung 5	allosterisch gehemmte Threonin-Desaminase	allosterische Hemmung der Threonin-Desaminase durch Isoleucin
kleiner Keil aus Schwammmaterial, rechts	Threonin	Substrat
A (Wird der lange Keil in den Schlitz des Schwamms gesteckt, verändert dieser seine Gestalt.)	allosterisches Zentrum mit angelagertem Hemmstoff (Isoleucin)	bei Anwesenheit des Inhibitors Isoleucin wird Enzymstruktur verändert
B großer, veränderbarer Schwamm	Enzym Threonin-Desaminase	kann Threonin umsetzen (wenn nicht gehemmt)
C (Steckt der lange Keil nicht im Schlitz, kann die Lücke im Schwamm den kurzen Keil aufnehmen.)	aktives Zentrum	hier kann Threonin an das Enzym angelagert und dann umgesetzt werden

Umgang mit der Code-Sonne bzw. der Code-Tabelle (vgl. Übungsaufg. 4, A1/2)

Mit großer Wahrscheinlichkeit wird mindestens eine der Prüfungsaufgaben einen Teil enthalten, in dem Sie mithilfe der Code-Sonne „Übersetzungsarbeit" leisten müssen. Dabei kann es sein, dass Sie eine DNA-Sequenz in ein Peptid, also eine Aminosäurenkette übersetzen müssen oder umgekehrt. Lösen Sie solche Aufgaben folgendermaßen:

- Prüfen Sie zunächst, was Ihr Ausgangsmolekül ist und in welches Zielmolekül es übersetzt werden muss.
- Soll ein Genabschnitt, also DNA, in ein Peptid übersetzt werden, muss zunächst der entsprechende mRNA Abschnitt transkribiert werden. Achten Sie darauf, in der mRNA statt Thymin Uracil zu verwenden! Am einfachsten wird der nächste Schritt, wenn Sie die mRNA direkt in Basentripletts „portionieren", da die Gefahr, Lesefehler zu machen, dadurch verringert wird.
- Anschließend kann die mRNA in die Abfolge der Aminosäuren translatiert werden. Prüfen Sie, ob Sie ein Startcodon suchen müssen, oder ob der zu übersetzende Abschnitt mitten im Gen liegt. Die Start-Codons sind bei Eucaryoten eigentlich immer AUG, bei Prokaryoten manchmal auch GUG. Lesen Sie die Code-Sonne von innen nach außen bzw. die Tabelle von links nach rechts (5′ → 3′).
- Eine Aufgabe dieser Art ist oft mit der Frage nach der Art und Wirkung einer bestimmten Mutation verknüpft. Sie erhalten in diesem Fall eine (oder mehrere) weitere Varianten des Gens, die Sie ebenfalls übersetzen müssen. Anschließend können Sie beurteilen, ob die Mutation eine Auswirkung auf das synthetisierte Protein hat oder nicht.

- Müssen Sie ein Peptid in ein Gen umschreiben, gibt es aufgrund der Degeneriertheit des genetischen Codes immer mehrere mögliche Lösungen. In diesem Fall prüfen Sie, welches Basentriplett zu der jeweils angegebenen Aminosäure passt.
- Bedenken Sie, dass der Prozess des Spleißens bei der Proteinbiosynthese eukaryotischer Zellen bei solchen Aufgaben entweder übergangen wird oder nicht rekonstruiert werden kann!

Beispiel für den Umgang mit der Code-Sonne bzw. der Code-Tabelle

Abbildung 7 zeigt die Abfolge der ersten acht Aminosäuren der β-Kette des gesunden Hämoglobins, **Abbildung 8** die des Sichelzellhämoglobins.

Val – His – Leu – Thr – Pro – Glu – Glu – Lys-...

Abb. 7: Die ersten acht Aminosäuren der β-Kette des gesunden Hämoglobinmoleküls.

Val – His – Leu – Thr – Pro – Val – Glu – Lys-...

Abb. 8: Die ersten acht Aminosäuren der β-Kette des Sichelzellhämoglobins.

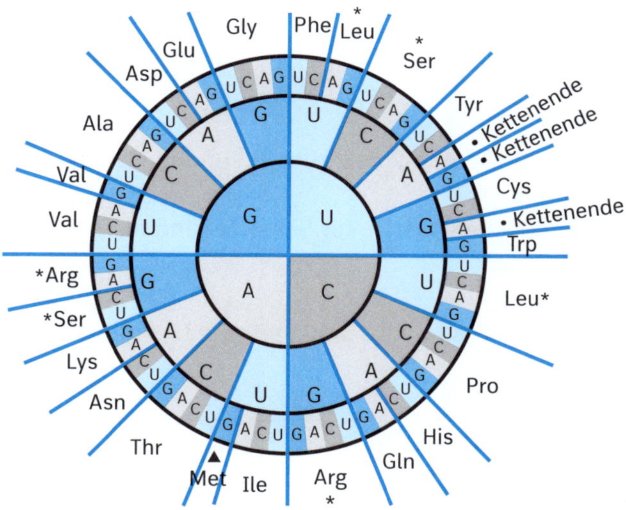

* zweimal auftretende Aminosäuren
• Stopp-Codon
▲ Start-Codon

Abb. 9 a: Die Code-Sonne

Erste Base	Zweite Base				Dritte Base
5'	U	C	A	G	3'
U	Phe Phe Leu Leu	Ser Ser Ser Ser	Tyr Tyr Stopp Stopp	Cys Cys Stopp Trp	U C A G
C	Leu Leu Leu Leu	Pro Pro Pro Pro	His His Gln Gln	Arg Arg Arg Arg	U C A G
A	Ile Ile Ile Met (Start)	Thr Thr Thr Thr	Asn Asn Lys Lys	Ser Ser Arg Arg	U C A G
G	Val Val Val Val	Ala Ala Ala Ala	Asp Asp Glu Glu	Gly Gly Gly Gly	U C A G

M9 b Code-Tabelle

Mögliche Aufgabenstellung:

a) **Ermitteln** Sie eine mögliche Nukleotidsequenz des zum gesunden Hämoglobin gehörenden codogenen DNA-Stranges.

b) **Geben** Sie dann die molekulargenetische Ursache für Sichelzellanämie an.

Lösung:

Aufgrund der Degeneriertheit des genetischen Codes sind mehrere Lösungen denkbar, z. B.:

AS-Sequenz	Val	His	Leu	Thr	Pro	Glu	Glu	Lys
mRNA	GUG	CAU	CUU	ACG	CCC	GAA	GAG	AAA
DNA	CAC	GTA	GAA	TGC	GGG	CTT	CTC	TTT

Vergleicht man die Aminosäurensequenz der beiden Moleküle miteinander, fällt auf, dass beim Sichelzellhämoglobin die sechste Aminosäure ausgetauscht ist (Val statt Glu). Mithilfe der Code-Sonne oder der Code-Tabelle kommt man für Glu auf die möglichen mRNA-Basentripletts GAG und GAA; für Val auf die möglichen mRNA-Basentripletts GUG, GUA, GUC und GUU. Die DNA für Glu könnte also CTC oder CTT als Nukleotidabfolge haben, für Val CAC, CAT, CAG, CAA. Die Ursache ist also eine Punktmutation, bei der die zweite Base des entsprechenden Tripletts ausgetauscht wurde (A statt T).

5 Basiswissen

Strukturelle und energetische Grundlagen des Lebens

100 000 000 000 000 – so viele Zellen hat jeder von uns in seinem Körper. Sie sind in den verschiedenen Geweben und Organen stark differenziert und tragen damit arbeitsteilig zur Funktion und Steuerung unseres Gesamtorganismus bei. Zudem trägt jeder von uns eine etwa zehnmal so hohe Zahl einzelliger Bakterien in und auf sich. Worin unterscheiden sich diese Zellen? Wie sind Zellen organisiert? Und vor allem: Welche chemischen Stoffwechselreaktionen sind es, die diese kleinsten Einheiten aller Lebewesen „lebensfähig" machen? Dazu ist nicht nur ein „Stoff"-wechsel notwendig z. B. für Wachstum und Fortpflanzung – sondern auch ein „Energie"-wechsel beispielsweise zur Reaktionsfähigkeit auf äußere Reize oder für eine eigenständige (Fort-)Bewegung.

Organisation und Funktion der Zelle

Zunächst sollen hier die Grundlagen der Zellbiologie zusammengefasst werden, also der Aufbau von Bakterien-, Tier- und Pflanzenzelle sowie Mechanismen des Stofftransports an Membranen. Um im Anschluss die Reaktionen von Stoffaufbau und Stoffabbau verstehen zu können, werden hier auch Enzymreaktionen näher betrachtet. Die Inhalte der Zellbiologie sowie die Grundlagen zu Stofftransport und Enzymreaktionen werden ihnen an anderen Stellen erneut begegnen, beispielsweise im Kapitel „Genetik und Gentechnik" (S. 65 ff.) und im Kapitel „Neuronale Informationsverarbeitung" (S. 102 ff.). Deshalb handelt es sich um elementares Basiswissen, das Sie beherrschen sollten.

a. Vergleich von eukaryotischer und prokaryotischer Zelle

Alle lebenden Organismen bestehen aus Zellen, also aus membranumschlossenen Reaktionsräumen. Diese unterscheiden sich in den verschiedenen Reichen der Lebewesen voneinander: Prokaryotische Zellen (Procyten) sind im Vergleich zu den Zellen der Eukaryoten (Eucyten) kleiner und einfacher gebaut. Zu den Prokaryoten gehören Bakterien und Archaea, unter den Eukaryoten fasst man Protisten, Pilze, Pflanzen und Tiere zusammen.

Unterschiede Procyte – Eucyte

Procyte	Eucyte
• ringförmige DNA frei im Zellplasma, manche Bakterien besitzen zudem Plasmide (= kleine DNA-Ringe), die mit ihren Resistenzgenen in der Gentechnik bedeutsam sind • Zellwand (aus Murein), Zellmembran • keine Kompartimente • 70S Ribosomen • meist 1 – 10 µm	• lineare DNA umgeben von Kernhülle (Zellkern) • Zellwand (bei Pflanzen aus Cellulose, bei Pilzen aus Chitin, bei Tieren nicht vorhanden), Zellmembran • zahlreiche membranumhüllte Zellorganellen mit spezialisierten Strukturen • 80S Ribosomen • meist 10 – 100 µm

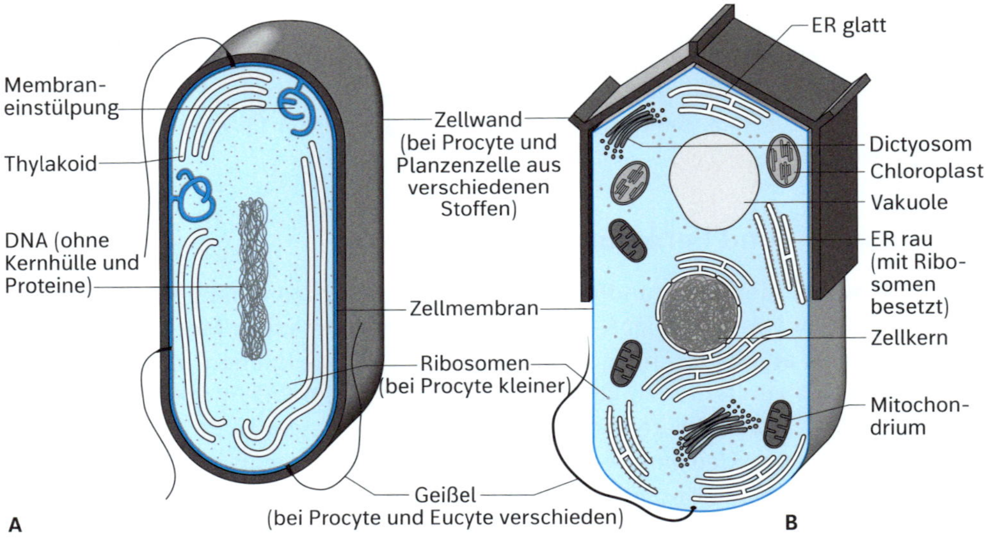

Procyte und Eucyte im Vergleich (ER: Abk. für für Endoplasmatisches Reticulum)

b. Bau und Aufgaben von Biomembranen

Lebende Zellen sind offene Systeme. Daher besteht ein permanenter Stoff- und Energiefluss zwischen dem Inneren einer Zelle und der Umgebung. Als selektiver Filter dient die **Biomembran**, die eine Zelle umschließt. In Eucyten bilden Biomembranen zudem Kompartimente (Unterteilungen), so dass innerhalb der Zellen abgeschlossene, spezialisierte Reaktionsräume entstehen – die sog. **Zellorganellen**.

Aufbau von Biomembranen

Grundbausteine von Biomembranen sind **Phospholipide**. Diese unterscheiden sich von Lipiden darin, dass eine der drei mit Glycerin veresterten Fettsäurereste durch eine negativ geladene Phosphatgruppe ersetzt ist. Es handelt sich um amphiphile Moleküle, die aus einem polaren „Kopf“ und zwei unpolaren „Schwänzen“ besteht. In allen Biomembranen bilden die Phospholipide eine Doppelschicht, in der die hydrophilen (wasserliebende) Köpfe nach außen und die hydrophoben (wasserabweisende) Schwänze zueinander weisen.

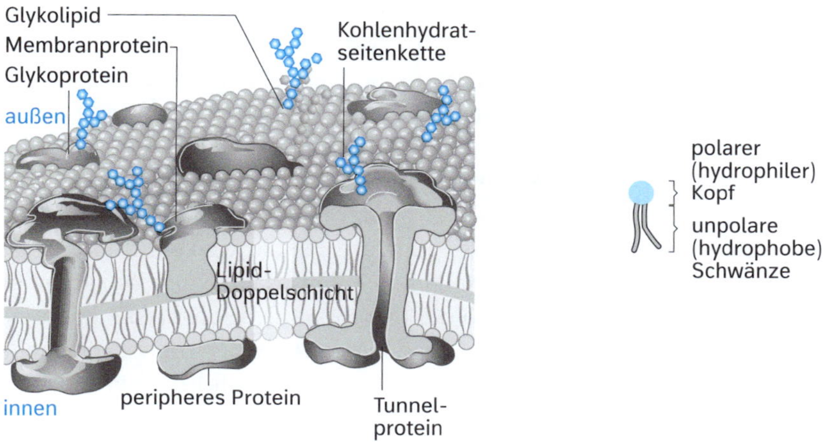

Flüssig-Mosaik-Modell der Biomembran

Den weiteren Aufbau der Biomembran erklärt das sog. **„Flüssig-Mosaik-Modell“**: In die Phospholipid-Doppelschicht sind zahlreiche Proteine angelagert **(periphere Proteine)** oder eingelagert **(integrale Proteine)**. Dies ist von ihren Löslichkeitseigenschaften abhängig: In der Membran liegende Bestandteile von Proteinen müssen ebenso wie das Innere der Doppelschicht hydrophobe Eigenschaften aufweisen. Die Proteine können sich aufgrund der Tatsache, dass sie in der flüssigen Doppelschicht gelöst sind, frei darin bewegen. Integrale Proteine können die ganze Membran durchdringen oder als Tunnelproteine oder Pumpen fungieren. Auf der Außenseite können Kohlenhydratketten an Lipide (sog. **Glykolipide**) oder Proteine (sog. **Glykoproteine**) gebunden sein. Sie dienen beispielsweise dem Immunsystem zur Zellerkennung.

Die wichtigste Aufgabe neben dem Abgrenzen des Cytoplasmas zur Umwelt ist der **Stofftransport durch die Biomembran**. Denn diese stellen Barrieren für den Durchtritt von Teilchen dar.

Passive Transportmechanismen an Biomembranen

Der **passive Transport** beruht auf Diffusionsprozessen, dessen treibende Kraft ein Konzentrationsgefälle **(Konzentrationsgradient)** zwischen den zwei Seiten der Biomembran ist. Das bedeutet, dass sich die Teilchen des Stoffes im Bestreben nach einem Konzentrationsausgleich von dem Ort mit der höheren Konzentration zum Ort mit der niedrigeren Konzentration bewegen. Da dies der natürlichen Diffusionsrichtung der Teilchen entspricht, ist keine Energie notwendig. Kleine hydrophile, ungeladene Moleküle (z. B. Kohlenstoffdioxid, Glycerin) oder lipophile Teilchen (z. B. Steroidhormone) können die Membran ungehindert durch **einfache Diffusion** passieren ①. Größere Moleküle und Ionen können mithilfe integraler Proteine die Membran durchqueren. Man spricht hier von **erleichterter Diffusion**. Carrierproteine, die Substrate (z. B. Glucose) unter Konformationsänderung weiterleiten, sind molekülspezifisch ②, Kanalproteine lassen jeweils bedingt durch die Breite des Tunnels bestimmte Ionen durchtreten ③. Beide Proteinarten können bei Bedarf geöffnet oder geschlossen werden, so dass eine Biomembran stets selektiv permeabel ist.

Wasser kann durch spezielle Poren, den Aquaporinen, die Membran ungehindert passieren. Ist z. B. in der Vakuole einer Pflanzenzelle die Konzentration der gelösten Teilchen höher als im umgebenden Medium, kommt es zu einem Wassereinstrom in die Vakuole, da die gelösten Teilchen die Membran nicht passieren können. Durch diesen osmotischen Vorgang sind Pflanzen in der Lage, dem Boden Wasser zu entziehen. **Osmose** bezeichnet die Diffusion durch eine **selektiv-permeable Membran** hindurch. Trinken wir Salzwasser, entzieht das höher konzentrierte Salzwasser unseren Körperzellen Flüssigkeit und wir verdursten.

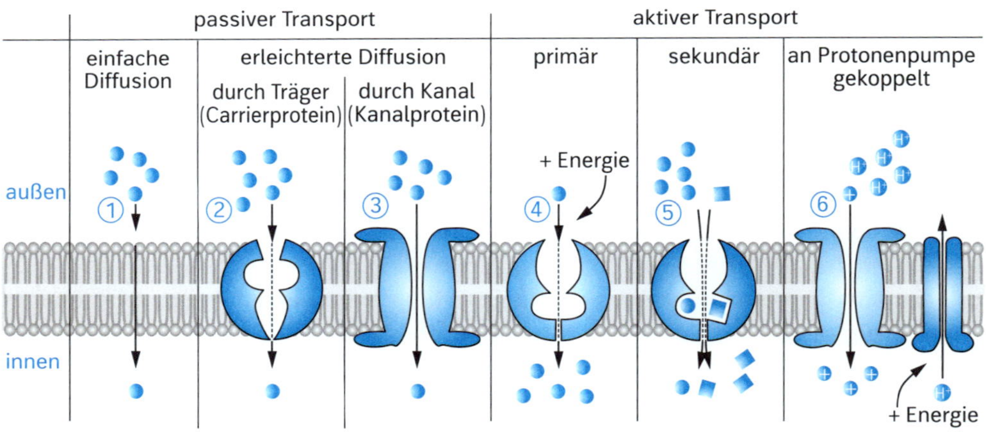

Die Anzahl der abgebildeten Moleküle stellt die Konzentrationsverhältnisse dar (viele Moleküle = höhere Konzentration).
Die eckig dargestellten Moleküle in ⑤ werden gegen den Konzentrationsgradienten mittransportiert.

Schematische Darstellung verschiedener Transportmechanismen.

Aktive Transportmechanismen an Biomembranen

Der **aktive Transport** erfolgt entgegen des vorliegenden Konzentrationsgefälles (also in Richtung der höheren Stoffkonzentration) und verläuft daher unter Energieaufwand, d. h. unter ATP-Verbrauch. Man unterscheidet zwischen dem **primären aktiven Transport** ④, bei dem unter dem direkten Verbrauch von ATP vor allem anorganische Ionen durch Transportproteine durch die Membran „gepumpt" werden. Ein Beispiel, das allerdings zwei verschiedene Ionen jeweils gegen den chemischen Konzentrationsgradienten befördert, ist die **Natrium-Kalium-Pumpe**: Bei der Hydrolyse von einem Molekül ATP werden dabei drei Natrium-Ionen in die Zelle und zwei Kalium-Ionen aus der Zelle hinaus transportiert (= Antiport). Beim **sekundär aktiven Transport** ⑤ wird ein Gradient eines bestimmten Stoffes unter ATP-Verbrauch erzeugt. Die in dem so erzeugten Konzentrationsgradienten enthaltene Energie wird dann wiederum genutzt, um andere Stoff entgegen deren Gradienten in die Zelle zu transportieren. Bei diesem **Cotransport** kann es sich um einen **Symport** handeln, bei dem die Teilchen der beiden Stoffe in eine gemeinsame Richtung transportiert werden, oder um einen **Antiport**, bei dem die Teilchen in entgegengesetzte Richtung transportiert werden. Beispielsweise wird Saccharose durch einen Saccharose-Protonen-Cotransporter von den Blattzellen, in denen die Saccharose durch Fotosynthese erzeugt wurde, in spezialisierte Zellen der Leitbündel transportiert. Hierfür erzeugen diese Zellen zuvor einen Protonengradient durch eine ATP-getriebene Protonenpumpe ⑥.

Bedeutung von ATP

Der universelle Energieträger einer Zelle ist **ATP** (**A**denosin**tri**p**h**osphat). Die Hydrolyse von ATP (d. h. die Abspaltung eines Phosphatrestes) unter Bildung von ADP (**A**denosin**di**p**h**osphat) ist eine der wichtigsten exergonischen Reaktionen in der Natur. Die hier freigesetzte Energie ermöglicht endergonische Stoffwechselprozesse in den Zellen von Lebewesen, wie beispielsweise den aktiven Stofftransport. Hier spricht man von **energetischer Kopplung**. ATP ist aufgrund seiner chemischen Struktur besonders als Energieträger geeignet: Es ist leicht zu transportieren, kann überall im Organismus eingesetzt werden und zudem relativ viel chemische Energie (32,3 kJ/mol) speichern (siehe auch S. 51).

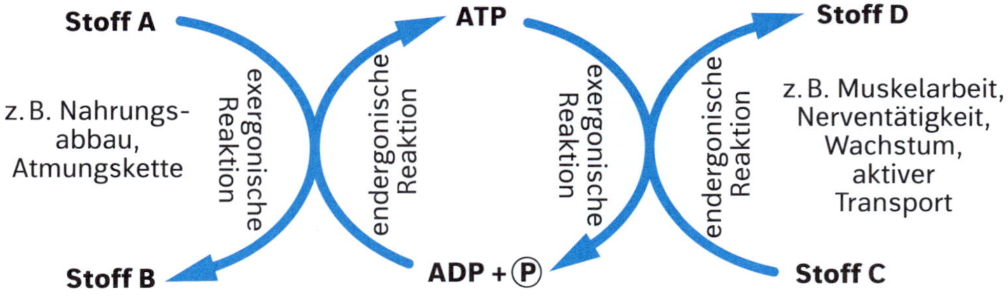

Energetische Kopplung

c. Die Zellorganellen eukaryotischer Zellen

Die folgende Übersicht zeigt Strukturen und Funktionen der wichtigsten Zellorganellen:

Zellorganell	Struktur	Funktion
Zellkern 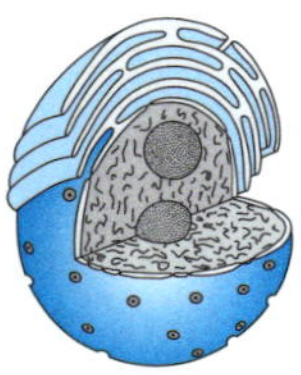	• doppelte Membran (Kernhülle) mit Kernporen • enthält DNA und Proteine • Kernkörperchen (Nukleolus)	• Speicherort der Erbinformation • steuert alle Stoffwechselprozesse der Zelle • Nukleolus: Syntheseort der Ribosomen • fehlt z. T. in stark spezialisierten Zellen (z. B. roten Blutkörperchen)
Mitochondrium 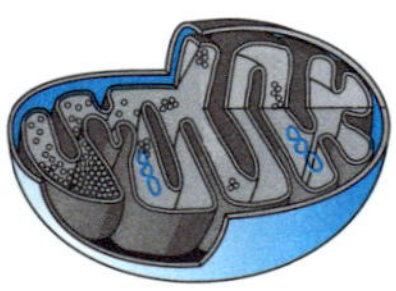	• von zwei Membranen umgeben, innere stark eingefaltet (Cristae) • zwei Kompartimente: zwischen den Membranen und die Matrix • eigene DNA; 70s Ribosomen	• Ort der Zellatmung („Kraftwerk der Zelle“) • Energie aus Nährstoffen wird zur ATP-Synthese genutzt • Neubildung nur durch Teilung vorhandener • gehäuftes Vorkommen in Zellen mit hohem Energiebedarf (Muskeln, Leber)
Chloroplast 	• Zwei Membranen, innere Thylakoidmembran z. T. geldrollenartig gefaltet (Grana) • Thylakoidmembran enthält Chlorophylle und Carotinoide • Stroma (Matrixraum) • eigene DNA und 70s Ribosomen	• Ort der Fotosynthese • bilden in der Fotosynthese Zucker und als Nebenprodukt Sauerstoff • kommen nur in Pflanzen und manchen Einzellern (z. B. Euglena) vor • Neubildung nur durch Teilung vorhandener
Endoplasmatisches Reticulum (ER) 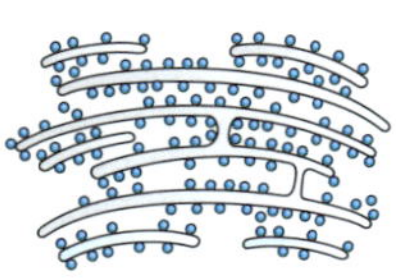	• Membransystem, das die Zelle durchzieht und Zisternen bildet • Membran umschließt die Zisternen • steht in Verbindung mit anderen Membranen, z. B. der Kernhülle • raues ER (Abbildung): mit Ribosomen besetzt; glattes ohne Ribosomen	• an der Synthese von Proteinen und dem Stofftransport innerhalb der Zelle beteiligt • zum Stofftransport schnüren sich Bläschen (Vesikel) ab • Zisternen auch Speicherort für verschiedene Stoffe • tritt in Drüsenzellen gehäuft auf
Ribosomen 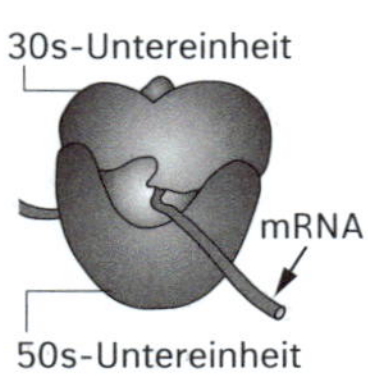	• Organellen ohne Membran • bestehen zu 40 % aus r-RNA und zu 60 % aus Proteinen • werden von einer kleinen und einer großen Untereinheit gebildet • zwei verschiedene Größen: 70s (Procyte) und 80s (Eucyte)	• Ort der Translation (siehe Proteinbiosynthese) • Synthese von Proteinen ins Cytosol oder in das Innere des ER

d. Bedeutung und Regulation enzymatischer Prozesse

Enzyme sind **Biokatalysatoren**, d. h. es handelt sich im Wesentlichen um Proteine mit katalytischer Wirkung. Sie setzen die **Aktivierungsenergie** von Stoffwechselreaktionen herab. Dabei gehen sie unverändert aus der Reaktion hervor. Die Aktivierungsenergie einer chemischen Reaktion ist die Energie, die zugeführt werden muss, damit die miteinander reagierenden Stoffe in einen reaktionsbereiten Zustand geführt werden. Viele Reaktionen laufen bei den Temperaturen, die in den Organismen vorliegen, nicht oder nur langsam ab. Eine Temperaturerhöhung um ca. 10°C würde die Reaktionsgeschwindigkeit verdoppelt bis verdreifachen **(RGT-Regel)**, jedoch ist ein Abweichen von der Normaltemperatur in Lebewesen nicht immer möglich. Durch Enzyme werden Reaktionen ohne eine Temperaturerhöhung nicht nur ermöglicht oder beschleunigt, sie eröffnen auch die Möglichkeit die ablaufenden Reaktionen jeder Zelle zu steuern und zu regulieren.

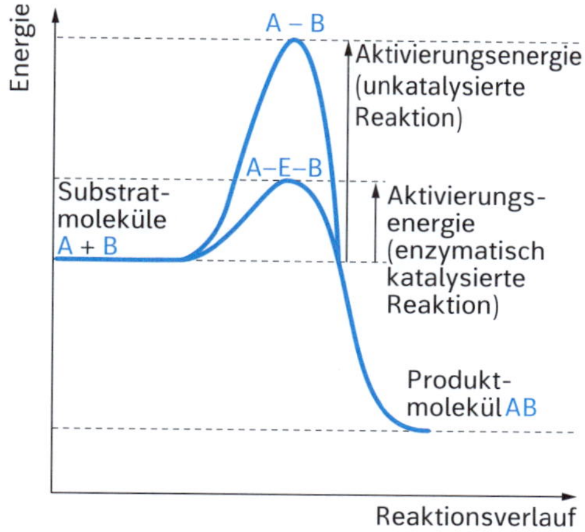

Erniedrigung der Aktivierungsenergie durch Enzyme anhand einer Beispielreaktion:
Ohne Enzym: A + B → A – B → AB
Mit Enzym: A + B + E → A – E – B → AB + E
Energiediagramm

Verlauf einer enzymatischen Reaktion

Der Verlauf einer enzymatischen Reaktion zeigt, dass der umzusetzende Stoff **(Substrat)** oder die umzusetzende Stoffgruppe (Substrat-Gruppe) an das **aktive Zentrum** des Enzyms bindet. Das ist innerhalb der Proteinstruktur des Enzyms eine spezifische Region. Meist handelt es sich um eine Vertiefung mit einer bestimmten Konformation und mit bestimmten Eigenschaften, in das genau das Substrat, das umgesetzt werden soll, binden kann. Diese **Substratspezifität** basiert auf dem **Schlüssel-Schloss-Prinzip**, da nur das passende Substrat im aktiven Zentrum angelagert werden kann. Im so entstandenen Enzym-Substrat-Komplex findet eine Konformationsänderung statt, so dass das Substrat vom Enzym fest umschlossen ist (induced fit). Nun reagieren Substrat und Enzym miteinander und es entsteht der Enzym-Produkt-Komplex, der unter Freisetzung der Produkte das unveränderte Enzym für die nächste Reaktion zur Verfügung stellt. Da Enzyme immer nur eine bestimmte Wirkung auf ihr spezifisches Substrat haben, weisen sie neben der Substrat- auch eine **Wirkspezifitiät** (= Reaktionsspezifität) auf.

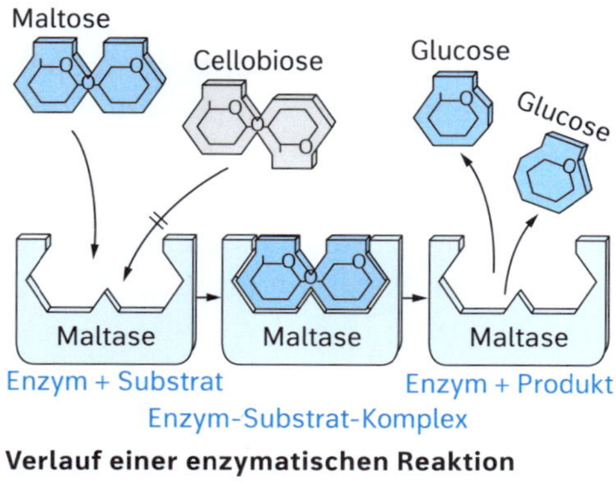

Verlauf einer enzymatischen Reaktion

Äußere Einflüsse auf Enzymreaktionen

Enzymreaktionen sind von zwei Bedingungen abhängig, die somit Einfluss auf die katalysierte Stoffwechselreaktion nehmen: **Temperatur** und **pH-Wert**. Für beide Faktoren gibt es für jedes Enzym einen bestimmten Bereich mit maximaler Reaktionsgeschwindigkeit, das sogenannte Optimum. Jedoch existieren auch Minimum bzw. Maximum, bei denen aufgrund der **Denaturierung** des Enzyms (Zerstörung der Tertiärstruktur des Proteins) keine Wirkung des Enzyms auf die Reaktion mehr festgestellt werden kann. Folgende Diagramme zeigen diese Abhängigkeiten genauer auf:

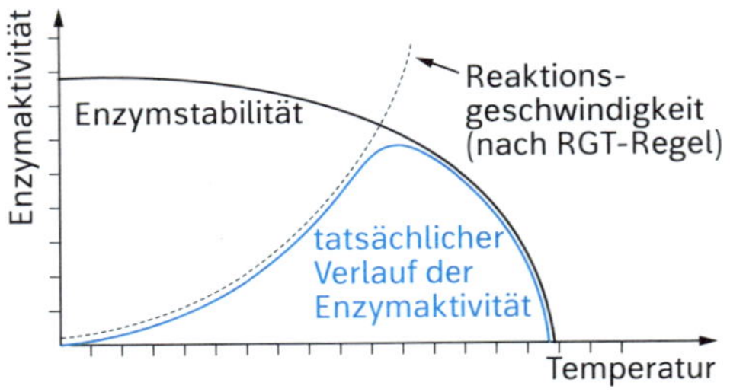

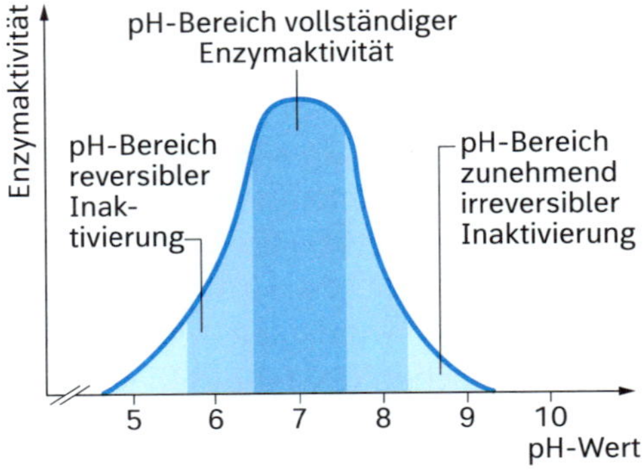

Abhängigkeit der Enzymaktivität von der Temperatur: Mit steigender Temperatur wächst die Teilchenbewegung, dies begünstigt das Zusammentreffen von Enzym und Substrat und damit Enzymaktivität. Nach der **RGT-Regel** verdoppelt bis verdreifacht sich die Reaktionsgeschwindigkeit bei einer Temperaturerhöhung um 10°C. Ab einer bestimmten Temperatur kommt es jedoch zu einer irreversiblen Denaturierung des Enzyms.

Abhängigkeit der Enzymaktivität vom pH-Wert: Eine Veränderung des optimalen pH-Werts führt zum Verlust der stabilisierenden Wechselwirkungen in der **Tertiärstruktur** und damit zu einer **Verformung des aktiven Zentrums**. (reversibel = umkehrbar, irreversibel = nicht umkehrbar)

e. Hemmstoffe (Inhibitoren) beeinflussen die Reaktionsgeschwindigkeit bei Enzymreaktionen

Als Maß für die Enzymaktivität dient die **Reaktionsgeschwindigkeit v**. Bei konstanter Enzymmenge nimmt diese bei steigender Substratkonzentration bis zu dem **Maximalwert v_{max}** hin zu:

Abhängigkeit der Enzymaktivität gemessen an der Reaktionsgeschwindigkeit v von der Substratkonzentration c(S):

①	Substratmoleküle treffen mit hoher Wahrscheinlichkeit auf unbesetzte Enzyme, woraus ein starker Anstieg von v resultiert.
②	Wahrscheinlichkeit des Aufeinandertreffens von Substrat- und Enzymteilchen sinkt, sodass v langsamer ansteigt.
③	Alle aktiven Zentren sind durch Substratmoleküle besetzt, so dass kein weiterer Anstieg von v möglich ist (v_{max} erreicht).

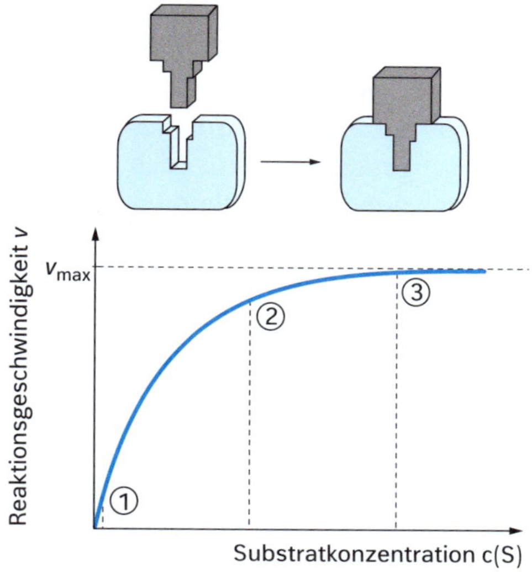

Die Enzymaktivität wird durch **Inhibitoren** (Hemmstoffe) beeinflusst. Man unterscheidet zwei Typen reversibler Hemmung:
Bei der **kompetitiven Hemmung** konkurrieren Inhibitor und Substrat aufgrund ihrer chemisch ähnlichen Struktur um die Besetzung des aktiven Zentrums. Dies entspricht etwa zwei Schlüsseln, die beide in ein Schloss passen von denen aber nur einer (Substrat) das Schloss entriegeln kann. Da die Wahrscheinlichkeit, dass der Hemmstoff ins aktive Zentrum bindet bei niedriger Substratkonzentration hoch ist, folgt daraus eine niedrigere Reaktionsgeschwindigkeit für die katalysierte Reaktion. Ein gebundener Inhibitor löst sich jedoch wieder, so dass das Enzym weiter zur Verfügung steht. Eine Erhöhung der Substratkonzentration führt somit zur Verdrängung des Inhibitors, daher kann die maximale Reaktionsgeschwindigkeit dennoch erreicht werden.

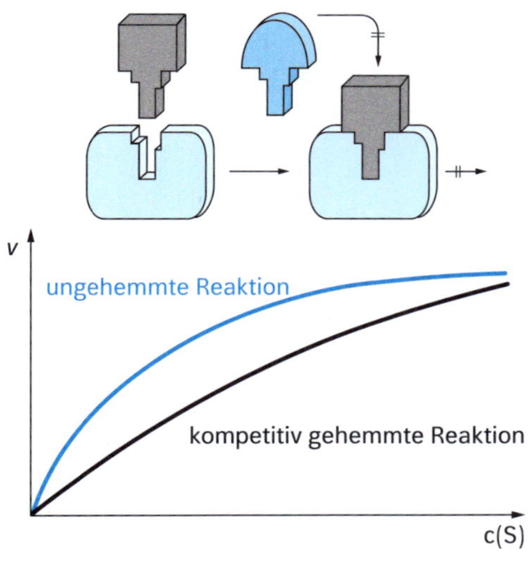

Kompetitive Hemmung der Enzymreaktion

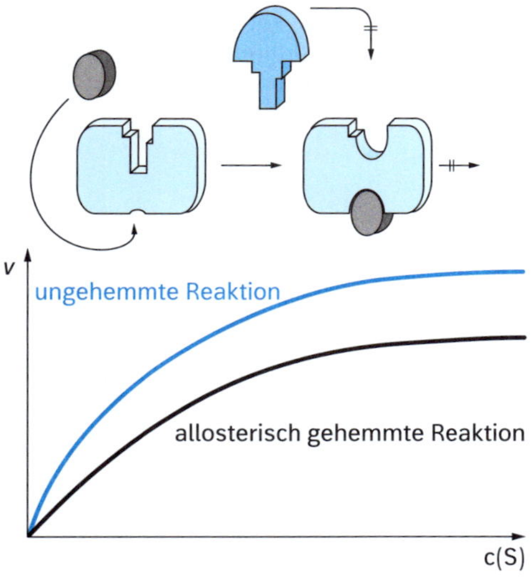

Allosterische Hemmung der Enzymreaktion

Dies ist bei der **nichtkompetitiven** oder **allosterischen Hemmung** nicht möglich: Hier lagert sich der Hemmstoff an einer vom aktiven Zentrum entfernten Stelle (allosterisches Zentrum) an und verändert dadurch die Raumstruktur des aktiven Zentrums. Dies führt dazu, dass vorhandene Substratmoleküle nicht binden können und daher nicht umgesetzt werden. Auch wenn sich der Inhibitor löst, wird er an ein anderes Enzym binden. Ein bestimmter Anteil der vorhandenen Enzyme steht nicht zur Verfügung. Da die maximale Reaktionsgeschwindigkeit von der Enzymkonzentration abhängt, ergibt sich in Anhängigkeit der Inhibitor-Konzentration eine niedrigere maximale Reaktionsgeschwindigkeit.
Binden kompetitive oder nichtkompetitive Inhibitoren dauerhaft an Enzyme kann es zu einer **irreversiblen** Hemmung kommen (z. B. bestimmte Antibiotika, Schwermetall-Ionen, Nervengift E605).

Energiebindung und Stoffaufbau durch Fotosynthese

Die Fotosynthese – wie auch die anschließend betrachtete Zellatmung – gehören zu den Stoffwechselreaktionen mit denen Zellen Naturstoffe auf- bzw. abbauen. Die Übersicht zeigt die Zusammenhänge.

Anabolismus: Durch endergonische **Assimilationsprozesse** (z. B. Fotosynthese) erfolgt der Aufbau von Naturstoffen.

Energie + energiearme einfache anorganische Stoffe —**Assimilation**→ komplexe energiereiche organische Stoffe

Katabolismus: Dissimilationsprozesse (z. B. Zellatmung) erfolgen exergonisch, d. h. Stoffe werden unter Energiefreisetzung abgebaut. (Stoffabbau)

komplexe energiereiche organische Stoffe —**Dissimilation**→ energiearme anorganische Stoffe + Energie

a. Bedeutung der Fotosynthese

Fotosynthese ist der Stoffwechselprozess, durch welchen fotoautotrophe Lebewesen wie z. B. grüne Pflanzen die auf der Erde eintreffende Sonnenenergie durch die Umwandlung in chemische Energie nutzbar machen. Diese Energieumwandlung geht einher mit folgender Stoffumwandlung:

$$6\ H_2O + 6\ CO_2 \rightarrow C_6H_{12}O_6 + 6\ O_2 \quad \text{(Summengleichung)}$$

Aufgrund folgender Leistungen stellt die Fotosynthese einen Grundpfeiler der Stoffkreislaufes der Natur dar:

- **Energiebindung:** Durch die Absorption von Lichtenergie werden energiereiche organische Verbindungen gewonnen. Dabei handelt es sich zum einen um den primären Energiespeicher ATP, wie auch um stabile, langzeitige Energiespeicher wie Glucose, Stärke und Fett.
- **Assimilation:** Durch die Fotosynthese werden die anorganischen Stoffe Kohlenstoffdioxid und Wasser zunächst in Form von Glucose fixiert. Daraus stellen Pflanzen sämtliche organische Stoffe, die sog. Biomasse, her.
- **Freisetzung von Sauerstoff:** Durch die ersten zur Fotosynthese fähigen Organismen ist die Sauerstoffatmosphäre der Erde entstanden. Diese hat nicht nur die Entstehung der heute lebenden Organismen ermöglicht sondern lässt auch heute das Überleben aller heterotropher Lebewesen.

Bedeutung der ATP- und NADP-Systeme

Bei der Energiebindung durch Fotosynthese wie auch durch bei der Energiefreisetzung durch Zellatmung sind zwei biochemische Reaktionssysteme von besonderer Bedeutung:

ATP-System:	ADP Adenosindiphosphat energiearm	+	Ⓟ Phosphat- rest	$\rightleftarrows$	ATP Adenosintriphosphat energiereich

ATP dient sowohl als **kurzzeitiger Energiespeicher** als auch als **Energieüberträger**. Die Bildung von ATP verläuft endergonisch, d. h. unter Energieaufwand. Die Abspaltung eines Phosphat-Restes (in der Biochemie vereinfacht als P mit einem Kreis oder als P_i dargestellt) hingegen setzt 32,3 kJ/mol Energie frei (= exergonisch). ATP ist an den grundlegenden energieliefernden und -benötigenden Prozessen aller Lebewesen beteiligt und wird daher auch als universeller Energieträger bezeichnet (siehe auch energetische Kopplung S. 45).

NADP-System:	$NADP^+$ energiearm	+	$2H^+$	+	$2e^-$	$\rightleftarrows$	$NADPH/H^+$ energiereich

Diese reversible Reaktion dient zur **Übertragung von Wasserstoff** in einem Redoxprozess und stellt somit auch eine **Möglichkeit der Energieübertragung** dar. Wasserstoff kann nicht direkt auf Sauerstoff übertragen werden, denn dabei wird schlagartig sehr viel Energie freigesetzt (Knallgasreaktion!). Alle Stoffwechselreaktionen finden in wässrigem Milieu statt, in denen mit Hilfe des NADP-Systems eine schrittweise Energiefreisetzung durch die Rückreaktion des Redox-Energiespeichers $NADPH/H^+$ erfolgt. Das verwandte **FAD-System** funktioniert nach dem gleichen Prinzip.

b. Bedeutsame Experimente zur Aufklärung wesentlicher Fotosyntheseschritte

Methoden zur Messung der Fotosyntheserate

Die Messung der Fotosyntheserte erfolgt meist über den Gewinn der Produkte. Zum einen kann man die Zunahme der Glucosekonzentration messen, zum anderen lässt sich die Sauerstoffmenge bestimmen, die bei der Fotosynthese erzeugt wird. Hierfür kann der erzeugte Sauerstoff aufgefangen und dessen **Volumen** bestimmt werden. Dies geht experimentell sehr leicht bei Wasserpflanzen wie der Wasserpest. Beispielsweise stülpt man einen Trichter über eine Wasserpest, sodass sämtliches Gas in ein zu Beginn der Messung vollständig mit Wasser gefülltes Messgefäß abgeleitet werden kann. Das aufsteigende Gas verdrängt das Wasser darin und über die Eichung lässt sich das Volumen ablesen. Bei der **Bläschenzählmethode** zählt man die Anzahl der Sauerstoffbläschen, die sich in einer bestimmten Zeit an den Blätter der Wasserpflanze gebildet haben. Eine dritte Methode nutzt die **Ansammlung sauerstoffliebender Bakterien**. Über deren Schichtdicke an sauerstoffbildendem Gewebe kann ebenfalls die Fotosynthese-Leistung bestimmt werden.

ENGELMANN (1882): Abhängigkeit der Fotosynthese von der Wellenlänge

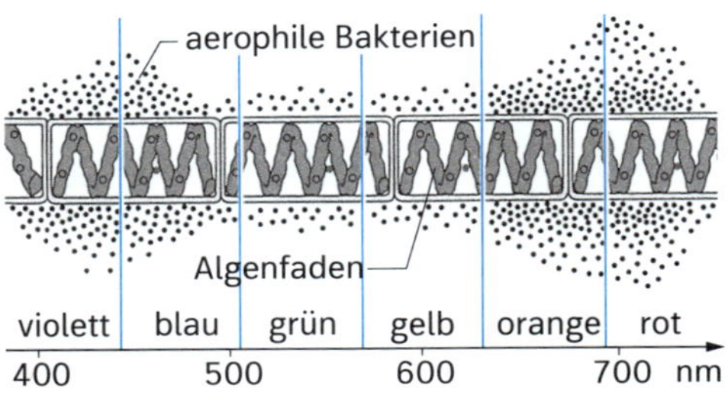

ENGELMANNscher Bakterienversuch

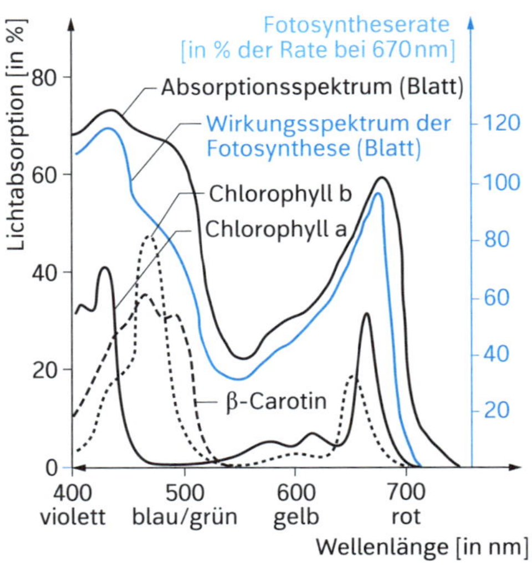

Absorptions- und Wirkungsspektrum im Vergleich

Diese dritte Methode hat sich Thomas ENGELMANN in seinem Bakterienversuch zu Nutze gemacht. Er projizierte das durch ein Prisma erzeugte kontinuierliche Spektrum des sichtbaren Lichts auf eine fadenförmige Algenart. Somit erhielt er ein einfaches Wirkungsspektrum der Fotosynthese, indem zu erkennen ist, wie sich verschiedene Spektralbereiche auf die Fotosyntheserate auswirken. Die größten Ansammlungen bildeten die Bakterien rund um die Bereiche des Algenfadens, die mit rotem oder blauem Licht bestrahlt wurden.

Dieses Ergebnis ähnelt sehr stark dem **Wirkungsspektrum**, das heutzutage mit einem Spektralfotometer gemessen werden kann. Hier wird die Fotosyntheserate in Abhängigkeit der Wellenlänge gemessen, mit der eine lebende Pflanze beleuchtet wurde. Die beiden Maxima des Kurvenverlaufs liegen im roten (650 – 680 nm) und blauen (410 – 470 nm) Spektralbereich, das Minimum liegt im Bereich des grünen Lichts. Für jeden der in den Thylakoiden der Chloroplasten befindlichen Blattfarbstoff

(Chlorphyll a, Chlorophyll b und verschiedene Carotinoide) zeigt dessen **Absorptionsspektrum**, welche Lichtwellenlängen am besten absorbiert werden. Aus der Summe ergibt sich das Absorptionsspektrum eines Pflanzenblattes, das zeigt, welche Lichtanteile aus dem Sonnenlicht von den Pigmenten in den Chloroplasten der pflanzlichen Zellen absorbiert werden. Aus dem Vergleich von Absorptions- und Wirkungsspektrum ist zu erkennen, dass **Chlorophyll a** das **zentrale Fotosynthese-Pigment** ist. **Chlorophyll b** und **die Carotinoide** (z. B. β-Carotin) erweitern das Wirkungsspektrum, indem sie die sogenannte „Grünlücke" der Chlorophylle verkleinern. So erfüllen sie ihre Aufgabe als **Antennen- oder Hilfspigmente**.

BLACKMAN (1905): Experimente zur Temperatur- und Lichtabhängigkeit

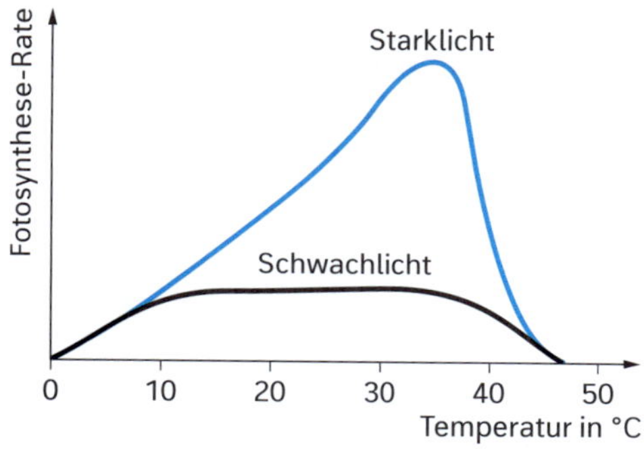

Abhängigkeit der Fotosynthese von der Temperatur

Für die Fotosyntheserate ergeben sich im Starklicht und Schwachlicht zwei unterschiedliche Kurven, wenn man den Einfluss der Temperatur misst. Bei **Starklicht** entspricht der Kurvenverlauf dem **der Temperaturabhängigkeit** der Enzymwirkung und folgt somit der **RGT-Regel** (S. 47). Daher steigt die Sauerstoffproduktion der Pflanze an bis bei 35 °C ein Maximum erreicht wird. Bei **Schwachlicht** hat die Temperaturzunahme keine Auswirkung auf die Fotosynthese-Leistung, weshalb der Kurvenverlauf zunächst gerade bleibt. Hier stellt also die **Lichtmenge** den **limitierenden Faktor** dar. Ab 40 °C fallen beide Kurven steil ab, da die Enzyme denaturieren, sodass hier in beiden Fällen die Temperatur die Leistung der Pflanzen begrenzt. BLACKMAN schlussfolgerte daraus, dass die Fotosynthese aus **zwei unterschiedlichen Reaktionssystemen** besteht: Zum einen existieren fotochemische Reaktionen, die kaum temperaturabhängig sind (**„Lichtreaktionen"** oder **lichtabhängige Reaktionen**). Zum anderen sind enzymatisch gesteuerte Teilreaktionen an der Fotosynthese beteiligt, die für die Temperaturabhängigkeit verantwortlich sind, wenn genügend Licht für die fotochemischen Prozesse vorhanden ist (**„Dunkelreaktionen"** oder **lichtunabhängige Reaktionen**).

HILL (1939): HILL-Reaktion

Sir ROBERT HILL isolierte Chloroplasten aus pflanzlichen Zellen und hielt sie in vitro funktionsfähig. Er erkannte, dass eine **Sauerstoffentwicklung** auch **ohne Kohlenstoffdioxid** stattfindet, wenn der belichteten Chloroplasten-Suspension andere reduzierbare Stoffe zur Verfügung stehen. Gibt man beispielsweise rotes Blutlaugensalz $K_3[Fe(CN)_6]$ hinzu, werden die darin enthaltenen **Eisen(III)-Ionen reduziert** zu Eisen(II)-Ionen. Da somit gelbes Blutlaugensalz $K_4[Fe(CN)_6]$ entsteht, geht mit dem Redox-Prozess eine Umfärbung einher, zudem wird Sauerstoff gebildet. Im Wesentlichen lässt sich die Reaktion also auf folgende Gleichung zurückführen:

$$4\ Fe^{3+} + 2\ H_2O \rightarrow 4\ Fe^{2+} + 4\ H^+ + O_2$$

HILL folgerte daraus, dass der bei der Fotosynthese **gebildete Sauerstoff aus dem Wasser** und nicht, wie bis dahin angenommen, aus dem Kohlenstoffdioxid stammen musste. Wasser wurde mit Hilfe der Lichtenergie in die Elemente gespalten. Licht löst zudem einen Elektronenübergang aus. In seinem Versuch dienten die Eisen(III)-Ionen als Elektronenakzeptor, in der Natur dient das Coenzym $NADP^+$ als Akzeptor.

KAMEN und RUBEN (1941), CALVIN (1940): Tracer-Methode
Zum eindeutigen Nachweis, dass der bei der Fotosynthese gebildete Sauerstoff aus dem Wasser stammt, nutzten KAMEN und RUBEN das **schwere Sauerstoffisotop ^{18}O** für ihre Versuche als Marker (engl. tracer). Dabei haben sie das häufiger vorkommende Isotop ^{16}O durch das schwere Isotop ^{18}O ersetzt. Da sich nun die Sauerstoffatome in den beiden Ausgangsverbindungen unterscheiden lassen und da das ^{18}O an den Reaktionsprodukten aufgrund der höheren Masse nachweisbar ist, konnte der **Weg des Sauerstoffs in der Fotosynthese** eindeutig belegt werden. Der gebildete Sauerstoff stammt aus dem Wasser, der Sauerstoff in der Glucose aus Kohlenstoffdioxid. Zudem wird auch Wasser gebildet, dessen Sauerstoff aus dem Kohlenstoffdioxid stammt.

$$6\ C^{18}O_2 + 12\ H_2O \rightarrow C_6H_{12}{}^{18}O_6 + 6\ O_2 + 6\ H_2{}^{18}O$$
$$6\ CO_2 + 12\ H_2{}^{18}O \rightarrow C_6H_{12}O_6 + 6\ {}^{18}O_2 + 6\ H_2O$$

Eine ähnliche Markierungsmethode hat CALVIN mit dem **radioaktiven Kohlenstoffisotop ^{14}C** durchgeführt, das aufgrund seiner Strahlung identifiziert werden kann. So hat er den **Weg des Kohlenstoffs in der Fotosynthese** in allen Schritten verfolgen können (siehe Calvin-Zyklus, S. 57).

c. Lichtabhängige Reaktionen der Fotosynthese

Die fotochemischen Reaktionen finden in den Membranen der Chloroplasten statt, wo sich spezielle Fotosysteme befinden. All diese Reaktionen stellen den „Foto"-Teil der Fotosynthese dar, da sie nur stattfinden, wenn Licht als Energiequelle zur Verfügung steht. Man bezeichnet sie auch als **Lichtreaktionen** oder als Primärreaktionen. Im Anschluss daran findet der „Synthese"-Teil statt, der das gebildete ATP und NADPH/H+ in enzymkatalysierten Reaktionen zum Aufbau von Glucose nutzt. Diese Reaktionen fasst man unter den Begriffen **Dunkelreaktionen**, Sekundärreaktionen oder **Calvin-Zyklus** zusammen.

Fotosysteme
In den Thylakoidmembranen der Chloroplasten sind Fotosysteme eingelagert. Diese bestehen aus einem **Reaktionszentrum** und einem **lichtsammelnden Antennenkomplex** (= LHC-Komplex), der aus zahlreichen Molekülen Chlorophyll a und b sowie Carotinoiden besteht. Diese Antennenpigmente absorbieren Licht unterschiedlicher Wellenlänge und leiten die Energie an das Reaktionszentrum weiter. Nur das dort befindliche **Chlorophyll a-Paar** kann die absorbierte Energie in fotochemische Reaktionsarbeit umwandeln, indem sie zunächst ein Elektron an den **primären Elektronenakzeptor** im Reaktionszentrum abgeben. Man unterscheidet das **Fotosystem I** (auch P700) und das **Fotosystem II** (auch P680), die geringfügig andere Absorptions-

maxima bei 700 bzw. 680 nm besitzen. Durch deren Zusammenwirken erreichen Pflanzen eine mehr als doppelt so große Fotosynthese-Leistung als mit den Einzelsystemen **(Emerson-Effekt)**.

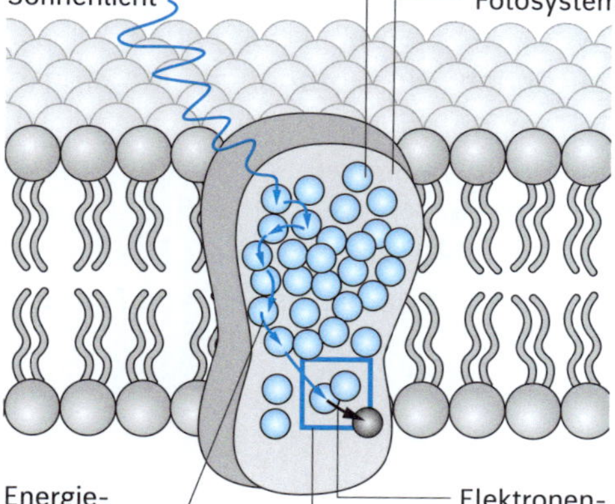

Lichtsammelkomplex eines Fotosystems in der Thylakoidmembran

Nichtzyklischer Elektronentransport
Wenn Licht von den Antennenpigmenten des Fotosystems II absorbiert und die Energie zum Reaktionszentrum P680 geleitet wird, kommt es zu einer Anregung von Elektronen auf ein höheres Energieniveau (1). Anschließend findet eine Oxidation des Chlorophyll a-Moleküls statt. Die dadurch entstandene Elektronenlücke im Molekül wird wieder gefüllt, indem die bei der **Fotolyse des Wassers** (= lichtinduzierte Wasserspaltung) entstandenen Elektronen aufgenommen werden (2).

$2\ H_2O \rightarrow 4\ H^+ + O_2 + 4\ e^-$ Fotolyse des Wassers

Elektronentransport in Redoxsystemen
Die vom angeregten Chlorophyll a abgegeben Elektronen fließen über eine **Elektronentransportkette** zum Fotosystem I (3). Die Elektronentransportkette besteht aus mehreren, einander folgenden Redoxsystemen, die so angeordnet sind, dass das Energieniveau absinkt. Das Fotosystem I, das am Ende des Elektronentransports steht, gibt seine ebenfalls durch Lichtabsorption angeregten Elektronen (4) in einer zweiten, kürzeren Transportkette an $NADP^+$ ab (5), wodurch das Reduktionsäquivalent $NADPH/H^+$ entsteht.

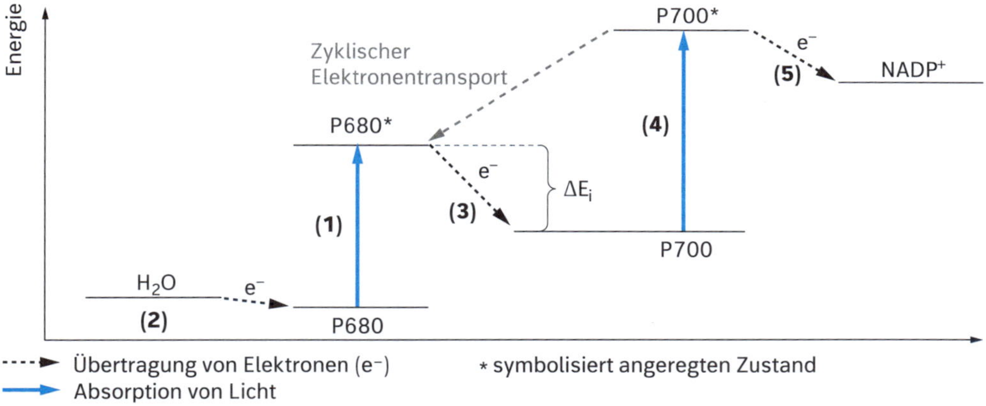

Elektronentransport in Redoxsystemen

Chemiosmotische ATP-Synthese
Die während des Elektronentransports freiwerdende Energie ΔE_i wird dazu genutzt, Protonen gegen das vorliegende Konzentrationsgefälle vom Matrix-Raum in den Thylakoid-Innenraum zu pumpen. So kann im Anschluss eine **Fotophosphorylierung** stattfinden: Die Protonen diffundieren entlang des Konzentrationsgradienten durch ein Tunnelprotein zurück in den Matrix-Raum, an welches das Enzym **ATP-Synthase** gebunden ist. So treibt der Protonenausstrom die enzymkatalysierte Bildung von ATP aus ADP und Ⓟ an. Zur Aufrechterhaltung des Protonengradienten, der für diese chemiosmotische ATP-Synthese benötigt wird, tragen weiterhin die Fotolyse des Wassers und der Verbrauch von Protonen bei der NADPH/H^+-Synthese bei.

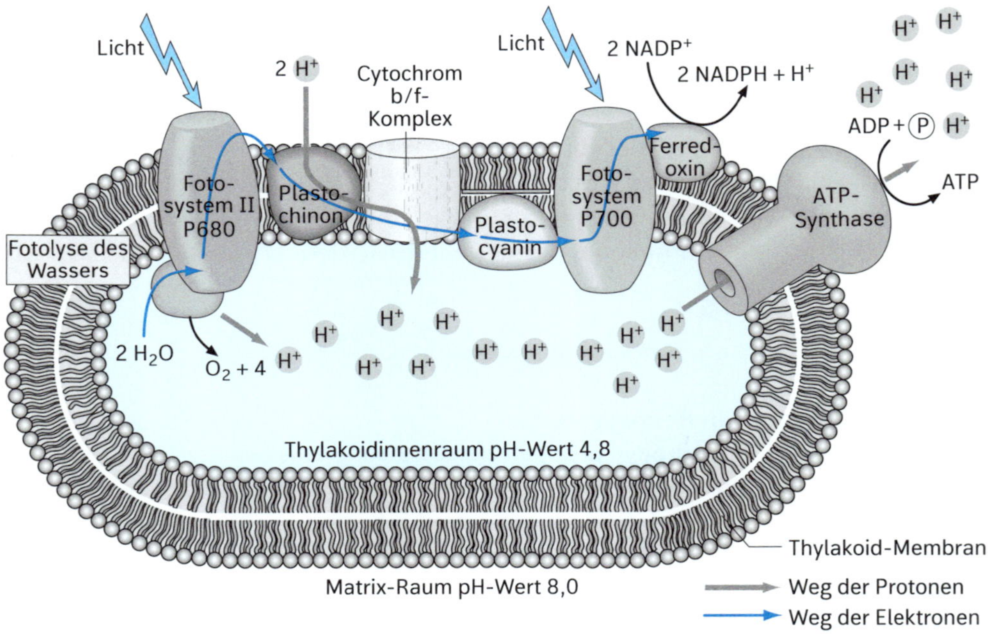

Schema der lichtabhängigen Reaktionen

Damit ergibt sich folgende Gleichung für die Lichtreaktionen – bezogen auf die Fotolyse des Wassers, welche die Elektronen liefert:

$$2\ H_2O + 2\ NADP^+ + 3\ ADP + 3\ Ⓟ \rightarrow 2\ NADPH/H^+ + 3\ ATP + O_2$$

Für die Bildung von einem Glucose-Molekül ($C_6H_{12}O_6$) werden jedoch 12 Wasserstoffatome benötigt, die aus 12 NADPH/H^+-Molekülen stammen. Um also die tatsächliche Bruttogleichung zu erhalten, muss mit dem Faktor 6 multipliziert werden:

$$12\ H_2O + 12\ NADP^+ + 18\ ADP + 18\ Ⓟ \rightarrow 12\ NADPH/H^+ + 18\ ATP + 6\ O_2$$

Zyklischer Elektronentransport

Unter der Bedingung, dass ausreichend viel NADPH/H^+ in der Zelle vorhanden ist, können die angeregten Elektronen des Fotosystems I auch einen anderen, zyklischen Elektronentransport eingehen. Dabei werden die Elektronen in die Transportkette eingespeist, die im nicht-zyklischen Transport die beiden Fotosysteme verbindet und kehren damit wieder zum Fotosystem I zurück. Somit handelt es sich bei diesem Weg um einen Kurzschluss, der dazu dient ATP zu erzeugen.

d. Lichtunabhängige Reaktionen der Fotosynthese

Die Sekundärreaktionen der Fotosynthese stellen einen Kreisprozess, den CALVIN-Zyklus, dar, der sich in drei Abschnitte einteilen lässt. Dabei entsteht aus dem energiearmen, anorganischen Stoff Kohlenstoffdioxid der energiereiche, organische Stoff Glucose.

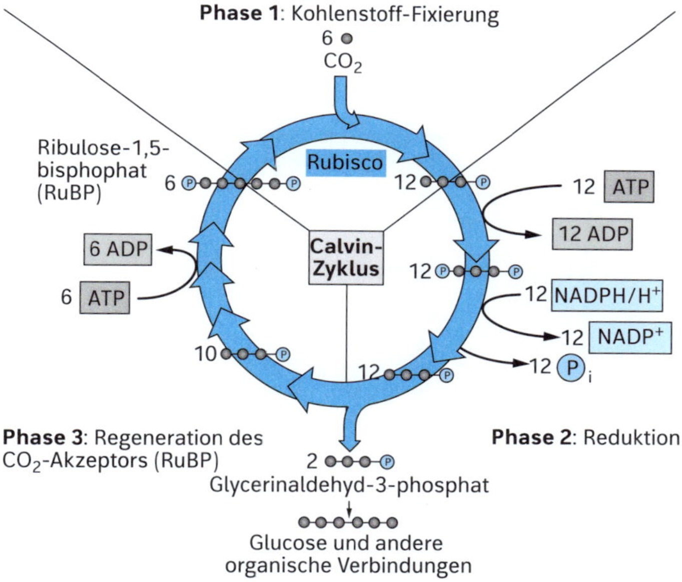

Calvin-Zyklus

Phase 1: Kohlenstoff-Fixierung

Kohlenstoffdioxid wird durch das Enzym Rubisco an den C_5-Körper **Ribulose-1,5-bisphosphat**, ein organisches Akzeptormolekül, gebunden. Der entstehende, instabile C_6-Körper zerfällt in zwei Moleküle 3-Phosphoglycerat (C_3-Körper).

Phase 2: Reduktion

Angetrieben von den Produkten der lichtabhängigen Reaktionen, ATP und NADPH/H^+, werden diese C_3-Körper phosphoryliert und anschließend reduziert. ATP dient somit als Energiequelle, NADPH/H^+ liefert Energie, Elektronen und Wasserstoff-Ionen. Produkt dieser Vorgänge sind die C_3-Körper **Glycerinaldehyd-3-phosphat**. Jeweils zwei solcher Moleküle werden im Anschluss an die Reduktion in weiteren Syntheseschritten zu einem Glucose-Molekül.

Phase 3: Regeneration des CO_2-Akzeptors
Die restlichen Glycerinaldehyd-3-phosphat-Moleküle werden in einer komplizierten Reaktionsfolge unter ATP-Verbrauch zu Ribulose-1,5-bisphosphat umgewandelt, also dem C_5-Körper, der dann wieder neues CO_2 aufnehmen kann (s. Kohlenstoff-Fixierung).

Die Bruttogleichung für die Dunkelreaktionen lautet somit:

$$6\ CO_2 + 12\ NADPH/H^+ + 18\ ATP \rightarrow C_6H_{12}O_6 + 12\ NADP^+ + 18\ ADP + 18\ Ⓟ + 6\ H_2O$$

Zusammenfassung der Fotosynthesereaktionen
Nachfolgende Darstellung gibt über die beschriebenen Fotosynthese-Prozesse nicht nur einen Überblick, sondern stellt auch Stoff- und Energiefluss innerhalb der Reaktionen dar.

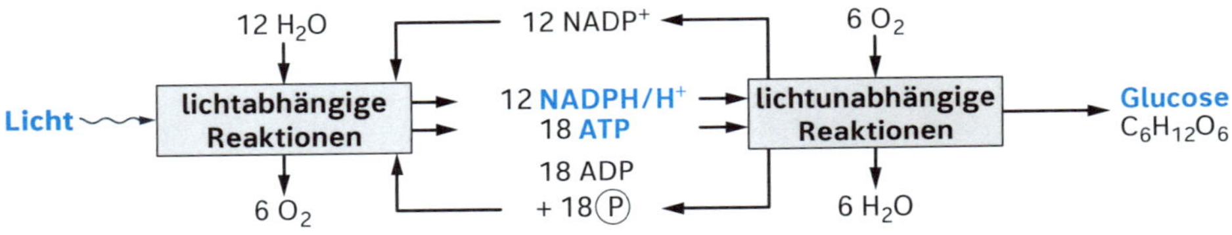

Fotosynthesereaktionen

Tipp

Nutzen Sie diese Black-Box-Darstellung zum Lernen der Reaktionen: Was passiert mit den Edukten? Woher kommen die Produkte? Wie werden die Zwischenprodukte des ATP- und NADP-Systems gebildet, wozu werden diese gebraucht?

e. Einfluss weiterer Außenfaktoren auf die Fotosyntheseleistung

Der Stoffaufbau durch Fotosynthese dient Pflanzen zunächst dazu, Energie für die eigenen Stoffwechselreaktionen bereitstellen zu können. Die Freisetzung erfolgt durch die **Zellatmung**, für die Sauerstoff benötigt wird. Der **Kompensationspunkt** ist der Bereich, an dem die Sauerstoffproduktion durch Fotosynthese mit dem Sauerstoffverbrauch durch Zellatmung übereinstimmt; oder – anders formuliert – entsprechen sich am Kompensationspunkt CO_2-Aufnahme und CO_2-Abgabe. Für Wachstumsprozesse und zur Speicherung von energiereichen Stoffen weisen Pflanzen jedoch eine höhere Fotosynthese-Leistung auf. Diese ist von Außenfaktoren abhängig. Die folgenden Zusammenhänge finden insbesondere in der Landwirtschaft und damit zum Zweck der Ernährung unserer Gesellschaft Anwendung.

Lichtintensität

Schattenpflanzen haben ihren Lichtkompensationspunkt schon bei geringerer Lichtintensität erreicht als Sonnenpflanzen. Bedingt durch ihre Blattanpassungen haben sie aber eine geringere Lichtsättigung (gemessen an der CO_2-Aufnahme).

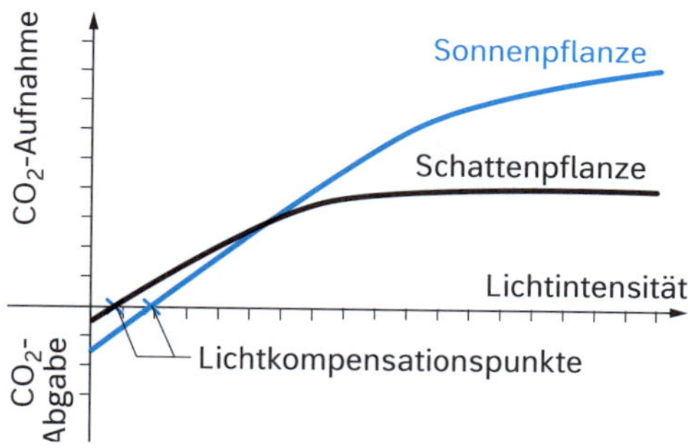

Abhängigkeit der Fotosynthese von der Lichtintensität

Kohlenstoffdioxidkonzentration

Mit zunehmender Konzentration des Kohlenstoffdioxids steigt die Fotosyntheseleistung nahezu proportional mit dem Gehalt an Kohlenstoffdioxid linear an bis ein Sättigungswert erreicht wird. Hier haben die enzymkatalysierten Dunkelreaktionen ihre maximale Reaktionsgeschwindigkeit erreicht. Da der CO_2-Gehalt der Luft weit unter der maximalen Fotosynthese-Leistung liegt, lässt sich diese bei Nutzpflanzen durch künstliche Begasung beträchtlich steigern.

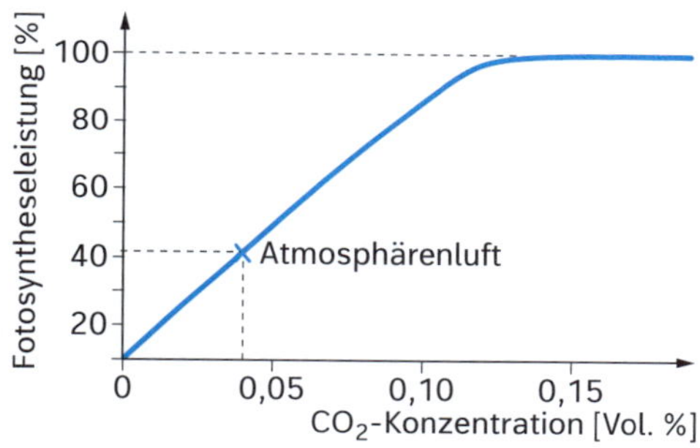

Abhängigkeit der Fotosynthese von der Kohlenstoffdioxid-Konzentration

Temperatur

Wie für enzymkatalysierte Reaktionen zeigt die Fotosynthese eine typische Temperaturabhängigkeit. Das Maximum ist abhängig von der Lichtintensität und von der jeweiligen Pflanzenart. In Gewächshäusern kann jedoch über die Temperaturregelung eine optimale Fotosynthese-Leistung erwirkt werden, wenn die gleichen Pflanzen oder Pflanzen mit ähnlichen Optima verwendet werden.

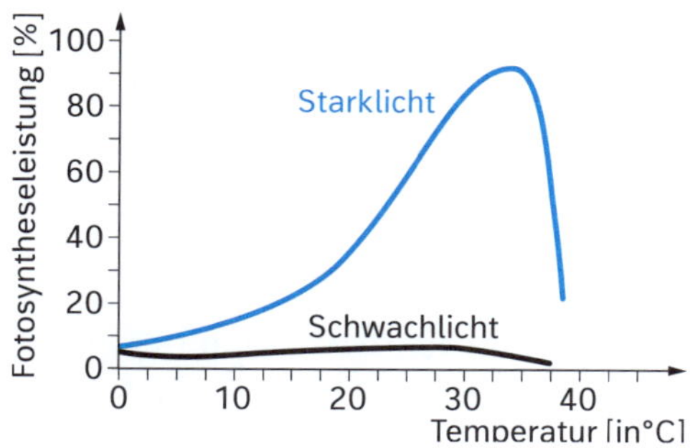

Abhängigkeit der Fotosynthese von der Temperatur bei verschiedenen Lichtintensitäten

Zusammenwirken der Außenfaktoren

Alle Außenfaktoren wirken bei der Fotosynthese-Leistung ineinandergreifend, sodass nach Justus von Liebigs Minimumgesetz die tatsächliche Fotosyntheserate durch die Außenbedingung bestimmt wird, die am weitesten vom optimalen Bereich entfernt ist. Im Winter schränken niedrige Temperaturen bei immergrünen Pflanzen trotz ähnlicher Belichtung und ähnlicher Kohlenstoffdioxidkonzentration die Produktion von Glucose ein.

Grundprinzipien der Energiefreisetzung durch Zellatmung

Glucose, das Hauptprodukt der Fotosynthese, dient allen heterotrophen Lebewesen als Nahrungs- und damit als Energiequelle. Durch verschiedene **Dissimilationsprozesse** können sie aus dem Traubenzucker die Energie freisetzen, die sie für Wachstum, Bewegung, Wärme und andere Lebensvorgänge benötigen. Die Energiebereitstellung kann prinzipiell auf zweierlei Arten erfolgen: Zum einen kann Glucose **anaerob** (= ohne Sauerstoff) verstoffwechselt werden. Diese Prozesse werden als Gärung bezeichnet. Oder aber der Glucoseabbau findet **aerob** (= mit Sauerstoff) in Form von **Zellatmung** statt. Durch beide Reaktionswege gewinnen die Zellen der Lebewesen ATP. Jedoch können die Kohlenstoffatome bei den anaeroben Prozessen nicht vollständig oxidiert werden, sodass der Glucoseabbau deutlich weniger ATP liefert.

a. Energiefreisetzung durch anaeroben Stoffabbau

Glykolyse

Für alle Reaktionswege – anaerob und aerob – ist der erste Schritt der oxidative Abbau von Glucose in der Glykolyse. Diese findet im Zellplasma statt. Dabei wird ein Molekül Glucose (C_6-Körper) in zehn, durch verschiedene Enzyme katalysierten Reaktionsschritten zu zwei Molekülen Brenztraubensäure (= Pyruvat, C_3-Körper) unter ATP-Bildung oxidiert, während das Oxidationsmittel NAD^+ reduziert wird. Damit ergibt sich folgende Gesamtbilanz:

$$\underset{\text{Glucose}}{C_6H_{12}O_6} + 2\ ADP + 2\ Ⓟ + 2\ NAD^+ \rightarrow 2\ \underset{\text{Brenztraubensäure}}{C_3H_4O_3} + 2\ ATP + 2\ NADH/H^+$$

Unter anaeroben Bedingungen folgt anschließend an die Glykolyse eine Umwandlung der Brenztraubensäure, z.B. zu Ethanol oder Milchsäure. Dies dient ausschließlich der Regeneration von NAD^+, sodass die Glykolyse nicht mangels Oxidationsmittel zum Erliegen kommt.

Alkoholische Gärung

Brenztraubensäure wird von Hefepilzen und vielen Bakterienarten unter CO_2-Abspaltung zu Ethanol umgewandelt:

$$2\ \underset{\text{Brenztraubensäure}}{C_3H_4O_3} + 2\ NADH/H^+ \rightarrow 2\ \underset{\text{Ethanol}}{C_2H_6O} + 2\ NAD^+ + 2\ CO_2$$

Mit speziellen Zuchtstämmen haben Menschen sich dies zu Nutze gemacht: Bei Bäckerhefen dient die alkoholische Gärung wegen des entstehenden Kohlenstoffdioxids als Treibmittel beim Backen, als Bier- oder Weinhefe zur Genussmittelproduktion. Aber auch der Treibstoff Bioethanol kann auf diese Art und Weise gewonnen werden.

Die Bruttogleichung der alkoholischen Gärung als Gesamtprozess (mit Glykolyse) lautet somit:

$$\underset{\text{Glucose}}{C_6H_{12}O_6} + 2\ ADP + 2\ \textcircled{P} \rightarrow 2\ \underset{\text{Ethanol}}{C_2H_6O} + 2\ ATP + 2\ CO_2$$

Milchsäuregärung
Bei dieser Gär-Art wird Brenztraubensäure zu Milchsäure umgesetzt:

$$2\ \underset{\text{Brenztraubensäure}}{C_3H_4O_3} + 2\ NADH/H^+ \rightarrow 2\ \underset{\text{Milchsäure}}{C_3H_6O_3} + 2\ NAD^+$$

Dieser Prozess findet bei Sauerstoffmangel zur ATP-Bereitstellung in menschlichen Muskelzellen statt, wo die Milchsäure zur Übersäuerung des Muskels führt und damit zur Entstehung des Muskelkaters beiträgt. Weiterhin findet man diesen Stoffwechselweg bei Milchsäurebakterien, die für den Menschen große Bedeutung in der Lebensmittel- und Futtermittelproduktion (Joghurt, Sauerkraut, Sauermilchprodukte, Silage) haben. Milchsäure führt hierbei zur Denaturierung von Proteinen und sorgt damit für die Konservierung der Produkte.

Der Gesamtprozess der Milchsäuregärung lässt sich in folgender Bruttogleichung formulieren:

$$\underset{\text{Glucose}}{C_6H_{12}O_6} + 2\ ADP + 2\ \textcircled{P} \rightarrow 2\ \underset{\text{Milchsäure}}{C_3H_6O_3} + 2\ ATP$$

Energiefreisetzung durch aeroben Stoffabbau

Unter aeroben Bedingungen wird die bei der Glykolyse erzeugte Brenztraubensäure vollständig zu Kohlenstoffdioxid oxidiert. Insgesamt besteht die **Zellatmung** aus drei nacheinander stattfinden Prozessen: Anschließend an die **Glykolyse** im Zellplasma wird die Brenztraubensäure über ein Transportprotein in die Mitochondrien-Matrix transferiert, wo **Citratzyklus** (= Krebs-Zyklus) und die **Atmungskette** erfolgen.

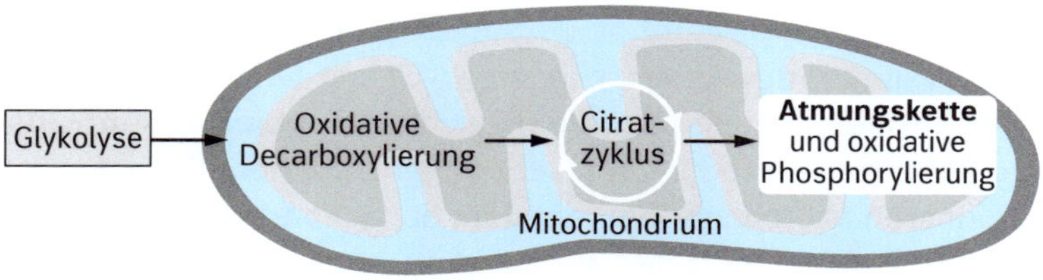

Schritte der Zellatmung

Oxidative Decarboxylierung und Citratzyklus

In der Mitochondrienmatrix findet als Bindeglied zwischen Glykolyse und Citratzyklus eine oxidative Decarboxylierung der Brenztraubensäure-Moleküle statt. Dabei wird je Molekül ein CO_2-Molekül abgespalten. Man erhält als Produkt **aktivierte Essigsäure (Acetyl-CoA)**, also die Moleküle, die in die zyklische Reaktionsfolge des Citratzyklus eingespeist werden können.

Hier entsteht im ersten Schritt aus einem Molekül aktivierter Essigsäure jeweils das Molekül Citrat (C_6-Körper), das in mehreren Schritten oxidiert wird. Dabei entweichen nicht nur je zwei weitere Moleküle CO_2, sondern es wird auch ATP gebildet. Die bei der Oxidation freiwerdenden Elektronen und Wasserstoff-Ionen werden durch die Bildung von acht Molekülen $NADH/H^+$ und zwei Molekülen $FADH_2$ zwischengespeichert.

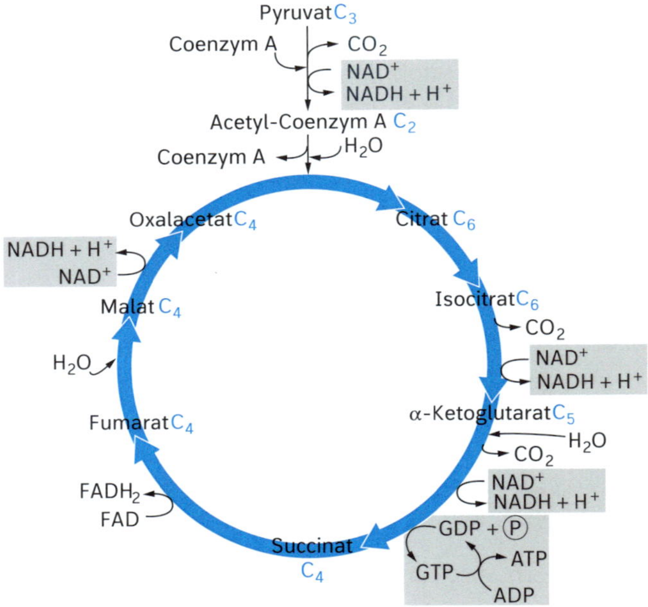

Citratzyklus

Atmungskette und oxidative Phosphorylierung

Am Ende des Citratzyklus hat die Zellatmung pro Glucosemolekül lediglich vier Moleküle ATP gewonnen. Der größte Teil der Energie ist in den gebildeten Molekülen $NADH/H^+$ (und $FADH_2$) gespeichert. In der Atmungskette werden diese sogenannten Reduktionsäquivalente regeneriert, d. h. zu NAD^+ und FAD oxidiert. Die dabei freiwerdenden Elektronen werden in einer enzymatischen **Elektronentransportkette** auf Sauerstoff übertragen, sodass Wasser entsteht. Die beteiligten Enzymkomplexe liegen in der inneren Mitochondrienmembran, benachbart zu Protonenpumpen. Die durch den Elektronentransport der Atmungskette freiwerdende Energie wird dazu genutzt, Protonen gegen den vorliegenden Protonengradienten aus der Mitochondrienmatrix in den Intermembranraum zu pumpen. Die anschließende Diffusion zurück in die Matrix entlang des Protonengradienten sorgt für die ATP-Bildung durch die ATP-Synthase (**chemiosmotische ATP-Synthese**). Weil die Anbindung von Phosphat an ADP durch die vorhergehenden Oxidationen angetrieben wird, spricht man von **oxidativer Phosphorylierung**.

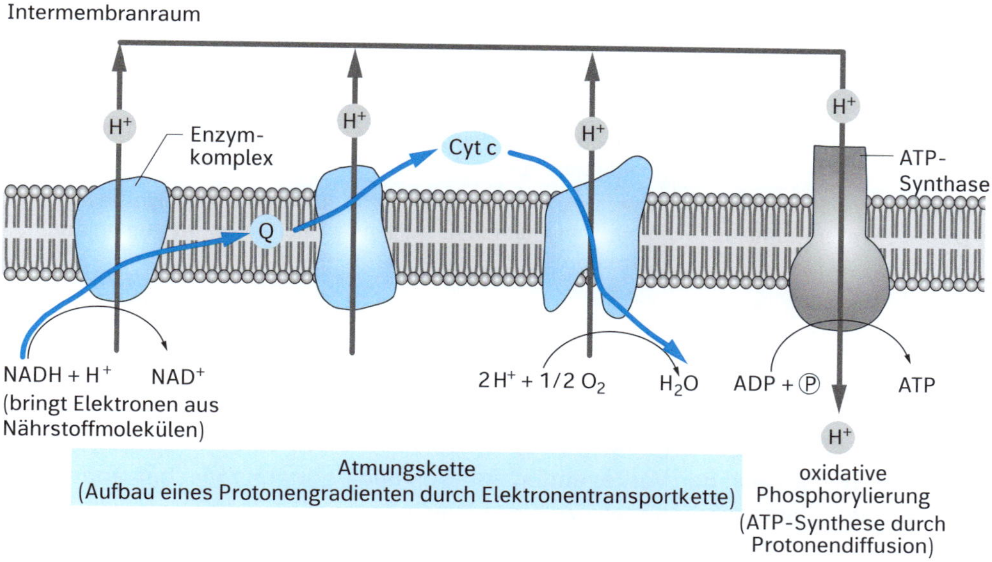

Ablauf der Atmungskette

Für Atmungskette und oxidative Phosphorylierung ergibt sich diese Geamtgleichung (bezogen auf Molekül Glucose $C_6H_{12}O_6$):

$$10\ NADH/H^+ + 2\ FADH_2 + 6\ O_2 + 34\ ADP + 34\ Ⓟ \rightarrow 10\ NAD^+ + 2\ FAD + 34\ ATP + 12\ H_2O$$

Betrachtet man alle Teilprozesse im Gesamten ergibt sich die Gleichung der Zellatmung. Hierbei entstehen 38 ATP-Moleküle pro Molekül Glucose (2 aus Glykolyse, 2 aus Citratzyklus, 34 aus Atmungskette). Damit lautet die Bruttogleichung der Zellatmung:

$$C_6H_{12}O_6 + 6\ O_2 + 38\ ADP + 38\ Ⓟ \rightarrow 6\ CO_2 + 6\ H_2O + 38\ ATP$$

Vergleich der Elektronentransportkette und der chemiosmotischen ATP-Bildung von Atmungskette und Fotosynthese:

Vergleichskriterien	**Assimilation: Lichtreaktion**	**Dissimilation: Atmungskette**
Ort	Thylakoidmembran	innere Mitochondrienmembran
Elektronentransport	Redoxsysteme zwischen den Fotosystemen II und I	Redoxsysteme
Protonendonator	Wasser (Fotolyse)	$NADH/H^+$, $FADH_2$
aktiver Protonentransport	vom Stroma in den Thylakoidinnenraum	von der Matrix in den Intermembranraum
passiver Protonentransport (zum Konzentrationsausgleich)	durch die ATP-Synthase vom Thylakoidinnenraum ins Stroma	durch die ATP-Synthase vom Intermembranraum in die Matrix
Protonenakzeptor	$NADP^+$	Wasser
gebildeter Energiespeicher	ATP	ATP

b. Stoff- und Energiegesamtbilanz

Einige Lebewesen bzw. Zellen wie beispielsweise Hefepilze, Bakterien und Muskelzellen können je nach den vorliegenden äußeren Bedingungen zwischen anaeroben und aeroben Stoffwechselwegen „wählen“. Die **Zellatmung** hat aber immer eine **höhere Energieausbeute**, da Ethanol und Milchsäure selbst noch relativ energiereiche Moleküle darstellen. Hier alle Dissimilationsprozesse im Überblick:

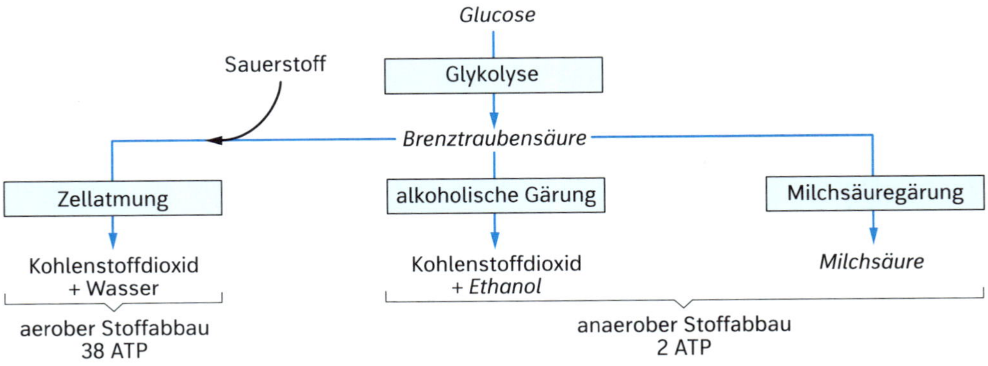

Prozesse der Dissimilation

> **Tipp**
>
> In Abituraufgaben muss oft entschieden werden, welcher Stoffwechselweg von bestimmten Lebewesen favorisiert wird. Zur Lösungsfindung müssen Sie immer die vorliegenden Außenbedingungen (Sauerstoff, Nährstoffangebot) beachten. Für eine maximale Punktzahl sollten Sie diskutierend vorgehen: Formulieren Sie Argumente, die für den einen Stoffwechselweg sprechen, und begründen Sie, warum der andere nicht möglich ist.

Genetik und Gentechnik

Vorbemerkungen

Für den Abschnitt „Genetik und Gentechnik“ ist Vorwissen aus dem Bereich der Zytologie unabdingbar. So sind die Kenntnisse des Aufbaus der prokaryotischen bzw. eukaryotischen Zelle sowie der Funktion der einzelnen Zellorganellen zwingend notwendig. Auch die Verknüpfung zum Themenbereich der Evolutionstheorie soll mittels des Wissens über molekular- und zytogenetische Vorgänge möglich sein. Grundsätzlich kann man das Themenfeld Genetik in fünf große Teilbereiche untergliedern:

Genetik

Molekulargenetik
- DNA-Aufbau
- Proteinbiosynthese
- Genmutationen

Zytogenetik
- Chromosomen
- Mitose
- Meiose

Gentechnik
- Fremd-DNA
- **P**oly-**C**hain-**R**eaction
- Anwendungsbereiche

Klassische Genetik
- MENDELsche Regeln
- dominant/rezessiv
- Stammbaumanalyse

Humangenetik
- Erbkrankheiten
- AB0-System
- Stammbaumanalyse

Molekulargenetik

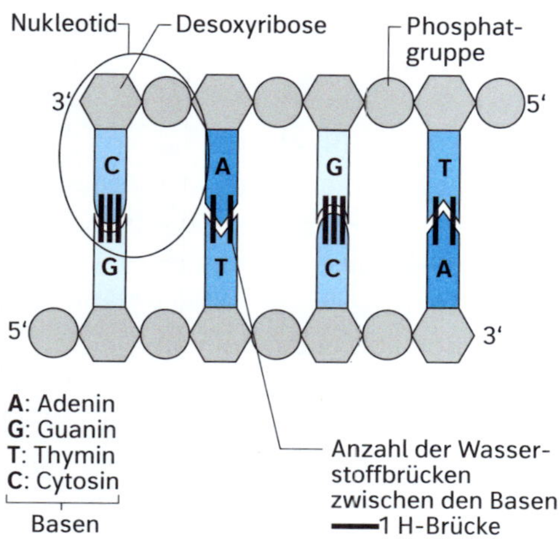

Die Grundlage für alle Vererbungsvorgänge bildet die **DNA** *(engl.* ***de****soxy* ***r****ibo****nu****cleic* ***a****cid)*. Sie besteht pro menschlicher Zelle aus ca. 6 Milliarden Einzelbausteinen, den sogenannten Nukleotiden. Diese sind jeweils aus einem Zuckermolekül **D**esoxyribose, einer der vier organischen Basen (**A**denin, **T**hymin, **C**ytosin oder **G**uanin) und einem Phosphatrest (PO_4^{3-}) zusammengesetzt. Einzelne Nukleotide sind über die dritten (C_3) bzw. fünften (C_5) C-Atome der Desoxyribose zu einem langen DNA-Strang verknüpft. Die beiden Einzelstränge der DNA sind zwischen den komplementären Basen Adenin und Thymin über zwei und zwischen den Basen Cytosin und Guanin über drei Wasserstoffbrücken miteinander verbunden. Beide Einzelstränge verlaufen immer antiparallel, d. h. gegenläufig (Strang 1 in 5' → 3'-,

Strang 2 in 3′ → 5′-Richtung). Die so entstandenen Doppelstränge winden sind um ihre eigene Achse zur **Doppelhelix** bzw. α-Helix.

Die **RNA** *(engl. **r**ibo**n**ucleic **a**cid)* unterscheidet sich von der DNA in einigen wichtigen Punkten:

	DNA	RNA
Struktur	Doppelstrang	Einzelstrang
Basen	Adenin, Thymin, Cytosin, Guanin	Adenin, Uracil, Cytosin, Guanin
Zucker	Desoxyribose	Ribose
Aufgaben	Informationsspeicher	• Informationsbote (mRNA) • Aminosäure-Transport (tRNA) • Bestandteil der Ribosomen (rRNA) • Bestandteil der Spleißosomen (snRNA)

a. Replikation

Bevor eine neue und identische Zelle entstehen kann, muss die Erbinformation zunächst verdoppelt werden. Dieser Vorgang wird als **Replikation** der DNA bezeichnet und verläuft nach dem von den beiden Mikrobiologen MESELSON und STAHL entdeckten **semikonservativen Mechanismus**. Sie bewiesen mit Hilfe der Darmbakterien *Escherichia coli* und dem schweren Stickstoff-Isotop (^{15}N) im Jahr 1958, dass bei der Replikation aus einem Elternstrang zwei neue Tochterstränge, die je einen elterlichen und einen neu synthetisierten Strang enthalten, entstehen. Der dafür auf molekularer Ebene zugrunde liegende Mechanismus konnte erst später aufgeklärt werden. Das Vorhandensein folgender Komponenten ist die Voraussetzung für die semikonservative Replikation der DNA:

- Ein DNA-Strang wird als Matrize (Vorlage) benötigt.
- Im Zellkern müssen freie Nukleosidtriphosphate (ATP, TTP, CTP und GTP) als energiereiche Bausteine vorliegen.
- Verschiedene RNA-Primer als Ansatzstelle für weitere Nukleotide werden gebraucht.
- Unabkömmlich sind auch die Enzyme mit ihrer jeweiligen Funktion.

Ablauf der Replikation:

1. Der Doppelstrang wird an spezifischen Stellen, den Replikationsursprüngen, durch das Enzym **Helicase** in die beiden Einzelstränge getrennt. Es entsteht die sogenannte Replikationsblase.
2. Das Enzym Primase heftet ein komplementäres RNA-Stück – den RNA-**Primer** – an den Replikationsgabeln an.
3. Erst anschließend kann die **DNA-Polymerase** dieses Startmolekül verlängern, indem sie den Strang durch freie Nukleotide komplementär ergänzt.
4. Da dieser Vorgang nur in 5′ → 3′-Richtung ablaufen kann, muss der eine Strang (Leitstrang) kontinuierlich, der andere (Folgestrang) diskontinuierlich synthetisiert werden.
5. Am Folgestrang entstehen einzelne Teilstücke, die sogenannten **OKAZAKI-Fragmente**. Diese werden vom Enzym **Ligase** zu einem durchgehenden Strang verbunden.

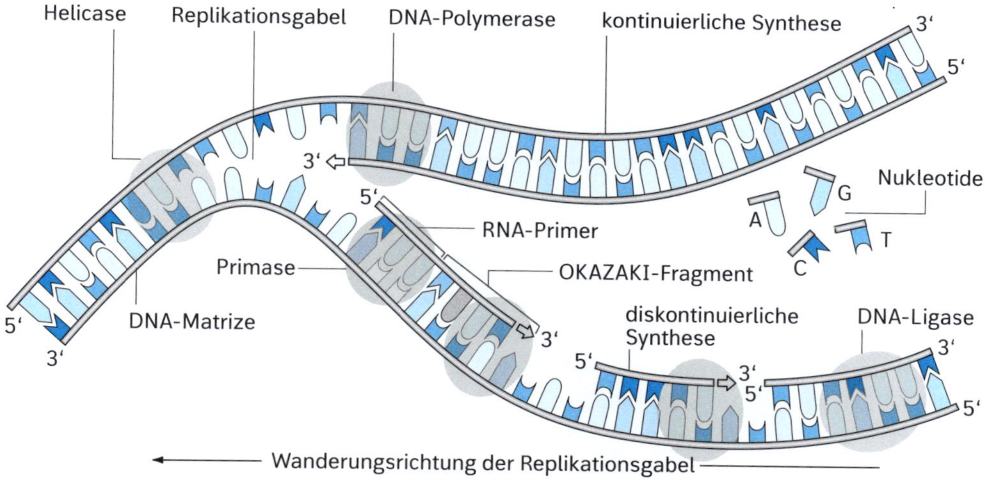

b. Proteinbiosynthese

Die Verdopplung der DNA allein reicht allerdings nicht aus, um eine Zelle am Leben zu erhalten. Dazu muss die in der DNA enthaltene Information für den Aufbau der lebensnotwendigen Proteine bzw. Enzyme genutzt werden. Dies geschieht mithilfe der Proteinbiosynthese in zwei vollständig getrennten Prozessen. Bei der **Transkription** wird die DNA in mRNA umgeschrieben, bei der **Translation** die Basensequenz der mRNA in die Aminosäuresequenz eines Proteines übersetzt.

Transkription

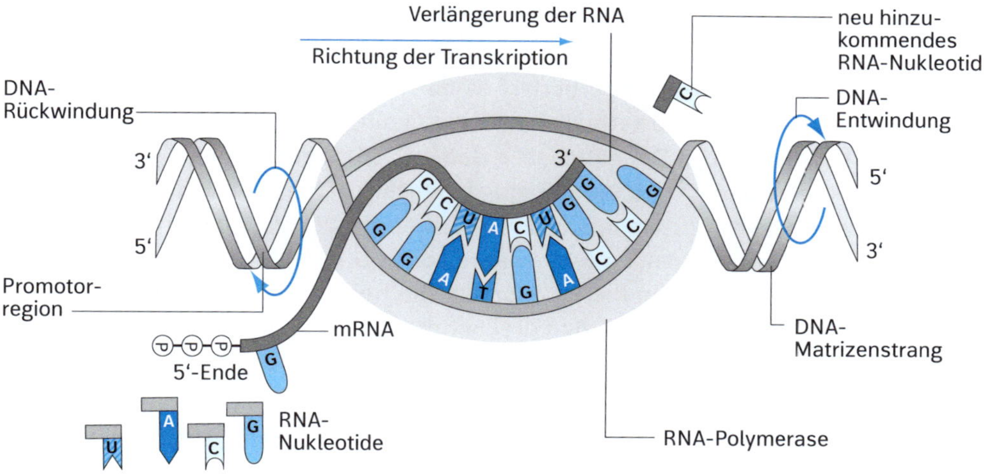

Dieser Teil der Proteinbiosynthese findet bei den Eukaryoten im Zellkern statt, da die DNA für einen Transport durch die Kernporen zu groß ist. Bei den Prokaryoten läuft die Transkription in Ermangelung eines Zellkerns direkt im Cytoplasma ab.

Ablauf:

- Die RNA-Polymerase bindet an den **Promotor**, eine spezifische DNA-Sequenz, und öffnet die DNA blasenartig.

- Der codogene Strang der DNA dient hier als Matrize und wird in 5′ → 3′-Richtung von der **RNA-Polymerase** abgelesen. Dabei lagert diese RNA-Nukleotide komplementär zur DNA-Sequenz an und die neu synthetisierte mRNA wächst.
- Wird eine Terminations-Sequenz erreicht, so stoppt die Translation. Die RNA-Polymerase löst sich vom codogenen Strang und die mRNA wird freigesetzt.

Bei den Eukaryoten wird diese neu synthetisierte mRNA zunächst als prä-mRNA bezeichnet und muss vor dem Verlassen des Zellkerns noch modifiziert werden. Die Gene der DNA sind nicht nur aus codierenden, für die Proteinbiosynthese wichtigen Bereichen (**Exons**) aufgebaut, sondern beinhalten auch informationslose Einschübe (**Introns**). Diese Art des Genaufbaus wird als Mosaikgen bezeichnet. Die Introns werden bei der Transkription ebenfalls auf die prä-mRNA überführt, da diese keinerlei Information über den Bau der Proteine enthalten, werden sie vor der Translation durch Spleißosomen entfernt (**Spleißen**). Direkt im Anschluss daran wird am 5′- Ende ein Cap aus Guanin-Nukleotiden angebracht. Dieses erleichtert die spätere Anlagerung an das Ribosom. Auch das 3′-Ende wird modifiziert. Dazu wird dieses mit einem sogenannten Poly-A-Schwanz aus einer Vielzahl von Adenin-Nukleotiden versehen. Dieser verhindert den schnellen Abbau der mRNA während und nach der Proteinbiosynthese. Außerdem erleichtert er den Transport aus dem Zellkern ins Cytoplasma. Die „fertige“ eukaryotische mRNA sieht nun folgendermaßen aus:

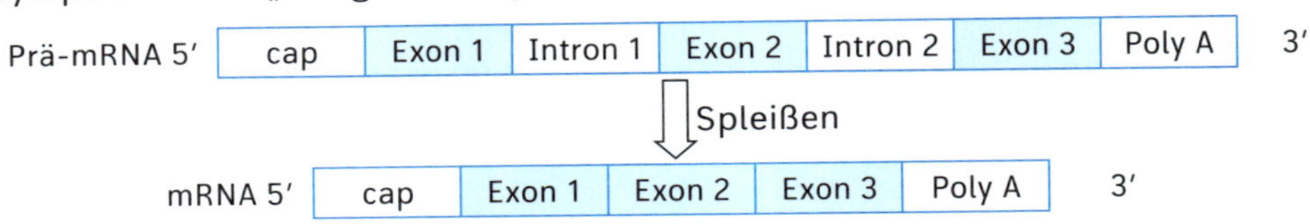

Translation

Um die Translation zu verstehen bedarf es der Kenntnis des genetischen Codes. Dieser entspricht einem Wörterbuch zur Übersetzung der mRNA-Basensequenz in eine Aminosäurenabfolge. Der genetische Code (S. 36 ff.) gilt für fast alle Lebewesen und wird lückenlos und nicht überlappend abgelesen. Außerdem wird er als degeneriert bezeichnet, da für 20 Aminosäuren 64 Codes zur Verfügung stehen und somit mehrere Tripletts für die gleiche Aminosäure codieren.

Die Orte der Translation sind die Ribosomen, die frei im Cytoplasma vorliegen. An ihnen dockt die mRNA an und wird in drei Schritten übersetzt:

1. **Initiation:** Am sogenannten Startcodon AUG beginnt die Translation an der A-Stelle. Eine tRNA, die einerseits das zum Codon der mRNA komplementäre Anticodon UAC enthält und andererseits die spezifische Bindungsstelle für die Aminosäure Methionin (Met), dient als Vermittler zwischen beiden.
2. **Elongation:** Die mRNA wandert in 5′ → 3′-Richtung weiter durch das Ribosom zur P-Stelle. Dort werden die Aminosäuren von ihrem Transportmittel, der tRNA, abgelöst und mit den vorherigen Aminosäuren unter Energiezufuhr verknüpft. Die entladenen tRNAs verlassen das Ribosom an der E-Stelle.
3. **Termination:** Wird eines der drei Stoppcodons (UAA, UAG oder UGA) erreicht, so löst sich das Ribosom von der mRNA und das neu synthetisierte Protein wird freigesetzt.

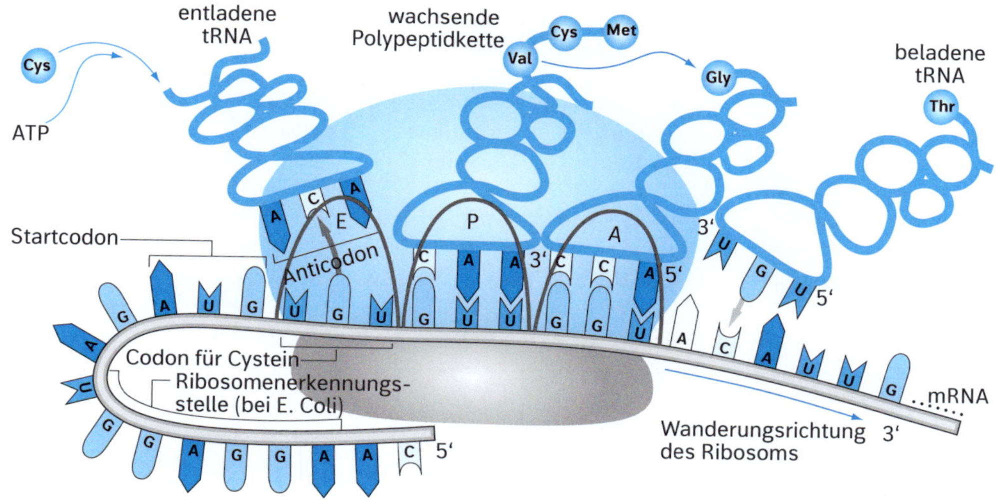

c. Mutationen

Spontane Veränderungen des Erbgutes werden als Mutationen bezeichnen. Diese geschehen stets ungerichtet, d.h. die Auswirkungen einer Mutation können weder vorhergesagt noch beeinflusst werden. Ausgelöst werden können Mutationen u. a. von sogenannten chemischen (z. B. chemische Substanzen wie 5-Bromuracil) oder physikalischen (z. B. Strahlungen wie Röntgenstrahlung) **Mutagenen**.
Generell kann man Mutationen folgendermaßen einteilen:

- **Genommutationen:** Das gesamte Genom wird beeinflusst durch die Veränderung der Chromosomenanzahl (z. B. Trisomie 21, Turner-Syndrom).
- **Chromosomenmutationen:** Hierbei wird das Aussehen einzelner Chromosomen verändert (z. B. Translokation).
- **Genmutationen:** bei dieser häufigsten Form der Mutationen wird nur ein Gen verändert, allerdings sind die Folgen dank spezieller Reparaturmechanismen nur selten zu erkennen (z. B. Punktmutation, Rastermutation).

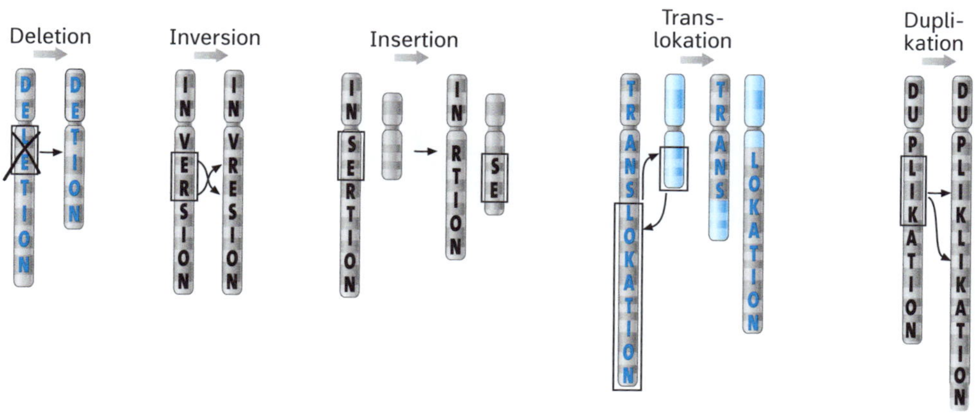

Meist besteht eine Mutation in dem Austauschen, Einfügen (Insertion) oder Herausschneiden (Deletion) eines zusätzlichen Nukleotids oder mehrerer zusätzlicher Nukleotide. Dadurch verschiebt sich das Leseraster des jeweiligen DNA-Abschnitts. Dies kann je nach Lage und Menge der ausgetauschten Basen geringere (z. B. stumme Mutation) oder weitreichendere Folgen (z. B. Missense bzw. Nonsense Mutation) haben.

Mutationsart	**Basen-sequenz vorher**	**Aminosäure-sequenz vorher**	**Basen-sequenz nachher**	**Aminosäure-sequenz nachher**
Stumme Mutation	GUC**UCG**GAC	Val-Ser-Asp	GUC**UC**AGAC	Val-Ser-Asp
Missense Mutation	GUC**UCG**GAC	Val-Ser-Asp	GUC**U**U**G**GAC	Val-Leu-Asp
Nonsense Mutation	GUC**UCG**GAC	Val-Ser-Asp	GUC**U**A**G**GAC	Val-Stopp
Insertion von einer Base (Rastermutation)	GUC**UCG**GAC	Val-Ser-Asp	GUC**U**UCGGA	Val-Phe-Gly
Insertion von drei Basen	GUC**UCG**GAC	Val-Ser-Asp	GUCACAUCG	Val-Thr-Ser

d. Regulation der Genaktivität am Beispiel der Prokaryoten

Die Regulation der Genaktivität in der Zelle, also die Frage des Zeitpunkts und der Bedingung, zu dem bzw. unter der ein Protein produziert wird, ist z. T. noch unbekannt. Für die Genregulation bei Prokaryoten (z. B. Bakterien) existiert seit vielen Jahren das sogenannte **Operon-Modell** von Jakob und Monod. Hier wird ein Abschnitt der DNA, der die Information für einen Stoffwechselweg enthält, als Operon bezeichnet. Es besteht zum einen aus Strukturgenen, die die Aminosäureketten der für den Stoffwechselvorgang benötigten Enzyme codieren. Ihnen vorgelagert ist zum anderen ein Abschnitt der DNA (Operatorgen), der nach dem Schlüssel-Schloss-Prinzip mit einem Protein (Repressor-Protein) verbunden sein kann. Mit Hilfe dieses **Repressors** (Schlüssel) wird die Gentätigkeit ein- oder ausgeschaltet. Der Repressor wird als Protein von einer anderen Stelle der DNA, dem Regulatorgen, codiert.

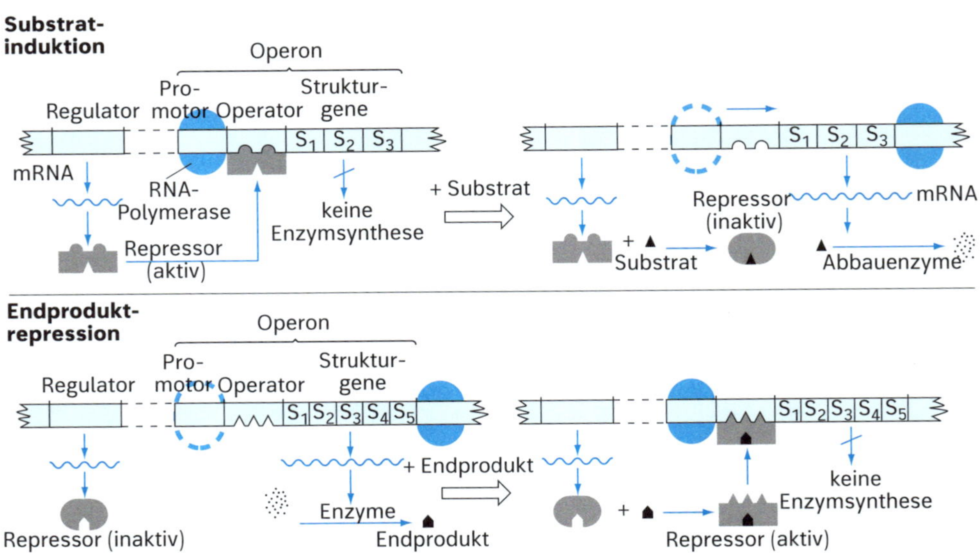

Die Produktion dieses Repressors unterliegt einer vom Operon unabhängigen Steuerung.
Das Operon-Modell unterscheidet bei Bakterien zwei Typen von Genregulationen, die **Substratinduktion** und die **Endproduktrepression**. Bei der Substratinduktion löst das Vorhandensein des umzusetzenden Substrats durch Inaktivierung des Repressors die Produktion der zum Abbau notwendigen Enzyme aus (z. B. lac-Operon). Bei der Endproduktrepression stoppt das Vorhandensein des Endproduktes durch Aktivierung des Repressors die Produktion der Enzyme (z. B. Trp-Operon).

Zytogenetik

Die lineare DNA führt mit circa 1,8 Metern Länge und ungefähr 600 Milliarden Basenpaaren pro menschlicher Körperzelle in einem Zellkern mit einem Durchmesser von lediglich 3 Mikrometern zu einem großen Platzproblem und sehr viel Unordnung. Beides wird durch die Windung der DNA um ihre eigene Achse gelöst. Dabei entsteht die charakteristische Struktur der DNA, die sogenannte Doppelhelix. Um die Länge weiterhin zu verkürzen, windet sich die DNA zusätzlich noch um vorwiegend globuläre Proteine. Diese werden als **Histone**, die ganzen Bündel als **Nukleosomen** bezeichnet. Durch diese fortwährende Spiralisierung werden die einzelnen **Chromosomen** sichtbar. Diese bestehen aus jeweils zwei genetisch identischen Schwesterchromatiden, die am Centromer miteinander verbunden sind. Isoliert man alle Chromosomen einer Zelle, so kann man diese nach Größe und Aussehen ordnen und erhält ein Karyogramm. Dabei fällt auf, dass sich immer zwei genetisch nicht identische Chromosomen stark ähneln, diese werden als homologe Chromosomen bezeichnet. Menschliche Körperzellen besitzen zwei Geschlechtschromosomen (**Gonosomen**) und 22 solcher homologer Chromosomenpaare (**Autosomen**). Jeweils ein homologes Chromosom stammt von der Mutter und eines vom Vater. Es handelt sich somit um einen doppelten Chromosomensatz, der auch als **diploid** bezeichnet wird. Im Gegensatz dazu enthalten menschliche Keimzellen lediglich einen einfachen, also **haploiden** Chromosomensatz.

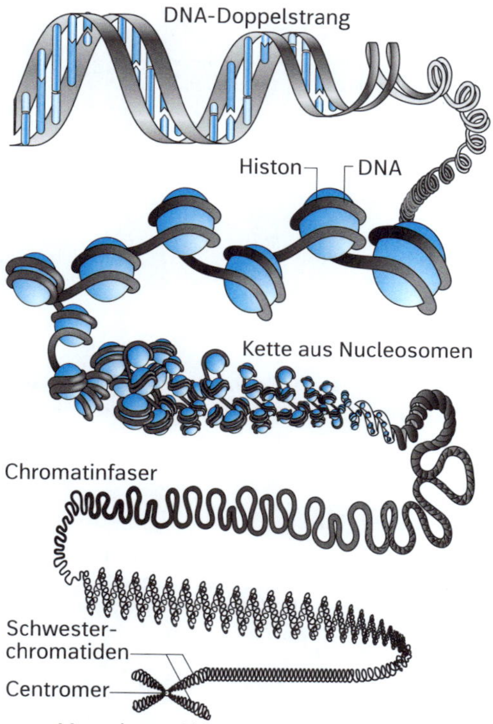

Feinstrukturmodell eines Chromosoms

a. Zellzyklus

Für jede neu entstehende Zelle muss nicht nur, wie zuvor beschrieben, die DNA verdoppelt werden, sondern auch der Zellkern und die Zelle selbst. Zuvor ist eine Verdopplung des Erbmaterials aber zwingend notwendig. Beides geschieht zum einen in regelmäßigen Zyklen und zum anderen bei Bedarf (z. B. Verletzung der Haut). In der nachfolgenden Abbildung ist ein solcher Zellzyklus dargestellt:

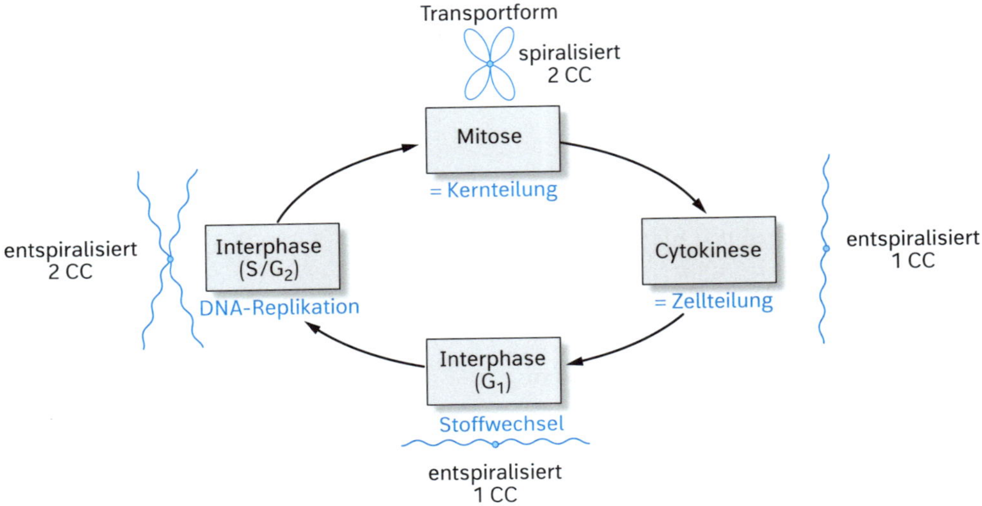

1CC: 1-Chromatid-Chromosom, 2CC: 2-Chromatidchromosom, G_1: Wachstum der Zelle, G_2: Stoffwechsel und Vorbereitung auf die Mitose, S: Replikation der DNA

b. Mitose (Kernteilung)

Damit auch eine gleichmäßige Aufteilung der Chromosomen auf die neu entstehenden Tochterzellen erfolgt, ist ein spezieller Mechanismus unabdingbar:

Prophase	Die Chromosomen werden spiralisiert und damit sichtbar. Außerdem wird ein Spindelfaserapparat gebildet.	
Metaphase	Die Chromosomen ordnen sich in der Äquatorialebene an und an jedem Centromer werden Spindelfasern befestigt.	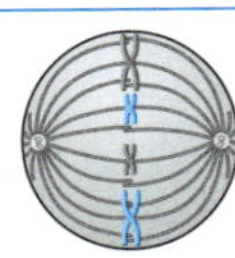
Anaphase	Die Chromosomen werden am Centromer getrennt und die Schwesterchromatiden wandern zu entgegengesetzten Zellpolen.	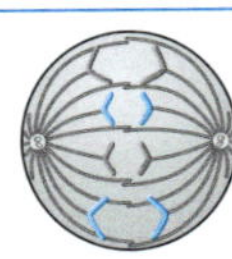
Telophase	Es erfolgt eine Entspiralisierung der Chromosomen und die Kernmembran bildet sich wieder. Direkt im Anschluss läuft die Cytokinese ab, wobei sich die Zellmembran einschnürt und zwei diploide Tochterzellen mit identischem Erbmaterial entstehen.	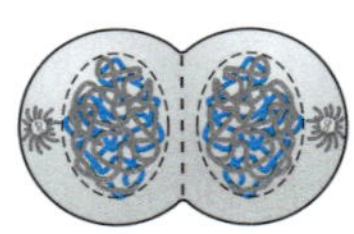

c. Meiose (Reifeteilung)

Bei der Bildung der Keimzellen muss der diploide Chromosomensatz auf 23 Chromosomen halbiert werden (= haploider Chromosomensatz). Dazu ist ein zweiteiliger Mechanismus notwendig:

Prophase I	Die Kernmembran wird aufgelöst, Spindelfaserapparate bilden sich und die Chromosomen werden spiralisiert. Dabei lagern sich die homologen Chromosomen zu Tetraden zusammen und es kommt zum Austausch von genetischem Material (**Crossing over**).	
Metaphase I	Die homologen Chromosomen ordnen sich nebeneinander in der Äquatorialebene an und an jedem Centromer setzen Spindelfasern an.	
Anaphase I	Die homologen Chromosomen werden getrennt und wandern zu entgegengesetzten Polen.	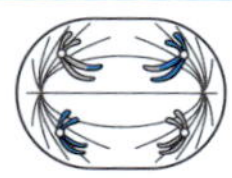
Telophase I	Die Spindelfaserapparate lösen sich auf und anschließend findet die Cytokinese statt.	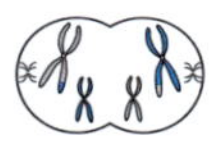
Prophase II	Der Spindelfaserapparat wird erneut gebildet.	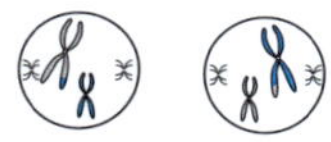
Metaphase II	Die Chromosomen ordnen sich in der Äquatorialebene an und an jedem Centromer setzen Spindelfasern an.	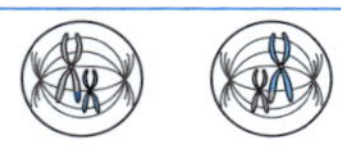
Anaphase II	Die Schwesterchromatiden werden getrennt und wandern zu entgegengesetzten Polen.	
Telophase II	Die Spindelfaserapparate lösen sich auf, die Kernhülle bildet sich wieder und anschließend findet die Cytokinese statt. Es entstehen vier erbungleiche Zellen mit haploidem Chromosomensatz, bestehend aus 1-Chromatid-Chromosomen.	

Die biologische Bedeutung der Meiose ist erstaunlich groß, da durch sie zum einen die notwendige Reduktion des Chromosomensatzes von 46 auf 23 Chromosomen erfolgt und zum anderen die **genetische Variabilität** enorm erhöht wird. Letzteres geschieht durch zwei wichtige Prozesse: die zufällige Verteilung des mütterlichen und väterlichen Erbguts auf die neu gebildeten Keimzellen (**interchromosomale Rekombination, A**) und das **Crossing over** (**intrachromosomale Rekombination, B**).

A

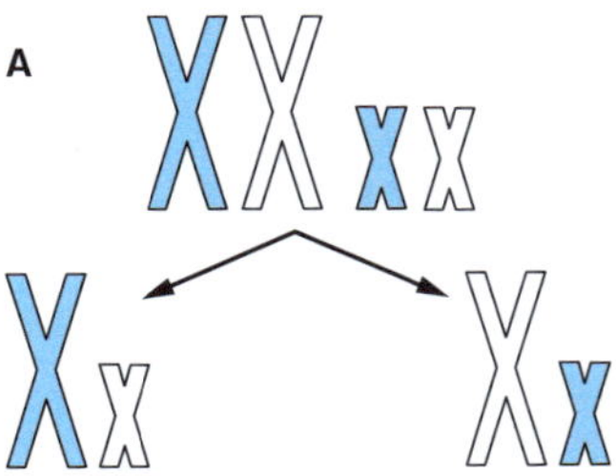

B

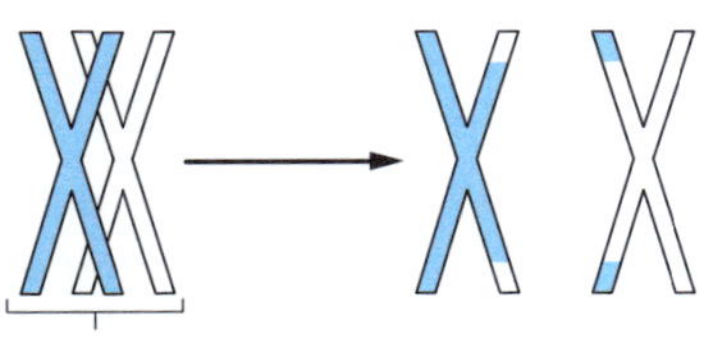

Leider kommt es während der Meiose immer wieder zu Fehlern, wie zum Beispiel einer **Nondisjunction**. Dies bedeutet, dass entweder ein homologes Chromosomenpaar während der Anaphase I oder zwei Schwesterchromatiden während der Anaphase II nicht auf zwei unterschiedliche Zellen verteilt werden. Dadurch entstehen Karyogramme mit einer abweichenden Chromosomenanzahl, einer sogenannten **numerischen Chromosomenaberration**. Das Auftreten von Trisomie 21, auch „Down-Syndrom" genannt, wird durch eine solche Abweichung verursacht. Dabei enthält jede Körperzelle dreimal das Autosom Nummer 21, was oftmals zu schwerwiegenden Beeinträchtigungen führt. Beispielsweise können folgende Merkmale bei Personen mit Trisomie 21 auftreten: Organfehlbildungen, weit auseinander stehende Augen, eine verminderte Intelligenz oder eine Schwäche der Immunabwehr. Im Gegensatz zu Männern mit Trisomie 21 sind Frauen meist fruchtbar und geben mit einer Wahrscheinlichkeit von 50 Prozent die Chromosomenaberration an ihre Nachkommen weiter. Das Risiko für eine fehlerhaft verlaufende Meiose steigt mit dem Alter der Mutter; dabei ist ein schlagartiger Anstieg ab dem 35. Lebensjahr zu beobachten.
Neben der beschriebenen Abweichung bei den Autosomen sind auch einige gono-somale Chromosomenaberrationen bekannt. Hier führt eine Nondisjunction der X-Chromosomen bei Frauen entweder zum Turner-Syndrom (45 X) oder zum Triplo-X-Sydrom (47 XXX). Beim männlichen Geschlecht kann ein solcher Fehler im Klinefelter-Syndrom (47 XXY) resultieren. Meist sind die Symptome bei Abweichungen in der Anzahl der Autosomen schwerwiegender als bei gonosomalen Chromosomenaberrationen.

Keimzellen		X	XX	XXX
X	X0 Turner-Syndrom	XX normale Frau	XXX Triplo-X-Syndrom	XXXX Poly-X-Frauen
Y	Y0 letal	XY normaler Mann	XXY Klinefelter-Männer	XXXY
YY	YY0 letal	XYY	XXYY Diplo-Y-Männer	XXXYY

Klassische Genetik

Der Augustinermönch Gregor Mendel (1822 – 1884) führte bereits im 19. Jahrhundert Experimente an Gartenerbsen durch, deren Ergebnisse noch heute das Fundament der klassischen Genetik bilden. Er untersuchte reinerbige Erbsenpflanzen, die sich hinsichtlich bestimmter Merkmale unterschieden und kreuzte diese mittels Fremdbestäubung untereinander. Diejenigen Merkmale die in fast jeder Generation auftraten, sich also durchsetzen konnten, nannte er **dominant**. Im Gegensatz zu den **rezessiven** Merkmalen, die oftmals in Generationen verschwanden und erst in der nachfolgenden wieder zum Vorschein kamen. Mittels neuerer Erkenntnisse im Fachbereich Genetik kann dieses Phänomen heute erklärt werden: Jeder Mensch besitzt alle Chromosomen in doppelter Ausführung (diploider Chromosomensatz). Diese werden als **homologe Chromosomen** bezeichnet. Dabei stammt jeweils eines von der Mutter und eines vom Vater. Dies bedeutet, dass die Information eines jeden Merkmals zum einen doppelt vorhanden ist und zum anderen in verschiedener Ausführung vorhanden sein kann. Die verschiedenen Zustandsformen eines Gens werden als **Allele** bezeichnet. Für die weiteren Ausführungen wird von der Existenz zweier Allele für jedes Merkmal ausgegangen.

a. Monohybrider dominant-rezessiver Erbgang

Hier wird die Vererbung eines Merkmals betrachtet. Dabei ist es wichtig, dass die Eltern (Parentalgeneration) hinsichtlich dieses Merkmals reinerbig, also **homozygot**, sind.

Beispiel: Bei der Gartenerbse wird die Samenfarbe gelb dominant und die Samenfarbe grün rezessiv vererbt. Da alle Keimzellen haploid sind, müssen sich die möglichen Allele AA (gelbe Samenfarbe) und aa (grüne Samenfarbe) gleichmäßig auf die Keimzellen verteilen.

Für die Filialgeneration F_1 ergibt sich die folgende Verteilung der Genotypen:

F_1-Generation	a	a
A	Aa	Aa
A	Aa	Aa

In der Filialgeneration sind alle Pflanzen hinsichtlich der Samenfarbe phänotypisch identisch, also gelb, und hinsichtlich des Genotyps **heterozygot** (Aa). Aus diesem Ergebnis leitete MENDEL seine erste Regel ab:

1. MENDELsche Regel: Uniformitätsregel

Kreuzt man zwei Individuen einer Art (Parentalgeneration P), die sich in einem Merkmal reinerbig unterscheiden, so sind alle Nachkommen (Filialgeneration F_1) hinsichtlich dieses Merkmals untereinander gleich.

Werden zwei Individuen der F_1-Generation untereinander gekreuzt, ergibt sich das nebenstehende Kombinationsquadrat:

F_2-Generation	A	a
A	AA	Aa
a	Aa	aa

Hier sind 25 Prozent der Individuen homozygot rezessiv (aa) und somit phänotypisch grün. Die Mehrheit mit 75 Prozent bilden die Erbsenpflanzen mit dem Phänotyp gelb und den zwei verschiedenen Genotypen AA und Aa. Aus diesen Tatsachen ergibt sich die folgende Gesetzmäßigkeit:

2. MENDELsche Regel: Spaltungsregel

Kreuzt man zwei Individuen der F_1-Generation untereinander, die sich hinsichtlich eines Merkmals unterscheiden, so treten die Merkmale der Parentalgeneration im Zahlenverhältnis 3:1 auf.

F_1-Generation	w	w
r	rw	rw
r	rw	rw

Einen Sonderfall der monohybriden Vererbung stellt die **intermediäre Vererbung**, auch als unvollständige Dominanz bezeichnet, dar. Hier ist bei der Filialgeneration phänotypisch eine Vermischung der elterlichen Merkmale zu erkennen.

Beispiel: Kreuzt man eine homozygote rote Wunderblume (rr) mit einer homozygoten weißen Wunderblume (ww), so besitzen alle Nachkommen der Filialgeneration F_1 die Blütenfarbe rosa und den Genotyp rw.

b. Dihybrider dominant-rezessiver Erbgang

Kreuzt man zwei Individuen, die sich hinsichtlich zweier Merkmale reinerbig unterscheiden, so ergeben sich für die Filialgeneration erheblich mehr Kombinationsmöglichkeiten.

F_2-Generation	AB	Ab	aB	ab
AB	AABB	AABb	AaBB	AaBb
Ab	AABb	AAbb	AaBb	Aabb
aB	AaBB	AaBb	aaBB	aaBb
ab	AaBb	Aabb	aaBb	aabb

Beispiel: Eine Gartenerbse mit gelb-runden Samen (Genotyp AABB) wird durch Fremdbestäubung mit einer Gartenerbse mit grün-kantigen Samen (Genotyp aabb) gekreuzt. In der F_1-Generation befinden sich ausschließlich Erbsenpflanzen, deren Samen gelb und rund sind. Zum einen bestätigt das Ergebnis die Uniformitätsregel und zum anderen werden dadurch die Merkmale gelb und rund als dominant identifiziert. Nach der Kreuzung der F_1-Generation untereinander sind zwei neue Phänotypen zu erkennen: gelb-kantige Erbsensamen und grün-runde Erbsensamen. Eine statistische Auswertung der Phänotypen ergibt ein Zahlenverhältnis von etwa 9:3:3:1, womit auch die Spaltungsregel bestätigt ist.

3. MENDELsche Regel: Unabhängigkeitsregel

Kreuzt man zwei Individuen einer Art, die sich hinsichtlich mehrerer Merkmale unterscheiden, so werden die einzelnen Erbanlagen getrennt und unabhängig voneinander vererbt.

GREGOR MENDEL arbeitete mit mehreren Tausend Erbsenpflanzen, daher nähern sich seine Ergebnisse relativ genau den statistischen Zahlenwerten von 3:1 bzw. 9:3:3:1 an. Dennoch gilt zu bedenken, dass die exakten Zahlenwerte nur durch die Verwendung vieler Versuche und dem sich daraus resultierenden Mittelwert ergeben können. Bei einer sehr kleinen Stichprobe wird das exakte Verhältnis nur sehr selten zu ermitteln sein.

c. Genkopplung und Genaustausch

Zu Beginn des 20. Jahrhunderts untersuchte der Genetiker THOMAS HUNT MORGAN die Mendelschen Regeln an Hand der Taufliege *Drosophila melanogaster*. Dazu kreuzte er den Wildtyp (brauner Körper, lange Flügel) mit der sogenannten Doppelmutante (schwarzer Körper, Stummelflügel). Schnell wurde deutlich, dass in der Filialgeneration statt der erwarteten vier Phänotypen wieder nur die zwei der Parentalgeneration zu finden sind. Dieses Ergebnis lässt darauf schließen, dass die Merkmale Körperfarbe und Flügelform **gekoppelt** sind, das heißt, die Gene für beide Merkmale befinden sich auf einem Chromosom. Dies führt zu einer Erweiterung der 3. MENDELschen Regel: Die Allele sind nur frei kombinierbar, wenn sich die Gene auf verschiedenen Chromosomen befinden.

♀ \ ♂	AB	ab
ab	AB/ab	ab/ab
ab	AB/ab	ab/ab

Beispiel: Kreuzt man Drosophila Weibchen, die dem Wildtyp (AABB) entsprechen, mit Männchen mit Stummelflügeln und schwarzer Körperfarbe (aabb), so besitzen alle Individuen der F_1-Generation lange Flügel und einen braunen Körper (Genotyp AaBb). Für die Kreuzung eines Männchens der F_1-Generation mit einer weiblichen Doppelmutante erhält man die folgende Verteilung der Merkmale, die sich nur über die **Genkopplung** erklären lässt: Wildtypfliegen und Doppelmutanten entstehen im Verhältnis 1:1.

♀ \ ♂	AB	ab	Ab	aB
ab	AB/ab	AB/ab	Ab/ab	aB/ab
ab	AB/ab	AB/ab	Ab/ab	aB/ab

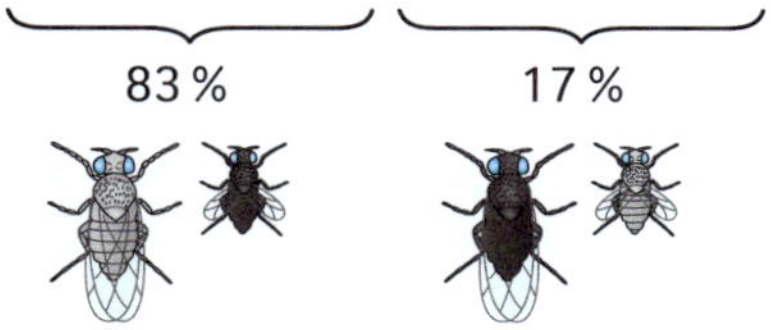

Werden bei dieser Kreuzung die Merkmale dem jeweils anderen Geschlecht zugeordnet, ergibt sich ein unerwartetes Ergebnis: Nun treten doch wieder alle vier Phänotypen auf. Allerdings sind die Merkmalskombinationen der Parentalgeneration zu etwa 83 Prozent vorhanden und eine Neukombination der Merkmale findet nur zu etwa 17 Prozent statt. Dieses Phänomen resultiert aus einem **Genaustausch** durch Crossing over während der Meiose. Dieser findet bei Zweiflüglern allerdings nur während der Bildung der Eizellen und nicht während der Spermienbildung statt.

d. Additive Polygenie

Ein weiterer sehr komplexer Erbgang findet sich bei der Vererbung der Hautfarbe. Hierbei sind nicht nur zwei Gene, sondern mindestens vier beteiligt. Jedes dominante Allel ist für die Bildung des Farbstoffes Melanin verantwortlich, der eine dunklere Hautfarbe bewirkt. Je mehr dominante Allele der unterschiedlichen Gene vorhanden sind, desto dunkler ist die Hautfarbe. Um ihre Wirkung zu verstärken summieren sich die einzelnen Allele, daher spricht man hierbei von **additiver Polygenie**.

Beispiel:
Aabbccdd: Genotyp eines Menschen mit sehr heller Hautfarbe
AaBbCcDd: Genotyp eines Menschen mit mittlerer Hautfarbe
AABBCCDD: Genotyp eines Menschen mit sehr dunkler Hautfarbe

Humangenetik

Die Aufgabe der Humangenetik ist es, neben der Erklärung von vererbbaren Merkmalen beim Menschen, Erbkrankheiten in Stammbäumen darzustellen, auszuwerten und eine Prognose für das Auftreten der Erkrankung bei künftigen Familienmitgliedern zu treffen. Betrachtet man monogene Erbgänge (Krankheiten, die lediglich durch ein Gen verursacht werden), so können meist die Mendelschen Regeln angewendet werden. Bei den Erbgängen wird nach der Art der Vererbung (dominant – rezessiv) und nach den betroffenen Chromosomen (**autosomal** – **gonosomal**) unterschieden. Als Grundlage für die Erstellung eines Stammbaumes dienen in den meisten Fällen zunächst phänotypisch erkennbare Merkmale. Dabei werden weibliche Familienmitglieder durch einen Kreis und männliche durch ein Viereck symbolisiert. Überträger der Erbkrankheit werden als Konduktoren bezeichnet und durch einen Punkt im Symbol gekennzeichnet. Durch eine gewissenhafte Auswertung der Stammbäume kann oft auf die Genotypen einzelner Familienmitglieder geschlossen werden. Ist dies nicht möglich, so sind zusätzlich molekulargenetische Verfahren notwendig um die Genotypen eindeutig zu bestimmen.

a. Autosomal dominante Erbgänge

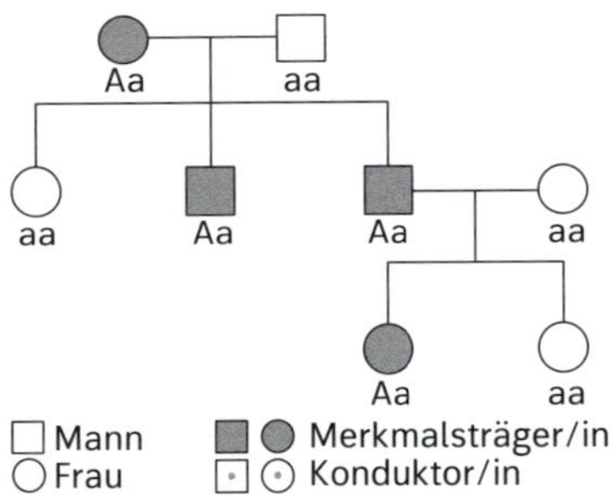

Bei einer Erkrankung, deren Ursache ein Gen auf einem Autosom ist und dominant vererbt wird, sind meist in jeder Generation Merkmalsträger zu finden. Außerdem ist auch eine ungefähr gleichmäßige Verteilung der Erbkrankheit zwischen den beiden Geschlechtern zu erkennen. Die Betroffenen können sowohl homozygot (AA) als auch heterozygot (Aa) bezüglich dieses Merkmals sein. Bei homozygoten Merkmalsträgern sind die jeweiligen Symptome oftmals stärker ausgeprägt als bei heterozygoten.
Beispiele für Erbleiden, die autosomal dominant vererbt werden, sind: das Marfan-Syndrom, die Kurzfingrigkeit (Brachydaktylie), die Vielfingrigkeit (Polydaktylie) oder auch die Nervenerkrankung Chorea Huntington.

b. Autosomal rezessive Erbgänge

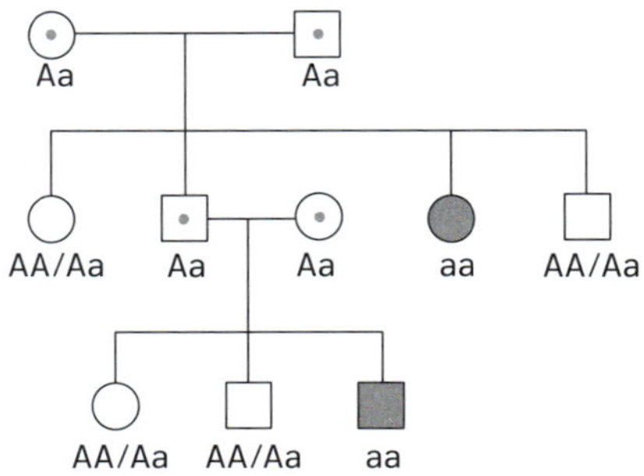

Auch hier sind die Vertreter beider Geschlechter wieder gleichermaßen von der Erkrankung betroffen. Aufgrund der Rezessivität tritt sie meist nicht in jeder Generation auf. Die Merkmalsträger sind homozygot (aa) bezüglich des Merkmals. Phänotypisch gesunde Familienmitglieder sind entweder homozygot (AA) oder heterozygot (Aa), letztere können trotz fehlender Merkmale als **Konduktoren** fungieren. Beispielsweise werden Albinismus, Sichelzellenanämie, Phenylketonurie und Mukoviszidose autosomal rezessiv vererbt.

c. X-chromosomal rezessive Erbgänge

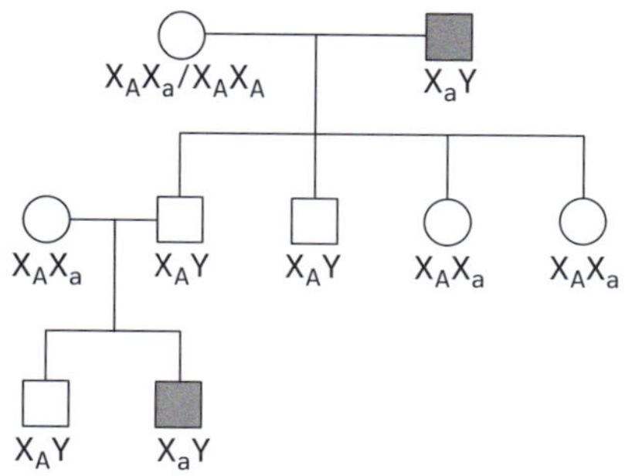

Wird die Erkrankung X-chromosomal rezessiv vererbt, so ist bei den Merkmalsträgern meist eine ungleiche Verteilung zwischen den beiden Geschlechtern erkennbar. Männer sind häufiger betroffen, da bei ihnen bereits ein rezessives Allel zum Ausbruch der Krankheit ausreicht. Männer besitzen den Genotyp X_aY und werden als **hemizygot** bezeichnet, da sie zwei unterschiedliche Gonosomen besitzen. Heterozygote Frauen (X_AX_a) hingegen sind phänotypisch gesund, können aber als Konduktorinnen das rezessive Allel an die nächste Generation übertragen. Die folgenden Erbkrankheiten liegen auf dem X-Chromosom und werden rezessiv an die nächste Generation vererbt: Bluterkrankheit (Hämophilie A), Muskeldystrophie Typ Duchenne sowie Rot-Grün-Schwäche. X-chromosomal dominante und Y-gonosomale Erbgänge sind eher selten und daher kaum von Bedeutung.

d. Genetische Familienberatung und Pränataldiagnostik

Zu Beginn einer Stammbaumanalyse stellen sich immer zwei Fragen:
1. Wirkt das zu untersuchende Gen dominant oder rezessiv?
2. Ist das betreffende Gen auf einem Autosom oder auf einem Gonosom lokalisiert?

Um diese Fragen beantworten zu können, ist eine genaue Betrachtung des Stammbaums erforderlich. Tritt das Merkmal in fast jeder Generation auf, so deutet dies auf eine Dominanz hin, werden hingegen Generationen übersprungen, lässt dies auf eine Rezessivität des Merkmals schließen. Sind im Stammbaum Männer und Frauen gleichermaßen betroffen, dann ist eine Lokalisierung auf einem Autosom denkbar. Tritt das Merkmal überwiegend bei einem Geschlecht auf, liegt es vermutlich auf einem Gonosom. Mit Hilfe dieser Hinweise erfolgt eine begründete Zuordnung der Genotypen zu den jeweiligen Phänotypen.

In manchen Fällen ist eine eindeutige Zuordnung allerdings nicht möglich. In einer solchen Situation werden entweder weitere Stammbaumnachforschungen angestellt oder zusätzliche Untersuchungen durchgeführt. Dies ist besonders dann ratsam, wenn innerhalb der Familie oder bei einem der beiden Elternteile zuvor Erbkrankheiten diagnostiziert wurden. Haben gesunde Eltern bereits ein betroffenes Kind oder sind die Eltern bereits fortgeschrittenen Alters ist eine genauere Analyse ebenfalls empfehlenswert. Dafür kann beispielsweise überprüft werden, ob ein Elternteil heterozygot bezüglich dieses Merkmals ist. Dies kann mit Hilfe des Heterozygotentests ermittelt werden. Diese Methode findet vor allem für die Erbkrankheiten Phenylketonurie und die Bluterkrankheit Anwendung. Komplizierter ist eine vollständige Gendiagnose, bei der ein genetischer Fingerabdruck erstellt wird.

Auch während einer Schwangerschaft sind noch verschiedene Diagnosemöglichkeiten durchführbar. Diese werden unter dem Begriff der Pränataldiagnostik zusammengefasst. Neben den beiden nicht invasiven Methoden, Ultraschall und mütterliche Blutentnahme, gibt es noch verschiedene invasive Methoden, die hier im Überblick dargestellt sind:

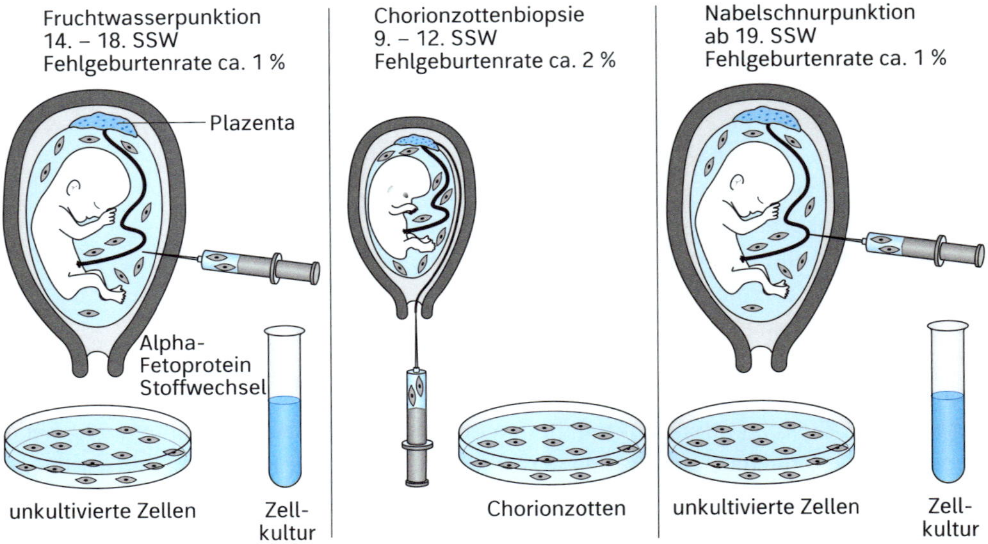

e. Vererbung der Blutgruppen

Es existieren ca. 50 verschiedene Systeme zur Einordnung der Blutgruppe, im Weiteren wird genauer auf das **AB0-System** eingegangen. Die Information für die Vererbung der Blutgruppe ist durch ein Gen codiert, es handelt sich hier um einen monogenen Erbgang. Die Vererbung selbst erfolgt nach den MENDELschen Regeln für einen monohybriden, dominant-rezessiven Erbgang. Allerdings sind beim AB0-System einige Besonderheiten zu beachten:

- Bereits aus dem Namen wird ersichtlich, dass hier nicht wie üblich zwei Allele, sondern drei (A, B und 0) existieren. In einem solchen Fall spricht man von **multipler Allellie**.
- Die Blutgruppe eines jeden Menschen wird homo- oder heterozygot von zweien dieser Allele bestimmt. Dabei sind die Allele A und B gegenüber 0 dominant. Existieren aber die Allele A und B nebeneinander, so werden sie beide ausgeprägt. Dies wird als **Kodominanz** bezeichnet.

Phäno- und Genotypisch ergeben sich somit die folgenden Blutgruppen:

Phänotyp	A		B		AB	0
Genotyp	AA	A0	BB	B0	AB	00

Die Erythrozyten (roten Blutkörperchen) sind auf ihrer Oberfläche je nach Blutgruppe mit verschiedenen **Antigenen** bestückt. Dies sind Proteine, die bei Kontakt mit Fremdstoffen eine Immunreaktion auslösen. Gelangt beispielsweise Blut einer fremden Blutgruppe in den menschlichen Organismus, so verklumpen die Antigene auf der Oberfläche mit den im jeweiligen Blut enthaltenen **Antikörpern** nach dem Schlüssel-Schloss-Prinzip. Diese Antigen-Antikörper-Reaktion wird auch zur Bestimmung der Blutgruppe verwendet. In der nachfolgenden Tabelle sind die Zusammensetzungen der einzelnen Blutgruppen aufgeführt:

Blutgruppe (Phänotyp)	**Blutgruppe (Genotyp)**	**Erythrozyt mit Antigen**	**Serum mit Antikörper**
A	AA A0		
B	BB B0		
AB	AB		keine Antikörper
0	00		

Die Zusammensetzung des Blutes spielt bei Bluttransfusionen eine große Rolle. Dabei enthält das Spenderblut Erythrozyten mit den jeweiligen Antigenen auf der Oberfläche, aber kein Blutserum und somit keine Antikörper. Aus der obigen Tabelle ergibt sich, dass die Blutgruppe AB aufgrund der fehlenden Antikörper jede Blutgruppe empfangen kann ohne zu Verklumpen. Als universeller Spender hingegen eignet sich die Blutgruppe 0, da sich auf den dazugehörigen Erythrozyten keine Antigene befinden. Vier Blutgruppen sind nicht all zu viele und daher bei einer Vielzahl von Menschen identisch. Zur genaueren Bestimmung hat sich zusätzlich das **Rhesus-System** etabliert. Verantwortlich für den Rhesusfaktor ist das Antigen D, welches die Bildung des passenden Antikörpers D veranlasst. Rhesuspositives Blut (Rh^+) wird durch die Genotypen DD oder Dd und rhesusnegatives Blut (rh^-) durch den Genotyp dd codiert. Diesem Blutgruppensystem liegt somit ebenfalls ein dominant-rezessiver Erbgang zu Grunde. Der Antikörper D befindet sich nur im Blut rhesusnegativer Personen und dort auch nur nach dem Kontakt mit rhesuspositivem Blut. Dies ist vor allem nach der Schwangerschaft einer rhesusnegativen Mutter mit einem rhesuspositiven Kind von Bedeutung. Bei der Geburt kommt das Blut beider miteinander in Kontakt. Das Immunsystem der Mutter bildet anschließend die Antikörper D. Kommt es erneut zu einer Schwangerschaft mit der gleichen Verteilung der Rhesusfaktoren, so gelangen die Antikörper D der Mutter durch die Plazentaschranke in das Blut des ungeborenen Kindes. Dort verklumpen diese mit den Antigenen auf der Oberfläche der Erythrozyten und die kindlichen Blutzellen lösen sich auf. Heutzutage ist dies glücklicherweise nicht mehr problematisch, da einer rhesusnegativen Mutter direkt im Anschluss an die Geburt eines rhesuspositiven Kindes eine große Menge an Antikörper D gespritzt wird. Diese zerstören die eingedrungenen Blutzellen des Kindes so schnell, dass es nicht zur Sensibilisierung des Immunsystems kommen kann. Die gespritzten Antikörper werden vom Körper der Mutter als Fremdstoffe identifiziert und schnell wieder abgebaut.

Gentechnik

Das Fundament der Gentechnik bildet die Herstellung von sogenannter **rekombinanter DNA**. Dabei wird die DNA eines Organismus mit der eines anderen verknüpft um erwünschte Eigenschaften zu kombinieren bzw. unerwünschte zu eliminieren. Diese Vorgänge ermöglichen eine enorme Bandbreite an Anwendungsmöglichkeiten wie die Erstellung transgener Pflanzen und Tiere, eines genetischen Fingerabdrucks oder gar die Gentherapie beim Menschen.

a. Herstellung und Identifikation rekombinanter DNA

Für die Gentechnik sind Organismen, die **Fremd-DNA** in ihr Erbgut integrieren und schnell exprimieren können, unabdingbar. Diese Bedingungen erfüllen Bakterienzellen sehr gut. Sie können unter sterilen Bedingungen schnell gezüchtet werden, da sie meist nur eine kurze Generationsdauer besitzen. Außerdem ist bei ihnen lediglich ein ringförmiges Chromosom vorhanden, sie sind also haploid und jedes Gen wird umgesetzt. Zusätzlich ist bei vielen Bakterien ein Plasmid vorhanden, das weitere Gene wie z. B. eine Antibiotikaresistenz enthalten kann. Prokaryotische Zellen können über den Vorgang der Konjugation Genmaterial austauschen und somit zur schnellen Verbreitung von Fremd-DNA beitragen. Im Gegensatz dazu besitzen Viren keinen eigenen Stoffwechsel und können sich nur über Wirtszellen vermehren. **Bakteriophagen** sind Viren, die ausschließlich Bakterienzellen als Wirte verwenden. Sie befallen diese, um ihr Erbgut in das des Bakteriums einzuschleusen (= Transduktion). Ist dies erfolgt, so bildet die Wirtszelle die einzelnen Bausteine des Bakteriophagen, fügt diese zusammen und setzt die neuen Viren frei. Dabei wird die Bakterienzelle selbst zerstört (= lytischer Zyklus). Eine weitere Möglichkeit ist der Einbau der viralen DNA in das Bakterium, welches dann als Prophage bezeichnet wird (= lysogener Zyklus). Erst durch ein Signal von außen erfolgt ein Wechsel zum lytischen Zyklus.

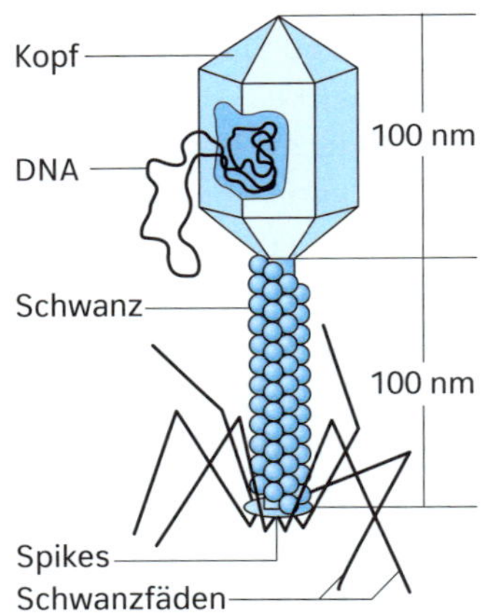

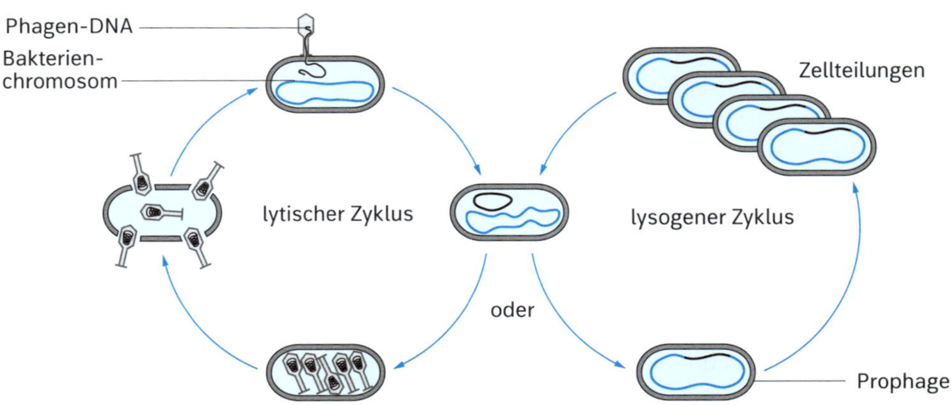

Sowohl die Plasmide in Bakterien als auch die Bakteriophagen werden in der Gentechnik genutzt, um genetisches Material von einem zum anderen Organismus zu übertragen, dies wird als Gentransfer bezeichnet.
Zur Umsetzung dessen benötigt die Gentechnik verschiedene Werkzeuge:

- **Restriktionsenzyme:** Sie dienen als molekulare „Scheren", um bestimmte Abschnitte der Wirts-DNA zu isolieren. Dazu erkennen sie spezielle Basensequenzen der DNA und schneiden dort den Doppelstrang auf. Dies geschieht meist überlappend, sodass überstehende Einzelstränge, die „sticky ends" entstehen. Ein sehr bekanntes Restriktionsenzym ist EcoR1, welches aus dem Bakterienstamm *Escherichia coli* (E.coli) isoliert wird.

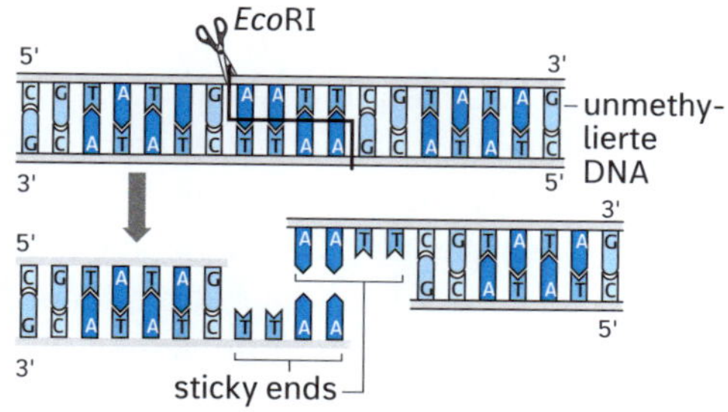

Funktion der Restriktionsnezyme

- **Vektoren:** Sie werden als „Gentaxis" verwendet, um die Fremd-DNA in die Wirtszelle zu übertragen. Zu diesem Zweck dienen häufig Bakteriophagen (z. B. Bakteriophage T4) oder bakterielle Plasmide. Letztere werden ebenfalls mit Hilfe des gleichen Restriktionsenzyms in definierte Abschnitte zerlegt.
- **Ligasen:** Dies sind Enzyme, die als „Klebstoff" wirken, um die Fremd-DNA und die DNA der Plasmide zu verbinden. Die so entstandene DNA wird als rekombinante DNA, das Plasmid als **Hybridplamid** bezeichnet.

Die so entstandenen Hybridplasmide können über verschiedene Verfahren wieder in die Wirtszelle eingeschleust werden. Beispielsweise geschieht dies durch den Kontakt der Zelle mit Ultraschall oder mit Calciumchlorid-Lösung ($CaCl_2$). Beide Möglichkeiten verursachen winzige Poren in der Zellmembran der Bakterienzelle und die Plasmide können eindringen. Auch eine direkte Injektion in den Zellkern ist bereits möglich.

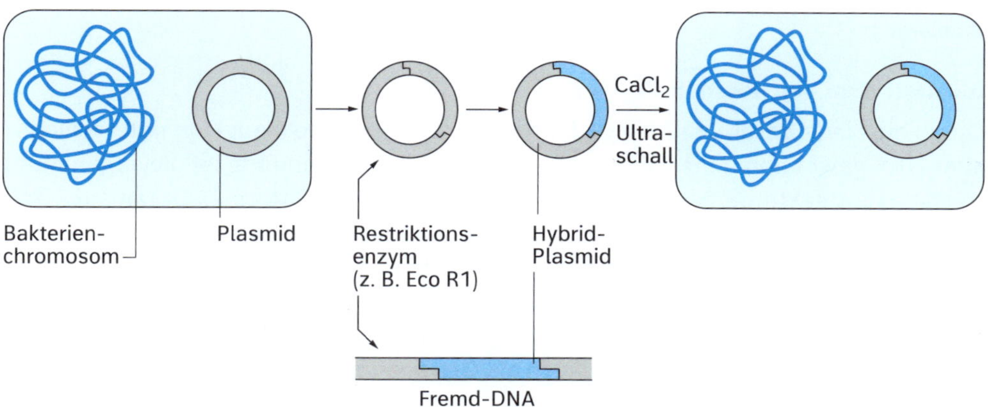

Einbau von Fremd-DNA

Mittels des beschriebenen Verfahrens zur Herstellung von Hybridplasmiden entstehen zwar Zellen mit rekombinanter DNA, allerdings bilden diese im Vergleich zu den Zellen mit dem ursprünglichen Plasmid die Minderheit. Um diejenigen Bakterien zu identifizieren, die das Hybridplasmid enthalten, werden **Markergene** zur Selektion eingesetzt. Meist wird für diesen Zweck ein Plasmid mit zwei unterschiedlichen Antibiotikaresistenzen (z. B. Ampicillin und Tetracyclin) verwendet. Das Gen für eine der beiden Resistenzen (hier: Ampicillin) wird durch den Einbau der Fremd-DNA inaktiviert. Durch eine Kultivierung auf einem Nährboden mit dem Antibiotikum Tetracyclin vermehren sich die Bakterienzellen, die entweder ein Plasmid oder ein Hybridplasmid besitzen. Werden alle Kolonien mit einem Samtstempel in exakt gleicher Position auf einen Nährboden mit dem Antibiotikum Ampicillin übertragen, so wachsen nur noch diejenigen mit einem ursprünglichen Plasmid. Durch einen Vergleich der Position auf dem Tetracyclin-Nährboden, können die Bakterien, die das Hybridplasmid enthalten, identifiziert werden. Diese werden isoliert und in einer Nährflüssigkeit vermehrt. Da so ausschließlich genetisch identische Bakterienzellen entstehen, nennt man diesen Vorgang auch **Klonierung**.

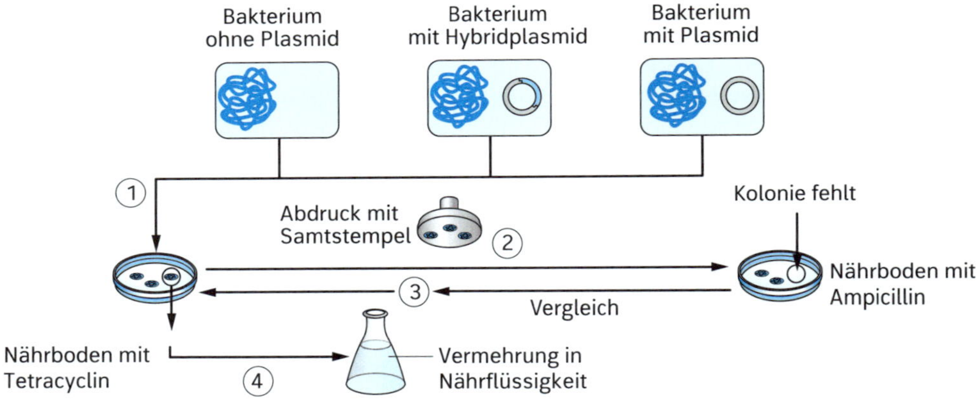

Klonierung

b. Methoden der Gentechnik

Durch die zuvor beschriebenen Verfahren wurde eine große Menge an unterschiedlicher DNA gewonnen. Eine weitere Methode zur DNA-Gewinnung ist die sogenannte **„Schrotschussklonierung“**. Dabei wird das gesamte Genom eines Organismus mit Hilfe verschiedener Restriktionsenzyme in einzelne Fragmente zerlegt und in Vektoren eingebaut. Nach einer Klonierung in Bakterien werden die DNA-Stücke zu einer **Genbibliothek** zusammengefügt. Die Schwierigkeit besteht nun erneut darin das jeweils benötigte Gen zu identifizieren. Dies ist mittels kurzer, radioaktiv markierter DNA- bzw. RNA-Einzelstränge, die auch als **Gensonden** bezeichnet werden, möglich. Diese Einzelstränge müssen zu den gesuchten Sequenzen der DNA komplementär sein und sich mit dieser über Wasserstoffbrücken verbinden. Nach einer erfolgreichen Hybridisierung wird eine **Autoradiographie** durchgeführt, um die radioaktiv markierten Sequenzen ausfindig zu machen. Anschließend wird diese Kolonie von der Ausgangsplatte isoliert und vermehrt.

Die so gewonnene DNA enthält allerdings noch all ihre nichtcodierenden Bereiche, die Introns. Da diese von den Bakterien nicht entfernt werden können, ist es von Vorteil anstatt der DNA mRNA zu verwenden. Die gereifte mRNA wurde beim Prozess des Spleißens von all ihren Introns befreit und besteht somit ausschließlich aus codierenden Exons. Dank des Enzyms **„Reverse Transkriptase“**, welches aus Retroviren isoliert wird, kann die mRNA rückwärts zunächst wieder zu einsträngiger und anschließend zu doppelsträngiger DNA transkribiert werden. Diese wird dann als **cDNA** *(engl.: complementary DNA)* bezeichnet. Auch hier kann wieder eine Sammlung erstellt werden, die cDNA-Bibliothek.

Gefundene oder neu synthetisierte DNA-Fragmente liegen meist nur in sehr geringen Mengen vor. Um sinnvoll damit arbeiten zu können, müssen sie zunächst zahlreich kopiert werden. Eine schnelle und identische Vervielfältigung gelingt mit der **Polymerasekettenreaktion**, kurz PCR *(engl. **P**olymerase **C**hain **R**eaction)*. Als Voraussetzung dafür werden das DNA-Fragment, freie DNA-Nukleotide, Primer und das sehr hitzebeständige Enzym des Bakteriums *Thermus aquaticus*, die **Taq-Polymerase**, benötigt. Die PCR besteht aus vielen einzelnen Zyklen, wobei der zugrunde liegende Mechanismus sehr dem der DNA-Replikation ähnelt.

① **Denaturierung:** Die DNA-Probe wird auf 94 °C erwärmt, dadurch werden die Wasserstoffbrücken getrennt und zwei Einzelstränge liegen anschließend vor. Zu deren Stabilisierung erfolgt eine schnelle Abkühlung auf 65 °C.

② **Hybridisierung:** Zur Bildung neuer komplementärer DNA-Stränge lagert sich an jeden DNA-Einzelstrang ein zuvor synthetisierter DNA-Primer an.

③ **Polymerisation:** Hier erfolgt die eigentliche DNA-Synthese aus den frei vorliegenden DNA-Nuk leotiden. Unter Zugabe der Taq-Polymerase wird alles auf ca. 72 °C erhitzt. Dies entspricht dem Temperaturoptimum des Enzyms.

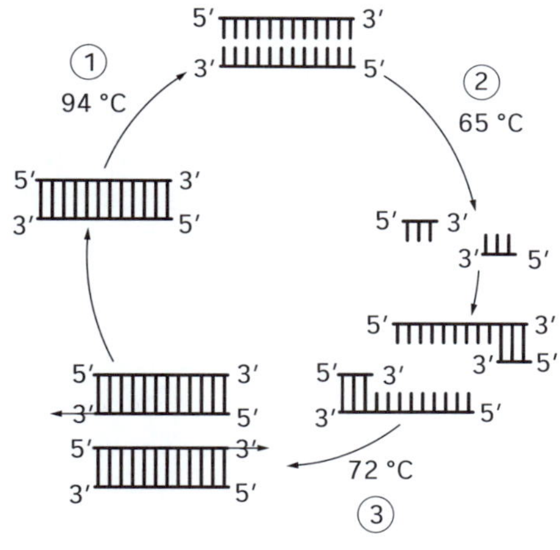

Polymerasekettenreaktion

Diese drei Vorgänge werden je nach Bedarf in mehreren Zyklen wiederholt, bis die gewünschte Menge an DNA vorliegt.

c. Anwendungsbereiche

Allein durch die Polymerasekettenreaktion wird eine Vielzahl an Anwendungsmöglichkeiten erschlossen: Mittels der vervielfältigten DNA-Fragmente können genetische Fingerabdrücke erstellt werden, es können Erbkrankheiten diagnostiziert werden, Krankheitserreger werden nachgewiesen und auch der Forschung erweist sie nützliche Dienste. Zusätzlich dazu können durch die Verwendung von Bakterien oder Phagen als Vektoren Medikamente wie beispielsweise Insulin produziert, sowie transgene Pflanzen und Tiere gezüchtet werden. Einige der häufigsten Anwendungsbeispiele werden im Folgenden genauer dargestellt.

Genetischer Fingerabdruck

Zur Erstellung eines genetischen Fingerabdrucks gibt es grundsätzlich zwei verschiedene Methoden:

1. RFLP-Methode: Nichtcodierende DNA-Bereiche sind im Gegensatz zu codierenden Bereichen von Mensch zu Mensch sehr verschieden. Verwendet man das gleiche Restriktionsenzym zur Segmentierung verschiedener menschlicher DNA, so weisen die DNA-Fragmente unterschiedliche Längen auf. Dieses Phänomen wird als **Restriktions-Fragment-Längen-Polymorphismus**, kurz RFLP, bezeichnet. Trägt man die unterschiedlichen DNA-Proben auf ein Gel auf und setzt dieses unter Spannung, so legen die Proben aufgrund des Stromflusses und ihrer verschiedenen Größe bzw. Länge zwischen den beiden Elektroden jeweils unterschiedliche Strecken zurück. Durch die Durchführung einer Autoradiographie können die Banden sichtbar gemacht werden.
2. STR-Methode: Auch diese Methode greift auf die nichtcodierenden Sequenzen der DNA zurück. Es wurde festgestellt, dass dort manche Sequenzen mehrfach wiederholt werden. Diese Abschnitte werden als **short tandem repeats**, kurz STR, benannt. Die Anzahl der jeweiligen Wiederholungen variiert sehr stark und ist somit für jeden Menschen charakteristisch. Um möglichst genaue Ergebnisse zu erhalten, können STR's von mehreren verschiedenen Genorten verwendet werden. Das Landeskriminalamt verwendet z. B. short tandem repeats von acht, das FBI von dreizehn Genorten. Zur Auswertung müssen auch hier wieder eine **Gelelektrophorese** und eine anschließende Autoradiographie durchgeführt werden.

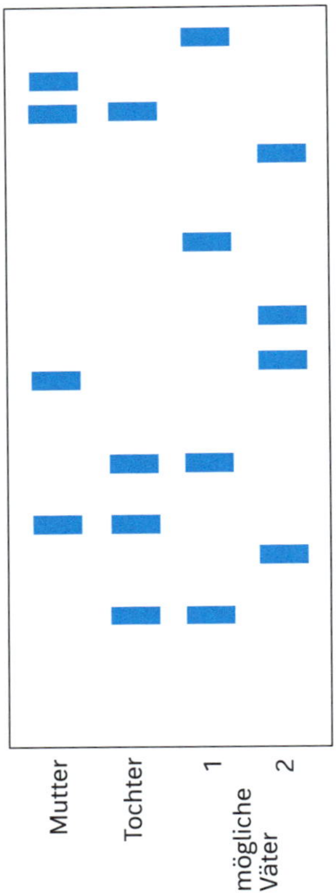

Gelelektrophorese

Mit den Ergebnissen beider Methoden können Vaterschaften relativ eindeutig nachgewiesen oder gar Verbrechen aufgeklärt werden.

Genetische Diagnostik

Bei neugeborenen Babys kann ein sogenanntes Neugeborenen-Screening bereits 36 bis 72 Stunden nach der Geburt durchgeführt werden. Dazu wird dem Kind an der Ferse Blut entnommen, welches dann auf verschiedene angeborene Hormonstörungen und Stoffwechselkrankheiten, wie z. B. Phenylketonurie, untersucht wird.

Gentherapie

Einen Schritt weiter als die Gendiagnostik geht die Gentherapie. Hierbei muss grundlegend zwischen der **somatischen Gentherapie** und der **Keimbahntherapie** unterschieden werden. Letztere ist in Deutschland beim Menschen verboten, unter anderem da diese Veränderungen vererbt werden und somit auch Auswirkungen auf die Nachkommen hätten. Bei der somatischen Gentherapie können fehlerhafte Gene in Körperzellen durch intakte ersetzt werden. Dies wird aktuell zur Behandlung verschiedener Krebserkrankungen eingesetzt.

Transgene Pflanzen (Grüne Gentechnik)
Durch den Einsatz gentechnischer Methoden in der Landschaft werden bereits heute Nutzpflanzen mit veränderten Eigenschaften gezüchtet. Bereits im Handel sind unter anderem herbizidresistente Maispflanzen und die Anti-Matsch-Tomate. Häufig wird für den Gentransfer das ***Agrobacterium tumefaciens***, welches das Ti-Plasmid besitzt, verwendet. Dieses Plasmid enthält eine T-DNA (transferierende DNA), die sich nach dem Befall der Pflanze in deren genetisches Material integriert. Um Pflanzen zu erhalten, die das veränderte Gen in sich tragen, ist es nicht ausreichend, dieses einzuschleusen. Dazu muss aus einer einzigen genmanipulierten Zelle eine neue vollständige Pflanze gezüchtet werden.

Transgene Tiere (Rote Gentechnik)
Der zuvor beschriebene Weg ist bei der Erzeugung transgener Tiere nicht möglich, da die Züchtung von gesamten Organismen aus einer Einzelzelle hier noch nicht gelang. Aber das veränderte Erbgut kann in die Eizelle eingeschleust werden (=Keimbahntherapie) und der neue Organismus wächst im Mutterleib heran. Wird dieses Verfahren zur Herstellung von Medikamenten verwendet, bezeichnet man dies als **gene pharming**. Eine weitere Anwendungsmöglichkeit ist die Züchtung von Nutztieren, die durch die genetische Veränderung krankheits- und stressresistenter sind.

d. Ethische Aspekte

Der Nutzen und Einsatz vieler Anwendungsmöglichkeiten ist zum einen erwünscht, zum anderen aber auch sehr umstritten. Kritiker führen an, dass nach wie vor eine Unkenntnis über die möglichen Nebenwirkungen bzw. Langzeitfolgen des Konsums gentechnisch veränderter Lebensmittel herrscht. Damit jeder Bürger die freie Wahl über den Verzehr gentechnisch veränderter Lebensmittel hat, wurden mittlerweile Gesetzte verabschiedet, die zur deutlichen Kennzeichnung dieser Lebensmittel führen. Ebenfalls bedenklich sind die Möglichkeiten, die die Gentechnik in der Humanmedizin eröffnet. Die Informationen über die Kenntnis von genetisch bedingten, eventuell sogar unheilbaren Krankheiten könnten von Arbeitgebern zur Einstellung genutzt werden. Eltern könnten entscheiden, welche Eigenschaften sie für ihr zukünftiges Kind haben möchten. Auf der anderen Seite ermöglicht das Wissen über das menschliche Genom natürlich auch die Entwicklung von Medikamenten für erblich bedingte Krankheiten. Auch der frühe Einsatz von Therapiemaßnahmen wird durch das Neugeborenen-Screening erst möglich gemacht. Eine abschließende Bewertung kann und soll hier nicht erfolgen, aber einen Hinweis darauf geben, wie kritisch auch Erfolge in der Forschung betrachtet werden müssen.

Der Mensch als Umweltfaktor – Populationsdynamik und Biodiversität

Entwicklung von Populationen

Aus einer Bakterienzelle werden nach ca. 20 Minuten zwei. Das Volumen der gesamten Bakterien entspräche dann bereits nach ca. 37 Stunden dem Zweieinhalbfachen der Erde. Soweit die Theorie – in der Realität trifft das nicht zu. Zwar kommen Bakterien praktisch überall auf der Erde vor; zudem hat ein Mensch deutlich mehr Bakterien in und auf sich, als er selbst Zellen hat. Aber trotz der großen Anzahl an Bakterien und der kurzen Vermehrungszeit ist ihr Gesamtvolumen nicht annähernd mit dem von zweieinhalb Erden zu vergleichen. Irgendetwas muss also das Bakterienwachstum beschränken. Im Folgenden soll auf das idealisierte Populationswachstum und anschließend auf deren Einschränkungen eingegangen werden. Eine Population ist eine Gruppe von Individuen derselben Art, die zur selben Zeit im selben Gebiet leben und sich untereinander fortpflanzen können.

a. Idealisierte Populationsentwicklung

Eine idealisierte Bakterien-Population verdoppelt sich etwa alle 20 Minuten. Dies wird **exponentielles Wachstum** genannt, also eine Verdoppelung der Population in einem konstanten Zeitintervall (hier: 20 Minuten).
Wie aber aus dem oben erwähnten Beispiel klar wird, können sich die Bakterien nicht immer auf exponentielle Weise vermehren. Es müssen also limitierende Faktoren auf das Wachstum einwirken, die es begrenzen und so eine Überbevölkerung verhindern. Solch ein an die Realität angepasstes Wachstum nennt man **logistisches Wachstum**. Ein grafischer Vergleich zwischen exponentiellem und logistischem Wachstum ist in der linken Abbildung dargestellt:

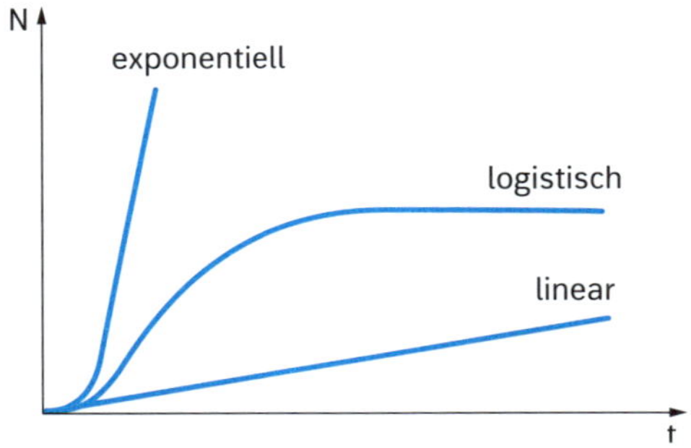

Überblick über die verschiedenen Wachstumstypen (N = Anzahl der Zellen; t = Zeit)

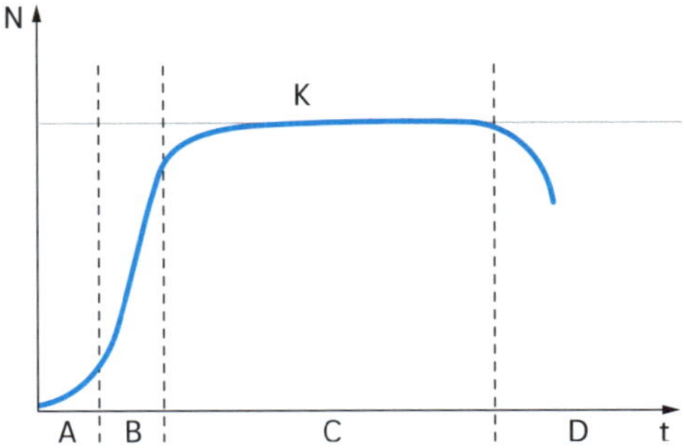

Die vier verschiedenen Phasen des logistischen Wachstums (N = Anzahl der Zellen; t = Zeit)

Das logistische Wachstum ist in vier verschiedene Phasen (rechte Abbildung) eingeteilt:

Phase A: Anlaufphase
Die Bakterien passen sich an die herrschenden Umweltbedingungen an; Geburtenrate > Sterberate
Phase B: exponentielle Phase/Vermehrungsphase
Die Bakterien vermehren sich exponentiell aufgrund ausreichend vorhandener Ressourcen; Geburtenrate > Sterberate
Phase C: stationäre Phase
Die Bakterien vermehren sich, einzelne Zellen sterben aber im selben Maße ab; das Wachstum stagniert, da nicht genügend Ressourcen zur Verfügung stehen, die **Umweltkapazität K** wurde erreicht (s. weiter unten); Geburtenrate = Sterberate
Phase D: Absterbephase
Bestimmte Faktoren beeinträchtigen das Wachstum, die Ressourcen sind erschöpft und die Population wird dezimiert; Geburtenrate < Sterberate

Die **Umweltkapazität** K beschreibt das ökologisch maximale Fassungsvermögen von Individuen an einem bestimmten Ort, d. h. die maximale Populationsdichte ist dann bei dem Wert K (z. B. N = 20 000 Individuen) erreicht. K wird durch verschiedene Faktoren bestimmt, die im folgenden Kapitel beleuchtet werden sollen.

Tipp

Sie sollten in der Lage sein, die Diagramme, wie sie oben abgebildet sind, zeichnen, Unterschiede und Gemeinsamkeiten benennen und die einzelnen Phasen des logistischen Wachstums erläutern zu können.

b. Abweichung vom Idealfall: Einflussfaktoren auf die Populationsentwicklung

Natürlich bildet die dargestellte Kurve des logistischen Wachstums einen idealisierten Verlauf ab. In der Realität leben bestimmte Individuen einer Population schon an einem Ort und befinden sich zumeist in der stationären Phase. Diese kann allerdings aufgrund unterschiedlicher Faktoren schwanken.
Die **dichteabhängigen Faktoren** (s. Tabelle) spiegeln diejenigen Einflüsse wider, die auf das Populationswachstum dadurch einwirken, dass eine gewisse Anzahl an Individuen am selben Ort zusammen lebt. Beispielsweise gibt es in einer großen Population einen höheren sozialen Stress als in einer kleinen Population. Dichteabhängige Faktoren führen zu mehr oder weniger regelmäßigen Schwankungen, wobei die Populationsdichte um einen einigermaßen konstanten Mittelwert schwankt.

Am Beispiel „Fressfeinde" lässt sich dabei Folgendes feststellen:
1. Die Individuenzahlen von Fressfeind und Beute schwanken periodisch.
2. Die Maxima und Minima der Fressfeinde folgen phasenverzögert der Beute.
3. Langfristig bleiben die Mittelwerte beider Populationen konstant.

Diese drei Regeln sind auch als LOTKA-VOLTERRA-Regeln bekannt (In Ihrem Schulbuch können Sie noch Feinheiten dieser ökologischen Regel finden).

Die **dichteunabhängigen Faktoren** (s. Tabelle) wirken in stets gleicher Intensität auf die Population ein, unabhängig davon, ob nun viele oder wenige Individuen vorhanden sind. Zum Beispiel herrscht in einem Gebiet immer eine bestimmte Temperatur. Dichteunabhängige Faktoren können die Populationsdichte stark beeinflussen und führen manchmal zu erheblichen Schwankungen, z. B. sinkt die Anzahl an Individuen nach einer Katastrophe.
Das Klima stellt einen wichtigen dichteabhängigen und abiotischen Selektionsfaktor (s. Kapitel Evolution) dar. Kleine Körper kühlen schneller aus als große, was an ihrem ungünstigen Oberflächen-Volumenverhältnis liegt. Dementsprechend zeigt sich, dass gleichwarme Tiere der gleichen Art oder nah verwandter Arten in kälteren Gebieten stets größer sind als ihre Artgenossen in wärmeren Gebieten (vgl. Polarfuchs vs. Europäischer Fuchs). Diesen Zusammenhang nennt man auch Bergmann'sche Regel. Andererseits besitzen Tiere in kälteren Gebieten wiederum kürzere und kleinere Körperanhänge (Ohren, Schwanz, Schnauze, Extremitäten), um damit die Oberfläche und somit die Wärmeabstrahlung weiter zu minimieren. Dies wird als Allen'sche Regel bezeichnet. Auch hier lassen sich Polarfuchs und Wüstenfuchs bestens miteinander vergleichen.

Dichteabhängige Faktoren	**Dichteunabhängige Faktoren**
• Fressfeinde • Parasiten • Infektionskrankheiten • Sozialer Stress • Interspezifische Konkurrenz • Intraspezifische Konkurrenz • Nahrungsangebot • Wasserangebot	• Klima und Wetter • Licht • Temperatur • Katastrophen
Oszillationen = regelmäßige Schwankungen verursachen veränderte Populationsdichten	**Fluktuationen** = unregelmäßige Schwankungen verursachen veränderte Populationsdichten
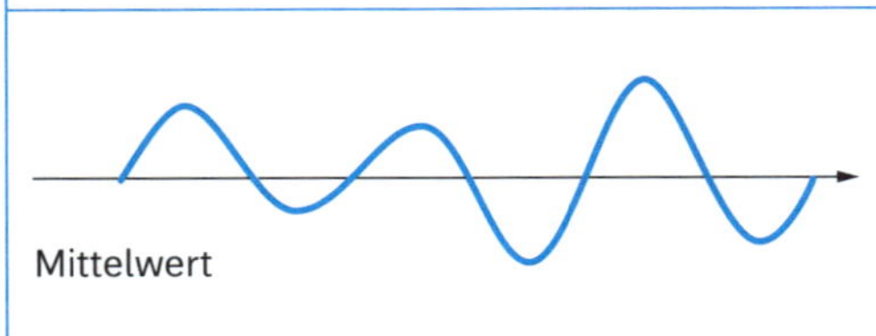	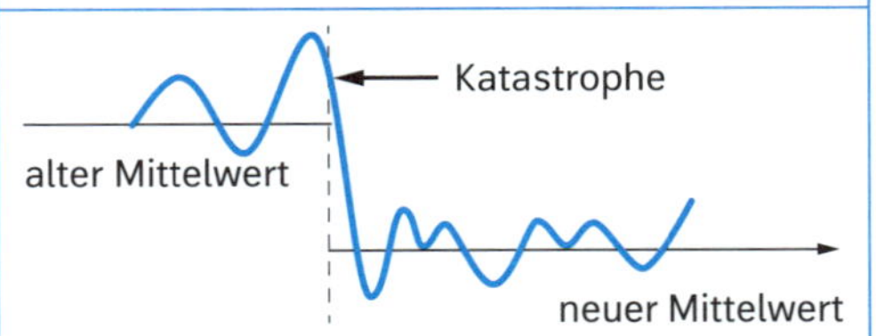

c. Fortpflanzungsstrategien

Man kann unter den Lebewesen zwei unterschiedliche Strategien hinsichtlich der Fortpflanzung beobachten. Dabei handelt es sich um relative Begriffe, die manchmal in der Realität nicht ganz strikt von einander getrennt werden können, hier aber klar unterscheidbar aufgezeigt werden.

	r-Strategen	K-Strategen
Nachkommen	viele	wenige
Sorge um Nachkommen	kaum	stark
Lebensraum	wechselhaft	konstant
Größe	klein	groß
Lebensdauer	kurz	lang
Beispiele	Bakterien, Pionierpflanzen	Großsäuger, Waldbäume

Die r-Strategen setzen auf die **Optimierung der Reproduktionsrate** r, indem sie sehr viele Nachkommen zeugen und sich darauf verlassen, dass ausreichend viele davon überleben und wiederum Nachkommen zeugen werden.
Die K-Strategen hingegen kümmern sich oft stark um ihre wenigen Nachkommen (z. B. durch Brutpflege oder Anlegen von Nahrungsreserven). Dadurch erhöhen die Eltern die Wahrscheinlichkeit, dass ihre Schützlinge konkurrenzstärker im *Struggle for Life* sind als andere Individuen und sich so der **Umweltkapazität K** annähern.

Populationsentwicklung des Menschen und deren Auswirkungen auf die Biodiversität

Individuen der Art *Homo sapiens* vermehren sich **superexponentiell**, d. h. die Population verdoppelt sich in einem immer kleiner werdenden Zeitintervall. Es gibt jedoch regional erhebliche Unterschiede im Wachstum: Während in den sog. „Entwicklungsländern" die Wachstumsrate r tatsächlich immer größer wird, geht sie in den sog. „Industrieländern" stetig zurück oder stagniert. Global betrachtet aber leben immer mehr Menschen auf der Erde, was zwangsläufig zu Problemen führen wird.

Zunehmend werden dichteabhängige Faktoren die Menschheit und daher auch deren Umwelt stark beeinflussen: Hunger, Wasser- und Energiemangel, Umweltverschmutzung durch Abfälle oder radioaktiven Müll sind nur einige Beispiele dafür.
Die Folgen sind – ähnlich wie beim Wachstum selbst – regional unterschiedlich zu spüren. Zum Beispiel leben die Menschen in Europa und Nordamerika überwiegend im Überfluss, wohingegen z. B. in Teilen Afrikas und Asien viele Menschen unter dem enormen direkten wie indirekten Ressourcen- und Landverbrauch einer Minderheit (nämlich der Menschen in den sog. „Industrieländern") leiden und teilweise ums Überleben kämpfen müssen.
Das krasse Bevölkerungswachstum des Menschen gründet sich u. a. auf eine „effizientere" Nahrungsmittelproduktion (z. B. durch Düngung, Massentierhaltung), Erschließung neuer Acker- und Anbauflächen und auf die Entwicklung im Bereich der Medizin und Pharmaindustrie, die es z. B. sehr vielen Menschen ermöglicht länger zu leben.

Das Konzept des **ökologischen Fußabdrucks** *(ecological footprint)* vergleicht verschiedene Nationen auf der Erde untereinander hinsichtlich des jeweiligen Wasser- und Flächenverbrauchs, die zur Produktion aller nötigen Ressourcen und zur Entsorgung des kompletten Abfalls für diese Nation verwendet werden. Es lohnt sich hier einmal genauer zu recherchieren, um mit Fakten in Prüfungen einen guten Eindruck zu hinterlassen und sein Allgemeinwissen auszubauen.

Wie sieht die Lösung des Problems der Überbevölkerung der Erde durch den Menschen nun aus? Es wird keinen Königsweg geben, der alle Menschen gleichermaßen zufriedenstellen und der die Umwelt und die anderen Lebewesen auf der Erde im selben Maße angemessen berücksichtigen wird. Letztendlich werden immer einige Menschen in irgendeiner Weise auf Kosten anderer Menschen leben, wenn diejenigen, denen es heute gut geht, nicht auf die Bedürfnisse und Belange derer achten, denen es heute nicht so gut geht. Aber natürlich werden nicht nur die Menschen selbst wegen ihrer eigenen Überbevölkerung negative Folgen zu spüren bekommen. Die Umwelt und damit alle anderen Tiere und Pflanzen, die belebte aber auch die unbelebte Natur werden aufgrund der Folgen des Handelns der Menschheit mehr oder weniger starke Einflüsse erleben.
Das **Ozonloch** und die derzeit stattfindende **globale Klimaveränderung** haben bereits starke Auswirkung auf unser Leben. Die Einen spüren diese noch nicht oder nur kaum, die Anderen hingegen haben schon sehr mit der Veränderung zu kämpfen, wenn z. B. Inseln aufgrund des steigenden Meeresspiegels im Meer versinken. Wissenschaftler mögen sich streiten, wie hoch der Anteil des menschenverursachten Einflusses auf die Klimaerwärmung tatsächlich ist – fest steht allerdings, dass sich die Welt, in der wir leben, verändert. Letztendlich werden sich alle Lebewesen den neuen Bedingungen, wie auch immer sie aussehen mögen, anpassen müssen.

Naturschutzgebiete, **Nationalparks** oder andere Gebiete können eingerichtet werden, in denen die Natur völlig oder überwiegend ohne direkte anthropogene Einflüsse existieren darf. Es gilt, die Artenvielfalt auf unserer Erde zu erhalten, denn nur durch eine ausreichend große Biodiversität ist die Umwelt, so wie wir sie kennen, schätzen und benötigen, zu erhalten.
Das Verstehen von **ökologischen Zusammenhängen** ist dabei der Schlüssel, um uns diesem Ziel anzunähern. Beispielsweise zerstören wir durch unsere Monokulturen, die Verbauung von Wiesen und Feldern und die Kultivierung von brach liegenden Flächen die pflanzliche und tierische Artenvielfalt. Angeblich sagte Albert Einstein: „Wenn die Bienen verschwinden, hat der Mensch nur noch vier Jahre zu leben; keine Bienen mehr, keine Pflanzen, keine Tiere, keine Menschen mehr." Schauen Sie sich in Ihrer Umgebung um: Gibt es dort ausreichend große, nicht kultivierte Grünflächen für Bienen und andere Insekten? Informieren Sie sich doch über die Bedeutung der Bestäubung durch Insekten.

Evolution

Evolutionsforschung

a. Der Artbegriff

Der Schwede Carl von Linné (1707–1778) führte in seinem Werk *Systema Naturae* die binäre Nomenklatur der Arten ein und ermöglichte eine geordnete und wissenschaftliche Bezeichnung von Lebewesen. Aufbauend auf **SKOFGA** (**S**tamm, **K**lasse, **O**rdnung, **F**amilie, **G**attung, **A**rt) werden Lebewesen zwei Bezeichnungen zugeordnet: Der Gattungsname steht vor dem Artnamen. Beispielsweise heißt der Steinmarder *Martes foina*, der Mensch gehört zur Art *Homo sapiens*.
Diese Bezeichnung erleichtert die Arbeit von Wissenschaftlern und macht die Einordnung der Lebewesen eindeutig. Daraus entsteht aber die Frage, was eine Art eigentlich genau ist und wie sie von anderen Arten abgegrenzt werden kann.
Es gibt mehrere Möglichkeiten dies zu tun, hier werden nur zwei vorgestellt:

Biologischer Artbegriff	Morphologischer Artbegriff
Individuen, die sich untereinander und unter natürlichen Bedingungen miteinander fortpflanzen und lebensfähige, fertile Nachkommen zeugen können, gehören zur selben Art.	Individuen, die in allen wesentlichen Merkmalen der Anatomie, Physiologie und Ethologie übereinstimmen, gehören zur selben Art.
Fokus: Zeugung von Nachkommen	**Fokus:** Gemeinsamkeiten
Grenzen: nicht anwendbar auf Fossilien; rein asexuell vermehrende Lebewesen fallen nicht unter diesen Artbegriff	**Grenzen:** sehr ähnliche Individuen müssen nicht zwangsläufig zur selben Art gehören

b. Die Evolution der Evolutionstheorie

Die unterschiedliche Denkweise zwischen den Theorien von Jean-Baptiste de Lamarck (1744 – 1829) und Charles Darwin (1809 – 1882) wird am besten folgendermaßen verdeutlich: Lamarck geht davon aus, dass durch Umweltveränderungen Lebewesen andere Bedürfnisse haben. Dadurch notwendige neue Verhaltensweisen oder Körperveränderungen werden durch den *Gebrauch* oder *Nichtgebrauch* bestimmter Körperteile aktiv hervorgerufen. Die Gewohnheit, ein Körperteil oder Organ zu gebrauchen oder nicht, ist vererbbar.

Auf das Beispiel (s. Bild) bezogen bedeutet dies: Werden die Bäume in der Savanne immer höher *(Umweltveränderung)*, muss die Giraffe ihren Hals *(Körperteil)* immer weiter in die Höhe strecken, um an die schmackhaften Blätter zu gelangen (*Gebrauch* des Halses). Dies führt – laut Lamarck – zu einer Verlängerung ihres Halses und sie hat sich so an die neuen Gegebenheiten **aktiv angepasst** und vererbt diese Eigenschaft an ihre Nachkommen weiter, die dann von Haus aus einen längeren Hals besitzen.

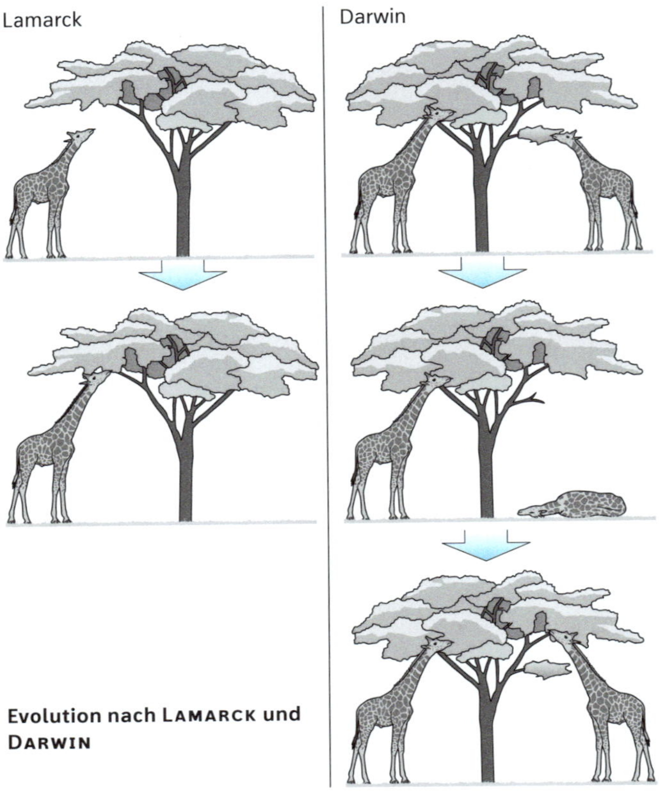

Evolution nach LAMARCK und DARWIN

DARWIN geht zwar auch davon aus, dass Arten veränderlich sind, begründet diese *Variabilität* aber mit der Selektionstheorie. Die *Natürliche Selektion* ist die Ursache aller Evolution und als Mixtur von Variabilität, dem nicht zufälligen Überleben von Individuen und der anschließenden Fortpflanzung zu verstehen.
Zudem postulierte er die Abstammung von Lebewesen von gemeinsamen Vorfahren.
Seiner Ansicht nach liefert eine Urpopulation durch Fortpflanzung unter idealen Bedingungen immer eine *Überproduktion an Nachkommen* (exponentielles Wachstum). In der Realität aber bleibt auf lange Sicht die Individuenzahl einer Art konstant. Innerhalb der Art gibt es sehr viele Variationen (Variabilität), die zu Unterschieden z. B. in Morphologie, Physiologie, Ethologie und Life-History führen. Tiere mit vorteilhaften Variationen sind so anderen Tieren mit weniger vorteilhaften Variationen in bestimmten Situationen überlegen (**Struggle for Life**). Diese „bevorzugten" Tiere pflanzen sich fort (**Survival of the Fittest**) und vererben so die neuen, günstigen Eigenschaften – es findet also eine **passive Anpassung** statt. Individuen mit für die vorherrschenden Umweltbedingungen ungünstigen Eigenschaften sterben, diejenigen mit günstigen Eigenschaften überleben. Die Umweltveränderung entscheidet also über die Entwicklung der Individuen und nicht der Gebrauch und damit die willentliche Veränderung eines Organs wie bei LAMARCK.

Im obigen Beispiel sterben die Giraffen mit kurzen Hälsen *(ungünstige Eigenschaft)*, wenn die Bäume höher wachsen *(Umweltveränderung)*. Die Giraffen, die zufällig längere Hälse besitzen *(günstige Eigenschaft)*, fressen weiterhin von den Blättern und können sich fortpflanzen, woraufhin sie ihren Nachkommen diese günstigen Eigenschaften vererben.

Der Fossilienkundler GEORGES CUVIER ergänzte die Evolutionsforschung letztendlich dahingehend, dass Katastrophen zur Vergrößerung von Biodiversität führen können:

Andere, nicht betroffene Arten nach einer Katastrophe wandern in die „leeren Regionen“ ein und besetzen neue oder leere ökologische Nischen. **Massensterben** haben also durchaus etwas Positives. Beispielsweise führte wohl ein Meteoriteneinschlag vor 65 Millionen Jahren zur Auslöschung der Dinosaurier – und so zur Ausbreitung der Säugetiere (durch adaptive Radiation,). Dies ist eindeutig positiv zu bewerten – zumindest aus unserer menschlichen Sicht heutzutage.

c. Evolutionshinweise

Zeichnet ein Kind einen Hai und daneben einen Delphin, so werden beide Tiere relativ ähnlich aussehen. Sind sie also von derselben Art, oder sind sie nur nahe oder entfernt miteinander verwandt?
Es gibt verschiedene Möglichkeiten, um die Verwandtschaftsverhältnisse zwischen zwei Lebewesen zu ermitteln. Sie stellen Hinweise auf die DARWINsche Evolutionstheorie dar. Die Lebewesen stammen jeweils von gemeinsamen Vorfahren ab und vererben gewisse Eigenschaften u. a. aus **anatomisch-morphologischer, embryologischer** und **molekularbiologischer** Sicht an die Nachkommen. Fossilien unterstützen diese Belege.

Anatomisch-morphologische Evolutionshinweise: Homologie und Analogie
Die drei Homologiekriterien klassifizieren Strukturen von Lebewesen als homolog, d. h. dass die zu vergleichenden Individuen von einem gemeinsamen Vorfahren abstammen und sich divergent entwickelt haben. Dazu genügt die Erfüllung eines der folgenden Kriterien: **Kriterium der Lage** (Beispiel: Flosse eines Wals – Bein eines Pferdes), **Kriterium der spezifischen Qualität** (Beispiel: Haischuppen – Wirbeltierzähne) und **Kriterium der Stetigkeit/Kontinuität** (Beispiel: Kiefergelenk Fische – Gehörknöchelchen Säuger).

Aus der ursprünglichen 5-Finger-Extremität (gemeinsame Ausgangsform) der ersten Wirbeltiere haben sich Anpassungen herausgebildet **(Divergenz)**, z. B. die Extremitäten eines Pferdes (nur noch eine Zehe übrig) bzw. die Grabhände eines Maulwurfs. Trotz der auffälligen Unterschiede sind beide Gliedmaßen durch alle drei Kriterien als homolog und damit als nahe verwandt einzustufen.

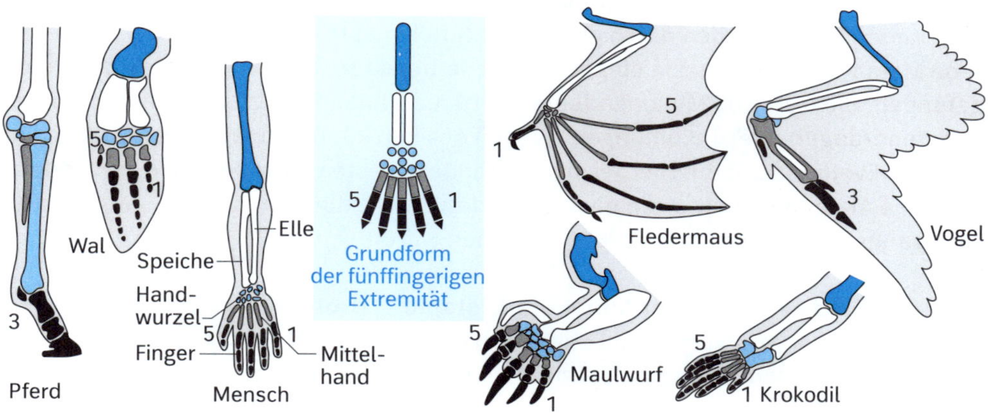

Homologie bei Wirbeltierextremitäten

Rudimente sind zurückgebildete Organe, die i. d. R. funktionslos sind oder einen Funktionswechsel erfahren haben. Reste des Beckengürtels bei Bartenwalen sind ein Hinweis dafür, dass die Vorfahren funktionierende Hintergliedmaße besaßen und somit Landbewohner waren. Heute dient dieser Knochenrest als Haltevorrichtung für den Penis. Bei Menschen gilt z. B. das Steißbein als Hinweis dafür, dass unsere Vorfahren einen Schwanz besaßen.
Atavismen sind relativ seltene Abweichungen in der Ausbildung von anatomischen oder verhaltensbiologischen Merkmalen, die Ähnlichkeiten mit den Eigenschaften der Vorfahren aufweisen. Beim Menschen kennt man z. B. die schwanzartige Verlängerung des Steißbeins (seltener als 1:1 000 000), zusätzliche Brustwarzen oder eine Ganzkörperbehaarung.

Sind Strukturen zweier Individuen hingegen analog, liegt der Fokus der Betrachtung nicht auf dem Verwandtschaftsgrad, sondern auf der ähnlichen Funktion der jeweiligen Strukturen. Analogien deuten somit auf eine konvergente Entwicklung **(Konvergenz)** hin. Die Knochen der Vorderextremitäten von Fledermaus und Vogel sind homolog, wenn man die Entwicklung der Vorderextremitäten von Säugern und Vögeln aus den Vorderextremitäten der Reptilien als gemeinsamen Vorfahren betrachtet. Die Vorderextremitäten sind allerdings als analog einzustufen, wenn die Organe, die zur Flugfähigkeit beisteuern, betrachtet werden: Die Flughaut ist analog zu den Federn. Weiteres Beispiel: Das Grabbein eines Maulwurfs ist analog zu den Vorderextremitäten einer Maulwurfsgrille. Fledermaus und Vogel, Maulwurf und Grille haben sich also jeweils konvergent entwickelt, da sie an bestimmte Umweltbedingungen angepasst wurden (Fliegen bzw. Graben).

Evolutionshinweise aus der Embryologie
Nach HAECKELS biogenetischer Grundregel ist die Ontogenese (Keimesentwicklung) ein kurzer Abriss der Phylogenese (Stammesgeschichtliche Entwicklung). Die Embryonen von Wirbeltieren gleichen sich alle zu Beginn ihrer Entwicklung. Beispiele sind zudem die Zahnanlagen im Kiefer von Bartenwal-Embryonen und die als Kiemenanlagen anzusehenden Furchen bei Landwirbeltieren.

Unterstützung aus der Paläontologie: Fossilien
In seltenen Fällen wurden durch glückliche Zufälle Reste von Organismen (tiefgefrorene Mammuts, in Bernstein eingeschlossene Insekten, Knochen, Kalkschalen etc.) gefunden, die viele 100 Millionen Jahre überdauert haben. Hinzu kommen Abdrücke, Versteinerungen oder Inkohlungen. Diese Fossilien können uns Hinweise über den Weg der Evolution geben. Hierbei sind besonders Reste von Lebewesen von Bedeutung, die Ausgangspunkte von divergierenden Entwicklungen (z. B. Ur-Säuger) oder Übergangsformen unterschiedlicher Gruppen waren.

Evolutionshinweise aus der Molekularbiologie 1: Proteinvergleich
Proteine, die bei verschiedenen Lebewesen die gleiche Funktion übernehmen, müssen nicht völlig identisch sein. Mutationen (siehe Abschnitt Genetik) können zu Veränderungen führen, ohne die Funktionen des Proteins zu beeinträchtigen. Die Menge

solcher Veränderungen sind ein Hinweis auf die stammesgeschichtliche Distanz bzw. die Verwandtschaft von Lebewesen. Keine oder wenige Unterschiede deuten auf einen kürzeren Zeitraum seit der Trennung, mehrere oder gar viele Abweichungen deuten auf einen längeren Zeitraum seit der Trennung hin. Neben dem heute üblichen direkten **Vergleich der Aminosäuresequenz** verglich man früher die Proteine auf indirektem Wege. Bei diesem Verfahren **(Präzipitintest)** werden Blutproteine von unterschiedlichen Säugetieren verglichen. In der Übungsaufgabe 7, S. 161 finden Sie Details zum Ablauf des Serum-Präzipitintests.

Evolutionshinweise aus der Molekularbiologie 2: DNA-Vergleich
DNA-Vergleiche geben genauso wie Proteinvergleiche Hinweise auf die stammesgeschichtliche Distanz von Arten. Große Ähnlichkeit bestimmter DNA-Abschnitte deutet auf geringe stammesgeschichtliche Distanz (hoher Verwandtschaftsgrad), geringere Ähnlichkeiten auf größere Distanz (geringerer Verwandtschaftsgrad) hin. Ein geeignetes Verfahren zum DNA-Vergleich ist die DNA-Hybridisierung. Details zum Ablauf der DNA-Hybridisierung finden Sie in der Übungsaufgabe 7, S. 162.

d. Synthetische Evolutionstheorie

Die Synthetische Evolutionstheorie nach Ernst Mayr (1904–2005) erweitert nun die Evolutionstheorie von Darwin um Faktoren, die er noch nicht kannte, z. B. die Genetik. Zudem ist nach Mayr die Evolution ein mehrstufiger Prozess aus Mutation, Rekombination, natürlicher Selektion, Gendrift und Migrationseffekten. Dies alles wird im folgenden Abschnitt genauer beleuchtet.

Mechanismen der Evolution

Das wichtigste Merkmal eines Lebewesens ist sein Fortpflanzungserfolg (FPE): Dasjenige Individuum, das unter gegebenen Bedingungen den besseren Kompromiss aus vielen Merkmalen in einer bestimmten Umgebung zeigt, besitzt den größten FPE. Die **Biologische Fitness** gibt dem FPE einen in Zahlen fassbaren Wert: die relative Anzahl an fertilen und überlebensfähigen Nachkommen im Vergleich zu anderen Artgenossen.

a. Ansatzpunkt für die Evolution: Die Population

Damit Evolution funktioniert, sind vier Voraussetzungen notwendig: Weitergabe der Gene an die Nachkommen, Variabilität, Unterschiede im FPE (Selektion) und die ständige Wiederholung dieser Prozesse.
Der Ansatzpunkt von Evolution ist also nie das Individuum selbst, denn es kann nicht allein evolvieren. Erst mehrere Individuen können demnach innerhalb einer Population Evolution stattfinden lassen. Eine **Population** ist eine Gruppe von Individuen derselben Art, die zur selben Zeit im selben Gebiet leben und sich untereinander fortpflanzen können. Sie besitzen einen bestimmten Genpool (= Gesamtheit aller Allele in der Population). Und genau dieser Genpool wird durch bestimmte Faktoren beeinflusst, was sich dann letztendlich auf die biologische Fitness und damit auf den PE auswirkt.

b. Die Evolutionsmechanismen

Ein Genpool und damit die Variabilität werden wesentlich durch fünf unterschiedliche Evolutionsmechanismen oder Evolutionsfaktoren beeinflusst. Sie haben Auswirkung auf die Allelfrequenz (= Häufigkeitsverteilung von Genen) innerhalb einer Population. **Natürliche Selektion:** eliminiert nicht-angepasste Individuen; **Mutation:** generiert neue Individuen; **Rekombination:** führt Individuen zusammen; **Migration:** importiert neue Individuen; **Gendrift:** eliminiert Individuen zufällig.

Natürliche Selektion

Die natürliche Selektion ist ein nicht-zufälliger Prozess, bei dem an die gegebenen Umweltbedingungen nicht-angepasste Individuen nicht überleben. Nicht-zufällig ist dieser Vorgang daher, weil immer eine Koppelung zwischen Merkmal (Genotyp → Phänotyp) und der biologischen Fitness besteht.
Beispielsweise bevorzugen Weibchen einer Fischart nur Männchen mit bestimmter Färbung. Nur wenige Männchen in der Population besitzen aber diese favorisierte Färbung. Es gibt also eine Ungleichheit in der Verteilung dieses Merkmals. Infolgedessen lässt sich vorhersagen, welche Männchen von den Weibchen favorisiert werden, deshalb die vergleichsweise höchste biologische Fitness haben und so den größten FPE aufweisen. Es gibt dabei unterschiedliche Selektionsfunktionen, nämlich die **stabilisierende, transformierende/gerichtete und disruptive/aufspaltende Selektion**.

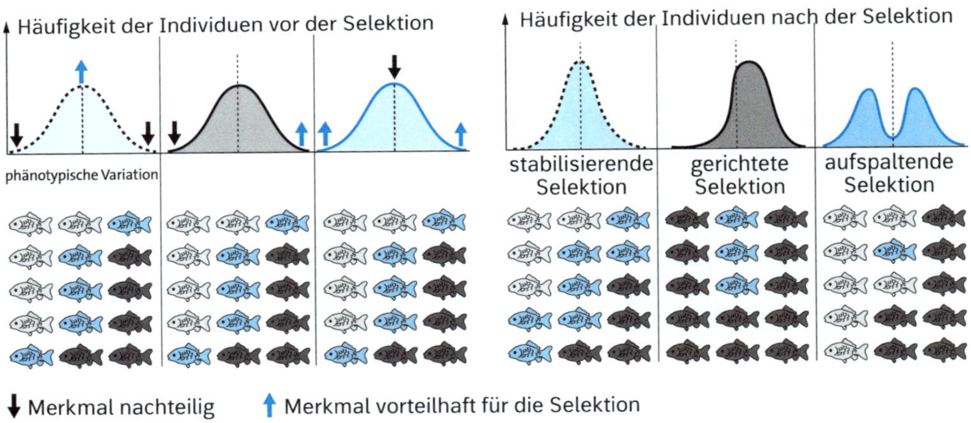

Auswirkungen der Selektion auf eine Population

Selektion selbst ist allerdings insgesamt ein Prozess **ohne Ziel** und ausgesprochen „kurzsichtig“. Sie verschafft dadurch Fitnessvorteile in sich verändernden Situationen. Es gibt keine prophylaktische Vorbeugung für zukünftige Fälle. Schritt-für-Schritt ist effizient und ermöglicht die Gelegenheit zur Korrektur. Die Selektion kann sowohl von abiotischen Faktoren wie Temperatur, Wind etc. hervorgerufen werden als auch von biotischen wie Fressfeinde, Parasiten (zwischenartliche Selektion) sowie von Artgenossen (innerartliche Selektion, die z. B. zum Sexualdimorphismus führt).

Mutation und Rekombination

Mutationen liefern neue Allele. Sexuelle **Rekombination** erhöht die Variabilität einer Population, ohne allerdings die Häufigkeit der Allele (Allelfrequenz) in einem Genpool zu verändern.

Migration und Genetische Drift (Gendrift)

Migration ist eine Veränderung des Genpools und kann durch Zu- und Abwanderungen von artgleichen Individuen in die bzw. aus der Population hervorgerufen werden. **Genetische Drift** bewirkt eine zufallsbedingte Änderung eines Genpools, z. B. durch eine Katastrophe. Sie ist für kleine Populationen bedeutend und spielt z. B. bei kleinen Inselpopulationen (Gründerpopulationen) eine Rolle. Sie betrifft sowohl gut angepasste wie auch schlecht angepasste Individuen. Aus einer Population bleiben also nur wenige Individuen nach einer Katastrophe übrig, wodurch der Genpool deutlich verringert wird, was man als **Flaschenhalseffekt** bezeichnet.

c. Artbildung und Adaptive Radiation

Allopatrische Artbildung	Sympatrische Artbildung
Neue Arten entstehen durch eine Aufspaltung einer Population in räumlich getrennten Gebieten (siehe untere Tabelle 1.).	Neue Arten entstehen durch Isolationsmechanismen aus einer Population heraus im selben Gebiet (siehe untere Tabelle 2.-7.).

	Isolationsmechanismus	Ebene der Wirkung	Beispiele
Präzygotische Barriere (bevor eine Zygote entsteht)	1. geografische Isolation → andere Verbreitung	Begegnung der Partner	Kaibab-Hörnchen
	2. ethologische Isolation → neue Signale	Balz	Fitis und Zilpzalp
	3. ökologische Isolation → unterschiedliche Balzzeit		Teich- und Grasfrosch
	4. mechanische Isolation → Veränderung der Geschlechtsorgane	Begattung	Deutsche Dogge und Yorkshire-Terrier
	5. gametische Isolation → Gameten sind inkompatibel	Zygote, Befruchtung	Polyploidie bei Pflanzen
Postzygotische Barriere (nachdem eine Zygote entstanden ist)	6. genetisch geänderte Steuerung	Entwicklung	Wald- und Leopardfrosch
	7. Sterilität, Benachteiligung	Nachkommen	Liger (aus Löwe und Tiger)

Gelangen Gründerindividuen in einen Raum, in dem noch wenige ökologische Nischen ausgebildet sind, divergiert die neue Stammpopulation aufgrund vielfältiger Evolutionsfaktoren sehr schnell in viele Teilpopulationen. Dabei bilden die Teilpopulationen viele unterschiedliche ökologische Nischen aus (Einnischung). Dieser Vorgang wird **adaptive Radiation** genannt. Sie geschieht durch Angepasstheiten an die unterschiedlichen ökologischen Nischen. Beispiele hierfür sind die Darwinfinken auf dem Galapagos-Archipel, die Kleidervögel auf Hawaii, die Beuteltiere Australiens oder die Tanreks auf Madagaskar, aber auch die vielen heimischen Hummelarten.

Evolutionsprozesse

a. Die Anfänge des Lebens: Die chemische Evolution

Im Urmeer der frühen Erde vor ca. 4 Milliarden Jahren konnten aus anorganischen Molekülen vermutlich die ersten organischen Moleküle, die zum Aufbau der ersten Zellen und des ersten Stoffwechsels benötigt wurden, entstehen. Dies wurde im Laborexperiment von Harold Urey und Stanley Miller 1953 gezeigt. Elektrische Entladungen (Blitze) lieferten dazu die nötige Energie, um organische Moleküle entstehen zu lassen. Details zum Ablauf finden Sie in Ihrem Schulbuch.
Kritiker meinen aber, dass erste organische Moleküle eher an **Pyrit**-Oberflächen (Eisendisulfid) im Meer entstanden. Bei der Bildung von Pyrit aus Eisensulfid und Diwasserstoffsulfid (H_2S) wird so viel Energie frei, damit u. a. Bindungen zwischen Kohlenstoff und Stickstoff entstehen können. Wichtig ist, dass Leben nur in abgetrennten Räumen entstanden sein kann, also zuerst in zellähnlichen Gebilden (Microsphären, Koazervate, Micellen und Liposomen) und dann – nachdem die ersten Polymere gebildet wurden – in fertigen Zellen, die zu den ersten Einzellern führten.

b. Die Evolution von Stoffwechselprozessen: Wie gewinnt man Energie?

In der sauerstofffreien Atmosphäre war die erste Energiequelle für einfache Protobionten die **Gärung**. Da sich die ersten chemischen Energieträger aber im Laufe der Zeit verknappten, waren solche Zellen im Vorteil, die andere Energiequellen nutzten. Die erste **anaerobe Fotosynthese** entstand: Nutzung von Licht als Energiequelle zur Spaltung von H_2S. Mit dem so gewonnenen Wasserstoff konnte das Kohlenstoffdioxid (CO_2) reduziert und in organische Moleküle überführt werden. Da H_2S auch nicht lange vorhanden war, entwickelte sich die **aerobe Fotosynthese**, bei der mithilfe von Lichtenergie Wasser (H_2O) gespalten wird, um CO_2 zu reduzieren. Wasser ist bekanntermaßen praktisch unendlich verfügbar, weswegen sich diese Art des Stoffwechsels durchsetzte. Dabei entstand allerdings immer mehr elementarer Sauerstoff (O_2), der sich zuerst im Meer anreicherte und danach in der Atmosphäre. Diesen Sauerstoff nutzten dann neu entstandene Einzeller, die mit der an sich giftigen Substanz umgehen konnten und die erste **Zellatmung** betrieben, bei der Nährstoffe oxidativ zersetzt werden und so Energie liefern.

c. Die Endosymbionten-Hypothese

Bisher wurden keine fossilen Übergangsformen zwischen Prokaryoten und Eukaryoten gefunden, was auf eine sprunghafte Entwicklung hindeutet. Hinweise dazu liefern die

Mitochondrien und Chloroplasten: sie vermehren sich selbst, betreiben einen eigenen Stoffwechsel, besitzen eine eigene ringförmige DNA und Ribosomen (70S), stellen somit ihre eigenen Proteine her und besitzen zwei Membranen, wobei die äußere eukaryotischen und die innere prokaryotischen Ursprungs ist. Durch **Endosymbiose** sind daher wohl prokarytische Einzeller (Chloroplasten- und Mitochondrien-Vorläufer) in eukaryotische Zellen eingewandert und wurden gegenseitig aneinander angepasst. Die dabei entstandenen eukaryotischen Lebensformen (Tiere, Pilze, Pflanzen) waren wohl so erfolgreich, als dass bisher neben den Prokaryoten keine anderen gefunden wurden.

Die Evolution des Menschen

Der Mensch ist ein Primat. Durch Vergleiche hinsichtlich verschiedener Gesichtspunkte mit anderen Primaten wie den Schimpansen wird dies mehr als deutlich. Dennoch gibt es Unterschiede zwischen Menschen und Schimpansen. Diese müssen Sie kennen:

- Die Lage des Hinterhauptloches in der Schädelbasis ist ein Hinweis auf die Angepasstheit an den aufrechten Gang. Je weiter das Loch in der Mitte liegt, desto fortgeschrittener ist der Grad der Angepasstheit.
- Das Becken gibt Hinweise über die Angepasstheit an den aufrechten Gang. Eine schüsselartige Form ist ein Hinweis auf den aufrechten Gang.
- Eine doppel S-förmige Wirbelsäule zeigt wegen seiner mechanische Eigenschaften ebenfalls den aufrechten Gang an. Schimpansen besitzen eine C-förmige Wirbelsäule.
- Form des Schädels: Kräftige Überaugenwülste, eine weit vorspringende Schnauze (Prognathie) und ein fliehendes Kinn sind Merkmale der Menschenaffen. Größeres Hirnvolumen, Stirn und ein spitz zulaufendes Kinn sind Menschenmerkmale.
- Form des Gebisses: Menschenaffen haben im Gegensatz zum Menschen (u-förmig) parallele Zahnreihen und eine Lücke zwischen Schneidezähnen und Eckzähnen.
- Die Füße können mehr als Greiffuß (Schimpansen) oder mehr als Standfuß (Menschen) entwickelt sein.
- Die Hände können mit einem kurzen fast funktionslosen Daumen mehr ans Hangeln (Schimpansen) oder mit einem opponierbaren (gegenübergestellten) Daumen mehr ans Greifen angepasst sein (Menschen).

Cytologisch-biochemische Untersuchungen an rezenten (heute lebenden) Menschen und Menschenaffen können ebenfalls Hinweise zur Erstellung eines Stammbaumes geben. Hierbei können die oben aufgeführten Methoden wie z. B. Protein- und DNA-Vergleiche zum Einsatz kommen.

Die Hominisation, also die Menschwerdung, wurde durch Umwelteinflüsse (Urwald wurde zur Savanne) in Afrika begünstigt. Dadurch konnten verschiedene Angepasstheiten, wie sie oben aufgelistet sind, entstehen. Anschließend wanderten wohl die ersten menschlichen Vorfahren aus Afrika aus(= Out-of-Africa-Hypothese), adaptierten an die jeweiligen Umweltbedingungen und schließlich setzte sich unter den parallel lebenden Menschenarten die Art *Homo sapiens* als bestmöglich angepasste Form durch.

Neuronale Informationsverarbeitung

Sportunterricht. Ein Pfiff des Sportlehrers und alle Schüler drehen sich augenblicklich zum Lehrer – konzentriert den Ansagen des Lehrers lauschend (so zumindest die Theorie). Was dabei prinzipiell im menschlichen Körper abläuft ist unter dem Begriff **„Reiz-Reaktions-Schema“** seit der fünften Klasse NuT bekannt. Der **Reiz** (Pfiff) wird vom **Sinnesorgan** (Ohr) aufgenommen und in **elektrische Impulse umgewandelt**. Diese werden über Nervenzellen ans Gehirn weitergeleitet, wo der Sinneseindruck (Hören des Pfiffes) entsteht. Das Gehirn „berechnet“ nun die Reaktion und gibt die zur Ausführung der **Reaktion** (Umdrehen) notwendigen Befehle in Form **elektrischer Impulse** über **Nervenzellen** beispielsweise an die **Muskulatur** weiter. In der Oberstufe werden der Bau einer Nervenzelle, die Weitergabe elektrischer Impulse (Ruhe- und Aktionspotenzial) sowie die Kontaktstelle (Synapse) zwischen Nervenzellen oder Nerven- und Muskel-, Drüsenzellen oder anderen Zellen näher betrachtet.

Bau eines Neurons (Nervenzelle)

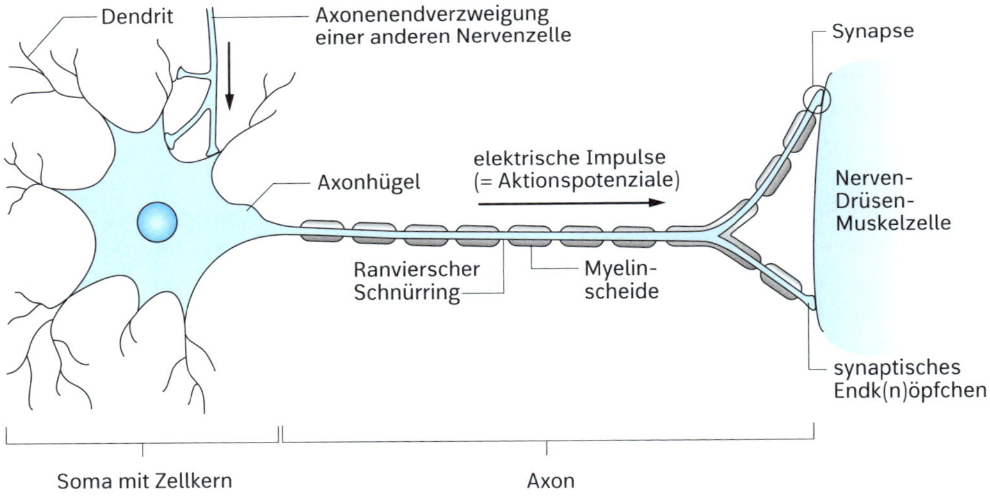

Elektrische Impulse (Aktionspotenziale) einer Nervenzelle werden über ein **Axon** zum **synaptischen Endk(n)öpfchen** transportiert. Mithilfe chemischer Botenstoffe **(Transmitter)** wird die Erregung an der **Synapse** auf **Zellkörper** oder **Dendrit** der folgenden Nervenzelle übertragen. Alle eingehenden Potenziale werden am **Axonhügel** (= Axonursprung) verrechnet und in eine neue Folge von Aktionspotenzialen umgewandelt, die über das Axon weitergeleitet werden – z. B. zur nächsten Nerven-, Muskel oder Drüsenzelle.

Bei **markhaltigen Nervenzellen** umgibt eine **Myelinscheide** aus SCHWANNschen Hüllzellen (Gliazellen) das Axon. Diese sind mehrfach um das Axon gewickelt und wirken isolierend, schützend sowie versorgend für die Nervenzelle. **Ranviersche Schnürringe** unterbrechen die Isolationsschicht und ermöglichen die Weiterleitung der Aktionspotenziale.

Ruhe- und Aktionspotenzial

a. Ruhepotenzial – Grundzustand der Nervenzelle

Wie kann eine lebende Zelle elektrische Impulse weiterleiten? Messungen mit einem Oszilloskop ergeben, dass ein Neuron immer – auch im Ruhezustand – ein Potenzial (elektrische Spannung) zwischen dem Innenraum des Axons und der extrazellulären Flüssigkeit aufweist. Das Potenzial im Ruhezustand (Ruhepotenzial) beträgt dabei etwa −70 mV, der Innenraum des Axons ist gegenüber der extrazellulären Flüssigkeit negativ geladen. Im erregten Zustand (Aktionspotenzial) kann jedoch eine Umpolung auf ca. +30 mV stattfinden.

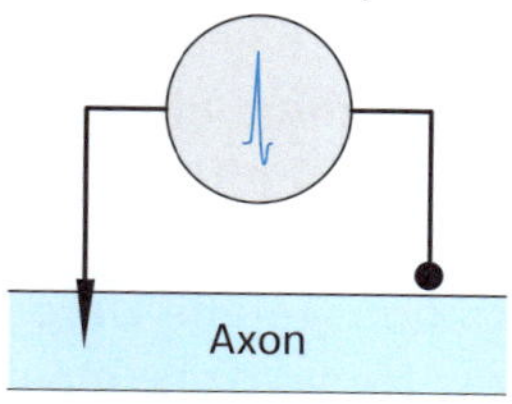

Messung mit einem Oszilloskop

Das Ruhepotenzial – Kaliumionenpotenzial

Jede Wanderung eines geladenen Teilchens (Ion), durch eine Membran (Diffusion siehe Seite 43 f.), führt zu einem Membranpotenzial (Ladungsgefälle). Da das Konzentrationsgefälle für **Kaliumionen (K^+)** zwischen Axoninnenraum und extrazellulärer Flüssigkeit (Verhältnis $c_{innen} : c_{außen}$) am größten ist und die Permeabilität (Durchlässigkeit) der Membran für Kaliumionen am höchsten ist, lässt sich das Ruhepotenzial hauptsächlich mithilfe der Kaliumionen erklären.

Ion	Verhältnis $c_{innen} : c_{außen}$	Permeabilität
K^+	20 – 30 : 1	hoch
Na^+	1 : 10	mittel
Cl^-	1 : 10	mittel
A^-	1 : 0	keine

Kaliumionen diffundieren wegen des Konzentrationsgefälles durch Kaliumionenkanäle der Membran vom Axoninnenraum nach außen. Gelangen diese positiv geladenen Teilchen nach außen, so baut sich ein Membranpotenzial auf; die Außenseite der Membran wird leicht positiv, der Axoninnenraum leicht negativ polarisiert. Je größer das entstehende Potenzial, umso mehr positiv geladene Kaliumionen werden vom negativ polarisierten Axoninnenraum („plus“ und „minus“ ziehen sich gegenseitig an) nach innen gezogen. Im **Gleichgewicht diffundieren** pro Zeiteinheit **genauso viele Kaliumionen** aufgrund des **Konzentrationsgefälles von innen nach außen** wie aufgrund des **Potenzials von außen nach innen** strömen.

Die Auswirkungen anderer, wesentlicher Ionen auf das Ruhepotenzial

Organische Anionen (A^-), die nur im Inneren der Nervenzelle zu finden sind und in der Regel nicht durch die Membran gelangen können, haben praktisch keinen Einfluss auf das Potenzial.

Chloridionen (Cl^-) hingegen können entsprechend des Konzentrationsgefälles in die Zelle einströmen, wodurch das Membranpotenzial etwas negativer wird.

Natriumionen (Na^+) können ebenfalls entsprechend des Konzentrationsgefälles in die Zelle einströmen, wodurch das Membranpotenzial etwas positiver wird.

Da im Vergleich zu den Kaliumionen die Permeabilität der Membran für Natrium- und Chloridionen wesentlich geringer und das Konzentrationsgefälle zudem deutlich kleiner ist sind die Effekte vergleichsweise gering. Das Ruhepotenzial entspricht folglich im Wesentlichen dem Kaliumionenpotenzial.

Leckströme und Na^+/K^+-Pumpe

Theoretisch müsste das Ruhepotenzial mit der Zeit zum Erliegen kommen, da Natriumionen entlang des Konzentrationsgefälles in das Axon einströmen. Hierdurch wird das Membranpotenzial etwas positiver und der Gleichgewichtszustand für Kaliumionen gestört. Um diesen wieder herzustellen, gelangt für jedes **einströmende Natriumion ein Kaliumion nach außen** – was als **Leckstrom** bezeichnet wird. Dies würde langfristig zu einem Konzentrationsausgleich für Kalium- und Natriumionen zwischen dem Axoninnenraum und der extrazellulären Lösung führen. Ohne Konzentrationsgefälle wäre jedoch weder ein Ruhepotenzial noch allgemein eine Funktion der Nervenzelle möglich. Um dies zu verhindern und die normalen Konzentrationsverhältnisse aufrecht zu erhalten, ist eine sogenannte **Natrium-Kalium-(Ionen) Pumpe** (siehe S. 45) notwendig. Sie befördert unter **ATP-Verbrauch Natriumionen** vom Axoninnenraum **nach außen** und **gleichzeitig Kaliumionen** von der extrazellulären Flüssigkeit **in den Axoninnenraum**. Sie wirkt also den Leckströmen (sowie den Ionenbewegungen beim Aktionspotenzial – siehe folgendes Kapitel) entgegen. Die Na^+/K^+-Pumpe ist ein wesentlicher Grund für den enorm hohen Energiebedarf des Nervensystems.

b. Aktionspotenzial – aktive Umpolung der Nervenzelle

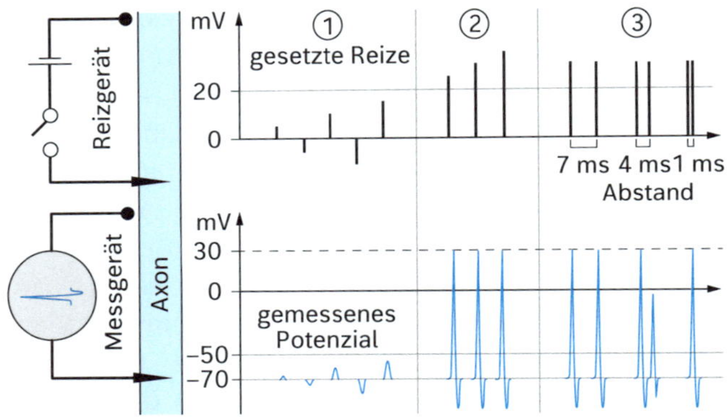

Reizung einer Nervenzelle

Reizt man eine Nervenzelle mit elektrischen Impulsen verschiedener Stärke, so lassen sich zwei Fälle unterscheiden:

① Ist die Reizung kleiner als 20 mV, so wird das Membranpotenzial in etwa um die Größe des Reizes verändert, eine aktive Reaktion der Nervenzelle bleibt aus.

② Ist der Wert des Reizes größer als 20 mV, wird also das Membranpotenzial auf über –50 mV angehoben, so findet im Normalfall eine kurzzeitige, aktive Umpolung der Nervenzelle auf einen Wert von +30 mV statt. Man bezeichnet dies als **Aktionspotenzial.** Das Membranpotenzial von –50 mV wird als Schwellenwert oder die Reizung von über 20 mV als **überschwellige Reizung** bezeichnet. Die Höhe des Aktionspotenzials ist dabei unabhängig davon, wie stark überschwellig der Reiz ist. Man spricht in diesem Zusammenhang auch vom **„Alles-oder-Nichts-Gesetz“**.

③ Das Gesetz gilt nur dann nicht, wenn die Zeitabstände zwischen den Reizungen sehr klein werden. Überschwellige Reizungen mit weniger als 5 ms Zeitdifferenz führen zu einem vollständigen und einem verminderten Aktionspotenzial, Reizungen mit weniger als 2 ms Abstand nur zu einem (vollständigen) Aktionspotenzial.

Depolarisation (ca. 1 ms):
Ist durch einen überschwelligen Reiz die Auslöseschwelle von –50 mV erreicht, so öffnen spannungsabhängige Natriumionenkanäle, wodurch Natriumionen entlang des Konzentrationsgefälles nach innen strömen. Durch das immer positivere Membranpotenzial werden immer mehr Natriumionenkanäle geöffnet, wodurch noch mehr Natriumionen einströmen. Es kommt zu einem Aufschaukelungsprozess, der in einer Potenzialumkehr gipfelt (+30 mV statt –70 mV Membranpotenzial).

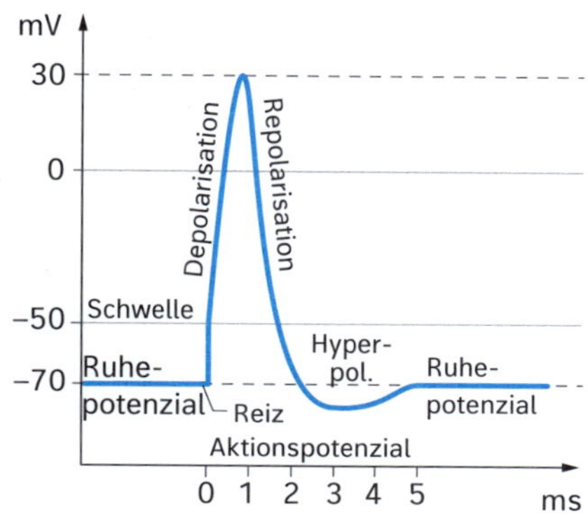

Aktionspotenzial

Repolarisation (ca. 1 ms):
Zeitlich verzögert öffnen nun die Kaliumionenkanäle, die Natriumionenkanäle beginnen sich zu schließen. Aufgrund des Kaliumionenausstroms (entlang des Konzentrationsgefälles) wird das Membranpotenzial immer negativer.

Hyperpolarisation (ca. 3 ms):
Die Kaliumionenkanäle schließen sich. Allerdings gelangen mehr Kaliumionen nach außen, als für das Erreichen des Ruhepotenzials notwendig gewesen wäre, das Membranpotenzial liegt dementsprechend etwas unterhalb des Ruhepotenzials

Erst wenn nach 5 ms unter Mithilfe der Na^+/K^+-Pumpe, welche die ursprünglichen Konzentrationsverhältnisse wieder herstellt, der Ausgangszustand erreicht wurde, kann ein neues, normales **Aktionspotenzial** generiert werden. Pro Sekunde sind folglich maximal 200 normale Aktionspotenziale möglich (1000 ms : 5 ms = 200).

Absolute/relative Refraktärphase:
In der **absoluten Refraktärphase** (**0 – 2 ms** nach dem Auslösen des Aktionspotenzials, entspricht der De- und Repolarisationsphase) ist es nicht möglich, ein neues Aktionspotenzial auszulösen, da die Natriumionenkanäle noch nicht wieder einsatzbereit sind. Sie können auf einen erneuten Reiz noch nicht reagieren.
In der **relativen Refraktärphase** (**2 – 5 ms** nach dem Auslösen des Aktionspotenzials, entspricht der Hyperpolarisation) kann durch einen überschwelligen Reiz ein Aktionspotenzial ausgelöst werden. Dieses erreicht jedoch nicht den Spitzenwert von +30 mV.

Entstehung eines überschwelligen Reizes im Organismus:
In vielen Sinneszellen sind Reize in der Lage, das Öffnen oder Schließen von Ionenkanälen zu beeinflussen. Wird der Öffnungszustand eines Kanals verändert, diffundieren Ionen stärker oder schwächer durch diesen Kanal, wodurch sich letztlich das Membranpotenzial ändert. Dies kann bei dieser (oder der folgenden) Nervenzelle Aktionspotenziale auslösen.

Weiterleitung von Aktionspotenzialen

Axone sind unterschiedlich aufgebaut. Wirbeltieraxone besitzen häufig eine Myelinscheide und werden als „markhaltig“ bezeichnet, Eingeweideneuronen der Wirbeltiere sowie Nervenzellen wirbelloser Tiere fehlt hingegen diese Isolationsschicht („marklos“) – was für die Weiterleitung von Aktionspotenzialen von Bedeutung ist.

Marklose Faser – kontinuierliche Erregungsleitung

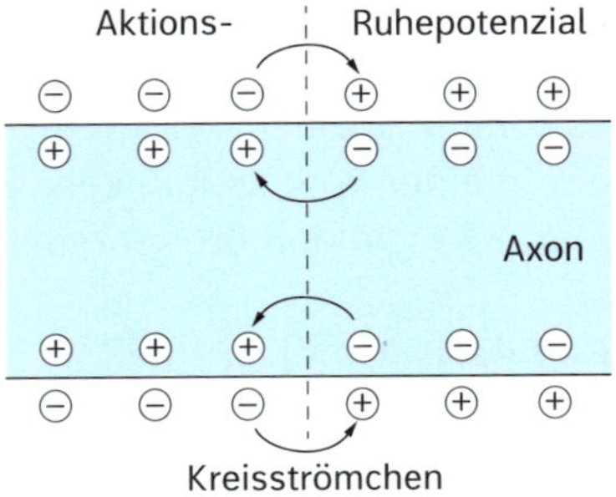

Bei einer marklosen Nervenzelle kann an jeder Stelle des Axons ein Aktionspotenzial ausgebildet werden. Treffen unerregte Bereiche (Ruhepotenzial) und erregte Bereiche (Aktionspotenzial) aufeinander, so beeinflussen sich die Ladungen durch Kreisströmchen gegenseitig. Dabei wird beispielsweise das Membranpotenzial des sich im Ruhepotenzial befindlichen Axonbereichs durch den Einfluss des Nachbarbereichs deutlich positiver und steigt von –70 mV auf über –50 mV; die Schwelle zur Auslösung eines neuen Aktionspotenzials ist erreicht. Durch stetige Wiederholung des Prozesses erfolgt eine kontinuierliche Erregungsleitung des Aktionspotenzials über das Axon hinweg.

Markhaltige Faser – saltatorische Erregungsleitung

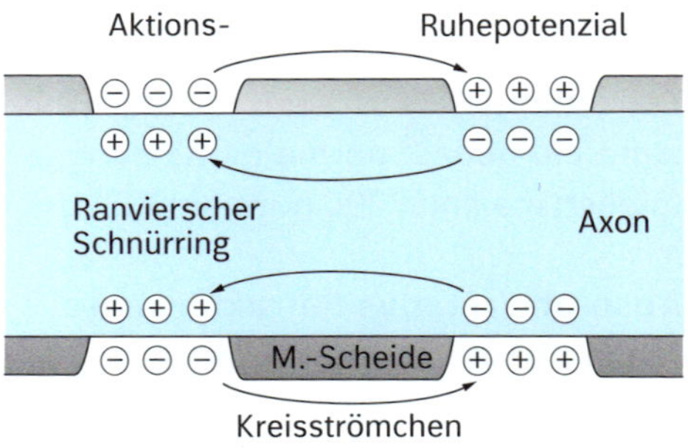

Im Unterschied zur marklosen Faser besitzt die markhaltige Faser eine Myelinscheide, die isolierend wirkt. Ionenkanäle sind nur am Ranvierschen Schürring vorhanden, nur hier kann folglich ein Aktionspotenzial ausgebildet werden.
Prinzipiell beeinflussen sich auch bei der saltatorischen Erregungsleitung benachbarte erregte und unerregte Axonabschnitte, sodass es am nächsten unerregten Bereich zu einem neuen Aktionspotenzial kommt. Im Gegensatz zur kontinuierlichen Erregungsleitung wird hier jedoch durch die Kreisströmchen ein großer, isolierter Bereich schnell übersprungen (lat. *saltare* = tanzen, springen).

Vergleich der kontinuierlichen und saltatorischen Erregungsleitung

In beiden Fällen erfolgt die Übermittlung von Informationen durch immer wieder neu generierte Aktionspotenziale gleicher Größe. Auch über lange Strecken hinweg wird die Information somit nicht abgeschwächt, sie bleibt eindeutig.
Der Vorteil der saltatorischen Erregungsleitung liegt in der hohen Leitungsgeschwindigkeit bei vergleichsweise kleinem Axonquerschnitt, da die Kreisströmchen schnell größere Bereiche überbrücken. Zudem wird Energie gespart, da nur an den Schnürringen Ionen durch die Membran diffundieren. Nur dort muss die Na^+/K^+-Pumpe aktiv werden.

Synapsen

Als Synapse wird die Verbindungsstelle zwischen einer Nervenzelle und einer Drüsen-, Muskel- oder einer weiteren Nervenzelle bezeichnet. Die Informationsübertragung erfolgt hier auf chemischem Wege mithilfe von Transmittern (chemischen Botenstoffen). Im Folgenden werden die Vorgänge an der neuromuskulären Synapse (Verbindungsstelle zwischen Nerven- und Muskelzelle) exemplarisch für Synapsen im Allgemeinen beschrieben.

a. Synapse – Bau und Funktion

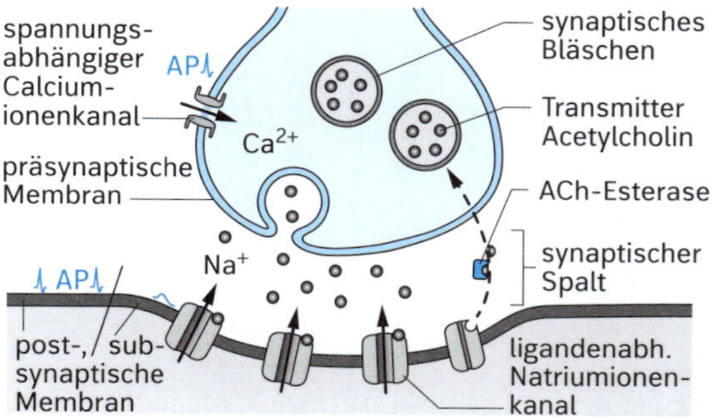

Trifft ein Aktionspotenzial am synaptischen Endk(n)öpfchen ein, so werden spannungsabhängige Calciumionenkanäle geöffnet und Calciumionen strömen in die Zelle ein. Aufgrund der Calciumionen verschmelzen die synaptischen Bläschen (Vesikel) mit der präsynaptischen Membran und entlassen den Transmitter (Acetylcholin = ACh) in den synaptischen Spalt, in dem er sich durch Diffusion verteilt. Der Transmitter bindet sich an die Rezeptoren der (ligandenabhängigen) Natriumionenkanäle der subsynaptischen Membran. Die Kanäle öffnen sich, wodurch Natriumionen aus der Zelle strömen; eine Depolarisation ist die Folge. Ist sie stark genug (überschwellig), so führt sie an der postsynaptischen Membran zur Ausbildung von Aktionspotenzialen.
Acetylcholin löst sich von den Rezeptoren der spannungsabhängigen Kanäle und wird dabei vom Enzym Acetylcholinesterase in Essigsäure (= Acetyl-) und Cholin zerlegt. Die Natriumionenkanäle schließen sich, die Depolarisation wird immer schwächer und das Ruhepotenzial allmählich wieder erreicht. Die Transmitterbausteine Essigsäure und Cholin werden in das synaptische Endk(n)öpfchen aufgenommen, zu Acetylcholin vereinigt, in synaptische Bläschen verpackt und damit recycelt.

Synapsengifte
Giftstoffe oder Medikamente, die Effekte auf das Nervensystem haben, greifen häufig an der Synapse an, da diese gut zugänglich und eine Beeinflussung der Transmittertätigkeit leicht möglich ist. Hochwirksame Giftstoffe führen oft durch Lähmung der Atemmuskulatur zum Tod.

Bekannte Giftstoffe der neuromuskulären Synapse
Botulinustoxin (besser bekannt unter dem Namen „Botox" in der Schönheitsindustrie, das Gift von Bakterien in verdorbenem Fleisch) stoppt beispielsweise die Ausschüttung von Acetylcholin (ACh) in den synaptischen Spalt. Ohne ACh werden keine Aktionspotenziale am Muskel generiert, der Muskel ist gelähmt (schlaffe Lähmung).
Latrodectin, das Gift der Schwarzen Witwe, veranlasst die sofortige Freisetzung aller ACh-Moleküle. **E605**, ein Pflanzenschutzmittel, hemmt die ACh-Esterase. In beiden Fällen führt dies zu einer starken Depolarisation der subsynaptischen Membran, wodurch ständig zahlreiche Aktionspotenziale an der postsynaptischen Membran der Muskelzelle gebildet werden. Die Muskulatur verkrampft sich (starre Lähmung). Alle genannten Gifte können durch Atemlähmung zum Tod führen.

b. Verschaltung von Nervenzellen

Hemmende und erregende Synapsen

An jedem Zellkörper einer Nervenzelle werden die einlaufenden Informationen verschiedenster Nervenzellen verrechnet. Man unterscheidet zwei verschiedene Typen von Synapsen, die am Dendrit oder Soma einer Nervenzelle ansetzen können: **Erregende Synapsen** bewirken eine **Depolarisation** (= **EPSP**), **hemmende Synapsen** eine **Hyperpolarisation** (= **IPSP**) am Soma der Nervenzelle. EPSP bzw. IPSP steht dabei für ein **e**rregendes oder **i**nhibitorisches **post****s**ynaptisches **Potenzial**, die De- oder Hyperpolarisation wird durch eine Beeinflussung des Öffnungszustandes von Ionenkanälen an der subsynaptischen Membran erreicht.

Verrechnung – räumliche und zeitliche Summation

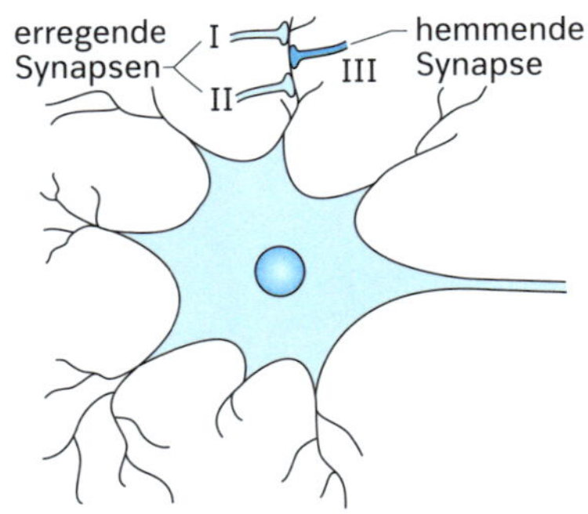

Ein EPSP alleine reicht nicht aus, um am Axonhügel ein überschwelliges Potenzial und damit die Auslösung eines Aktionspotenzials zu bewirken. Daher muss entweder **eine erregende Synapse** innerhalb kurzer Zeit **viele EPSP** erzeugen, die sich dann zu einem überschwelligen Potenzial aufaddieren können (**zeitliche Summation**) oder aber **verschiedene erregende Synapsen** an verschiedenen Stellen gleichzeitig EPSPs erzeugen, sodass auch diese in der Summe ein überschwelliges Membranpotenzial bewirken (**räumliche Summation**).

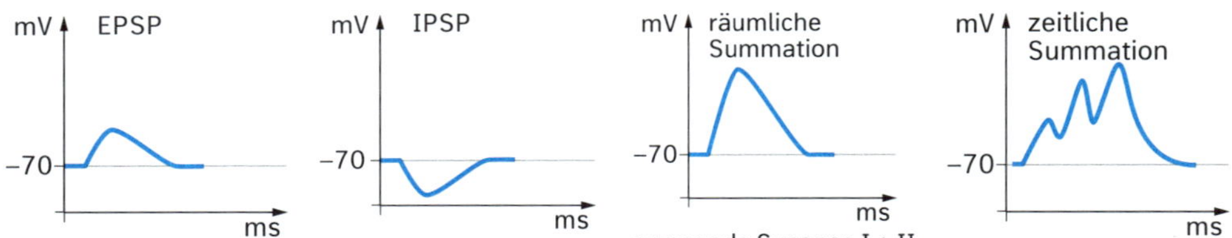

erregende Synapse I
1 Aktionspotenzial

hemmende Synapse III
1 Aktionspotenzial

erregende Synapse I + II
jeweils 1 Aktionspot.

erregende Synapse I
3 Aktionspot. in Reihe

Hemmende Synapsen wirken den Effekten der erregenden Synapsen entgegen. Wird an einem Dendrit durch eine hemmende und eine gegenüberliegende erregende Synapse (z. B. Synapse I und III) zeitgleich ein IPSP und ein EPSP ausgelöst, so heben sich die Potenziale auf, das Membranpotenzial bleibt unverändert.

Frequenz der gebildeten Aktionspotenziale

Nach der Verrechnung der verschiedenen EPSP und IPSP am Soma der Nervenzelle weist der Axonhügel ein gewisses – vom Ruhepotenzial verschiedenes – Membranpotenzial auf. Nur wenn am Axonhügel die Schwelle von −50 mV überschritten wird, werden dort Aktionspotenziale generiert und über das Axon weitergeleitet. Die Frequenz der Aktionspotenziale (Anzahl der Aktionspotenziale pro Zeiteinheit) ist dabei abhängig von der Höhe und der Dauer der überschwelligen Reizung am Axonhügel.

Verhaltensbiologie

Vorbemerkungen

„Warum singen Singvögel?“ Eine Frage, die aus vielen Blickwinkeln betrachtet werden kann: „Warum hat sich in der Evolution der Gesang der Singvögel etabliert?“ Hier wird die Frage nach den **ultimaten Ursachen**, nach den evolutionären Gründen für die Selektion dieses Verhaltens gestellt. Ultimate Erklärungen können mithilfe einer **Kosten-Nutzen-Betrachtung** von Verhalten gegeben werden. Häufig wird durch das beobachtete Verhalten letztlich der Fortpflanzungserfolg (Fitness) maximiert.
„Welche Mechanismen liegen dem Gesang des Vogels zugrunde, wie singt er?“ In diesem Fall wird die Frage nach den **proximaten Ursachen**, den unmittelbaren Ursachen des Verhaltens, gestellt. Verhaltensphysiologische Studien betrachten sowohl **Reize** als mögliche Auslöser des Verhaltens wie auch beispielsweise **hormonelle, zentralnervöse** oder andere **physiologische Ursachen** des Verhaltens.

Ultimate Ursachen des Gesangs	Proximate Ursachen des Gesangs
• „Trotz des Aufwands und der Gefahr, beim Singen durch Feinde entdeckt zu werden, überwiegt der Vorteil, den Fortpflanzungserfolg zu erhöhen, indem Männchen aus dem Revier vertrieben werden und paarungsbereite Weibchen angelockt werden.“	• „Weil im Frühjahr die steigenden Temperaturen und länger werdenden Tage einen Hormonanstieg im Blut zur Folge haben, der die Singbereitschaft der Vögel weckt, singen die Singvögel.“ • „Weil andere Vögel der gleicher oder einer anderen Art, die auch singen, sie dazu animieren.“ • „Weil sie es von älteren Vögeln ihrer Art in der sensiblen Phase durch Prägung gelernt haben.“

Die Verhaltensbiologie beschäftigt sich mit proximaten und ultimaten Ursachen des Verhaltens – wobei Verhalten dabei als Lebensäußerungen, als Aktionen und Reaktionen von Lebewesen betrachtet wird. Verhaltensforschung beruht auf der Beobachtung von Tieren – wild oder zahm, in freier Wildbahn oder im Labor. Bei Labortieren muss gezielt darauf geachtet werden, dass die Haltungsbedingungen nicht das natürliche Verhalten verändern. Besonderer Wert muss bei der Beobachtung darauf gelegt werden, dass objektiv nur beobachtbare **Fakten** betrachtet werden – unvoreingenommen und wertfrei. **Vermenschlichungen** oder Aussagen über Empfindungen von Tieren sollten unterlassen werden, das Verhalten bei vielen Individuen beobachtet werden. Eine Erwartungshaltung kann das Ergebnis einer Beobachtung verfälschen.

Die ursprüngliche Verhaltensbiologie – heute häufig als (klassische) **Ethologie** bezeichnet – widmet sich vor allen Dingen den **proximaten Ursachen** des Verhaltens und betrachtet Lebewesen – überspitzt gesagt – als „Maschinen“, die angeborenermaßen oder aufgrund von Lernprozessen auf **Reize** aus der Umwelt hin eine bestimmte **Reaktion** (Verhalten) zeigen. **Instinkte** stehen im Vordergrund. Die beiden ersten verhaltensbiologischen Kapitel sind diesem Bereich gewidmet. Die **Soziobiologie** setzt ihren Schwerpunkt auf **ultimate Ursachen** und fragt nach Kosten und Nutzen eines Verhaltens. Die Kapitel der Reihe „Individuum und Soziale Gruppe“ betrachten diesen Bereich der Verhaltensbiologie.

Genetisch bedingte Verhaltensweisen (vollständig/überwiegend)

a. Reflexe

Reflexe sind die einfachsten Verhaltensweisen. Auf einen bestimmten **Reiz** hin läuft die **Reaktion** des Lebewesens, ein bestimmtes Verhaltensmuster, immer in der gleichen Art und Weise ab, um vor einer drohenden Gefahr zu schützen. So verhindert beim Menschen beispielsweise der Lidschlussreflex durch das schnelle Schließen des Augenlids die Verletzung des Auges oder der Kniesehnenreflex durch das Vorschnellen des Unterschenkels das Hinfallen beim Stolpern. Woran erkennt man einen Reflex? Reflexe ...

... dienen dem **Schutz** des Körpers.
... laufen sehr **schnell** ab und haben eine kurze Reaktionszeit.
... **ermüden** auch bei häufiger Auslösung nicht.
... laufen **unbewusst** ab, sind meist jedoch vom Willen etwas beeinflussbar.
... müssen **nicht erlernt** werden.
... laufen unter **gleichen Bedingungen** immer in **gleicher Art und Weise** ab.
... werden in einem **Reflexbogen** im Rückenmark verschaltet.

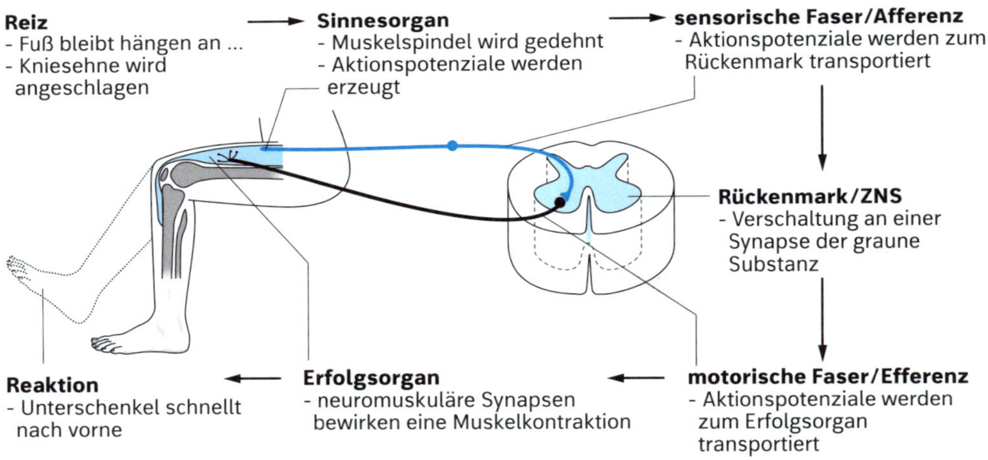

Der Kniesehnenreflex ist – vereinfacht betrachtet – ein **monosynaptischer Eigenreflex**. Die sensorische Faser ist ohne Zwischenneuron direkt über nur eine Synapse („mono-synaptisch") mit der motorischen Faser verbunden, das Sinnesorgan („Muskelspindel") liegt innerhalb des Erfolgsorgans („Muskel"). Sind weitere zwischengeschaltete Neuronen an einem Reflex beteiligt, so spricht man vom **polysynaptischen** Reflex, liegt das Sinnesorgan außerhalb des Erfolgsorgans vom **Fremdreflex**.

Zu den einfachen **Reiz-Reaktions-Zusammenhängen** bei Lebewesen zählen – neben Reflexen – die sogenannten Instinkthandlungen. Sie sind vergleichsweise komplexer und etwas variabler im Ablauf, besitzen jedoch ebenfalls angeborene Komponenten. Eine Instinkthandlung ist allerdings nicht nur vom (Schlüssel-)Reiz, sondern auch von der Handlungsbereitschaft abhängig, was bei Reflexen nicht der Fall ist.

b. Instinkthandlungen

Ablauf/Phasen einer Instinkthandlung

Instinkthandlungen sind artspezifische, angeborene Verhaltensweisen von Tieren, die nach einem Muster relativ starr ablaufen. Sie weisen in der Regel drei Phasen auf: Die erste Phase, die **Appetenz**, entspricht einem ungerichteten Suchen – ausgelöst vom Antrieb (= Handlungsbereitschaft, Motivation, Drang). Die nachfolgende **Taxis** ist eine Orientierungsreaktion zum Objekt der Instinkthandlung – hervorgerufen durch richtende Reize. Wird der **Schlüsselreiz** durch neurosensorische Filter im ZNS erkannt, führt ein angeborener auslösender Mechanismus (AAM) die **Endhandlung** herbei.

Beutefang bei der Erdkröte

(1) Appetenz:
Eine Kröte sucht aufgrund von Nährstoffmangel im Blut nach Nahrung.

(2) Taxis:
Gelangt eine Fliege ins Blickfeld, so wendet sich die Kröte der Fliege zu

(3) Endhandlung:
Die Kröte erkennt die Beute und fängt sie mit ihrer Zunge.

Doppelte Quantifizierung: Antireb und Schlüsselreiz

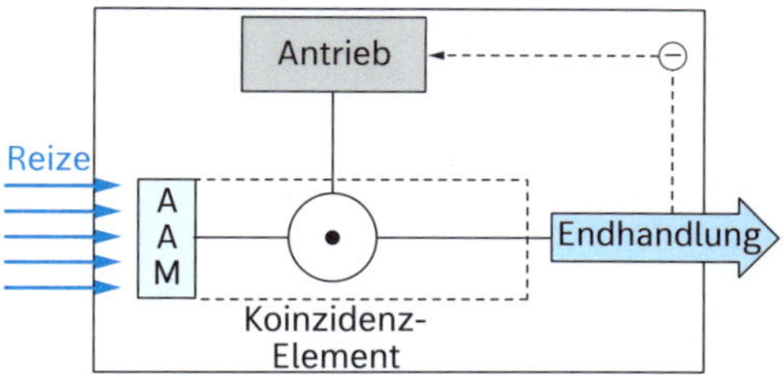

Genauer betrachtet spielt für das Auslösen einer Instinkthandlung nicht nur der Schlüsselreiz und seine Stärke, sondern auch der Antrieb (=Handlungsbereitschaft) eine entscheidende Rolle. Der AAM filtert aus der Vielfalt an Reizen die Schlüsselreize heraus und gibt die Information an das Koinzidenzelement weiter, was sie mit dem **Antrieb** verrechnet. Überschreitet die Summe aus (**Schlüssel-)Reizstärke** und **Antriebsstärke** eine gewisse Schwelle, so kommt es zur Endhandlung. Dieses Prinzip wird als doppelte Quantifizierung bezeichnet. Ist beispielsweise ein sehr starker Antrieb vorhanden, so reicht bereits ein schwacher Schlüsselreiz aus, die Endhandlung auszulösen (und umgekehrt).
Der Antrieb wird von vielen Faktoren bestimmt – von **endogenen** (Hormone, Nährstoffe, ...) oder **exogenen** (aufladende Reize, Temperatur, Tageslänge, ...) Faktoren**, Erfahrungen** oder auch **Alter** und **Reifezustand** des Tiers. Eine durchgeführte Endhandlung wirkt antriebssenkend **(negative Rückkopplung)**.

Schlüsselreiz und Attrappenversuche

Schlüsselreize sind häufig aus mehreren Komponenten (Teilreizen) aufgebaut. Welche Teilreize für das Auslösen verantwortlich sind, kann ein Attrappenversuch klären. Dazu werden einem Tier im Experiment nachgemachte, künstliche Reizbilder (Attrappen) präsentiert, die einen oder eine Auswahl verschiedener **Teilreize** aufweisen und die Reaktion der Tiere auf die Teilreize (Attrappen) beobachtet.

Attrappenversuche bei der Erdkröte

Ist für den Beutefang der Erdkröte Form, Farbe, Geruch, Bewegung oder ein anderer Aspekt entscheidend, damit ein Wurm als Beute erkannt wird? Attrappenversuche mit schwarzen, rechteckigen Pappstreifen unterschiedlicher Länge zeigen, dass ein längliches Objekt – in Richtung der Längsachse bewegt – ausreicht, um Beutefang auszulösen – auch wenn Farbe und Geruch nicht der realen Beute entsprechen.

c. Auslösemechanismen bei Tier und Mensch

AAM, EAAM und EAM

Ein **angeborener Auslösemechanismus (AAM)** ist ein neurosensorischer Filter, der einen Schlüsselreiz unter vielen Reizen erkennt und – einen entsprechenden Antrieb vorausgesetzt – die Instinkthandlung startet. Der Auslöser kann dabei durch Erfahrung verfeinert oder erweitert werden – was als **durch Erfahrung erweiterter Auslösemechanismus (EAAM)** bezeichnet wird. Erlernt ein Individuum einen neuen Auslöser für eine Instinkthandlung, so spricht man vom **erlernten Auslösemechanismus (EAM)**.

AAM, EAAM und EAM bei der Erdkröte

Eine Biene passt in das Beuteschema einer Erdkröte. Sie wird von einem neurosensorischen Filter als Beute erkannt, wodurch bei ausreichendem Antrieb (Hunger) der **AAM** Beutefang bewirkt. Aber nur einmal – denn dann hat die Kröte gelernt, dass ein Bienenstich sehr schmerzhaft ist. Durch diesen Lerneffekt wurde der AAM verändert und in einen **EAAM** umgewandelt.
Hat eine in Gefangenschaft gehaltene Erdkröte gelernt, dass auch ihr unbekannte Futterquellen, die eigentlich nicht in das Beuteschema passen, als „Beute“ geeignet sind, so entspricht dies einem **EAM**.

AAM beim Menschen

Babys und kleine Kinder sind auf die Zuwendung und Betreuung ihrer Eltern angewiesen. Um diese sicher zu stellen, wird das „(Brut-)Pflegeverhalten“ durch einen AAM ausgelöst. Die auslösenden Merkmale werden dabei als Kindchenschema bezeichnet. Gegenseitige Zuneigung zwischen Mann und Frau ist ebenfalls ein AAM. Die typischen Merkmale einer Frau, die Auslöser für den Mann sind, werden in der Literatur als Frauschema bezeichnet, die Merkmale eines Mannes – die Auslöser für die Frau – als Mannschema. Das Mannschema dient zusätzlich zur Abschreckung von Rivalen.

Frauschema	Mannschema	Kindchenschema
• schmale Taille • breite Hüfte • runde Formen • wenig Körperbehaarung • weibliche Brust	• breite Schultern • schmale Hüften • kantige(re) Formen • stärkere Behaarung • kräftigere Muskulatur	• relativ großer Kopf • große Augen • Pausbacken • kurze, dicke Arme/Beine • hohe, kindliche Stimme • „tapsige“ Bewegungen

Kaspar-Hauser-Versuche

Ein 1828 in Nürnberg auftauchendes, damals 16 Jahre altes Findelkind, das nahezu nichts wusste und beherrschte, da es isoliert aufgewachsen war und keinerlei Erfahrungen sammeln konnte, wurde Namensgeber für diesen Versuchstypus: Kaspar-Hauser-Versuche. Will man feststellen, ob ein Verhaltenselement eines Tiers angeboren oder erlernt ist, so kann man es unter „Erfahrungsentzug“ (isoliert, ohne Übungsmöglichkeit) aufziehen und beobachten. Wird das Verhaltenselement gezeigt, ist es vermutlich angeboren. Da diese Vorgehensweise bei der Untersuchung menschlichen Verhaltens ausgeschlossen ist, werden hier andere Strategien verfolgt: Verhaltenselemente sind wahrscheinlich angeboren, wenn sie von (taub) blind geborenen Kindern (mit begrenzten Lernmöglichkeiten) gezeigt werden, bei räumlich getrennten Kulturen in der gleichen Art auftreten oder bei unterschiedlich aufgewachsenen, eineiigen Zwillingen in gleicher Form zu finden sind.

Erweiterung einfacher Verhaltensweisen durch Lerneinflüsse

a. Prägung

Prägung – ein einfacher Lernvorgang

Als Lernen wird eine erfahrungsbedingte Änderung oder ein Neuerwerb von Verhaltensweisen verstanden. Prägung und Konditionierung sind Beispiele einfacher Lernvorgänge. Unter Prägung versteht man einen **einmaligen, schnellen** und **dauerhaften Lernvorgang**, der nur innerhalb einer bestimmten Zeitspanne – der **sensiblen** (kritischen) **Phase** – stattfinden kann. Eine Umprägung ist in der Regel nicht möglich. Prägungen gehören zu den **obligativen** Lernvorgängen, da sie für eine normale Entwicklung eines Lebewesens zwingend notwendig sind.

Objekt- und motorische Prägung

Bei der **Objektprägung** handelt es sich um ein Verhalten, dessen prinzipieller Ablauf angeboren ist. Es muss jedoch noch gelernt werden, auf welches Objekt die Verhaltensweise angewendet wird.

Bei der **Nachfolgeprägung** lernt der Nestflüchter-Nachwuchs in der sensiblen Phase die Merkmale der Mutter kennen und folgt ihr nach. Bei der **sexuellen Prägung** werden die Jungen auf den Sexualpartner der eigenen Art geprägt, verinnerlichen also die charakteristischen Artmerkmale. Typisch für die sexuelle Prägung ist die zeitliche Diskrepanz zwischen Prägung und Sexualverhalten. Nachfolgeprägung und sexuelle Prägung sind sogenannte Objektprägungen. Ein gängiges Beispiel für eine **motorische Prägung** ist das Erlernen des Gesangs bei Singvögeln. Die Grundstrukturen des Gesangs sind angeboren, die Ausgestaltung (Variation, Strophen, ...) muss jedoch in der sensiblen Phase erlernt werden.

Nachfolgeprägung bei Gänsen

Im „Gänsemarsch“ folgen junge Gänse ihrer Mutter nach. Sie wurden kurz nach dem Schlüpfen innerhalb der sensiblen Phase geprägt und haben dabei die typischen Merkmale ihrer Mutter kennengelernt.
Die Prägung der Jungen erfolgt auf das „erste Objekt mit Stimme“, dass sie nach dem Schlüpfen sehen. Eine Fehlprägung – beispielsweise auf einen Züchter, der Gänse ohne Mutter aufzieht – ist daher möglich. KONRAD LORENZ, einer der Begründer der vergleichenden Verhaltensforschung, wurde für seine Arbeiten zum Instinktverhalten sowie nicht zuletzt für seine Prägungsexperimente berühmt. Er prägte Gänseküken auf sich selbst, indem er kurz nach dem Schlüpfen der Jungen als „Ersatzmutter“ anwesend war – was zu einer Fehlprägung führte. Im Gänsemarsch folgten diese nun ihrem „Gänsevater“.

Mutter-Kind-Bindung beim Menschen

Die Bindung zwischen Mutter und Kind wird normalerweise einmalig und dauerhaft in einer bestimmten Lebensphase geknüpft und ist wesentlich für die Kindesentwicklung. Eine innige Bindung benötigt allerdings einige Zeit. Umprägungen sind möglich, wenn beispielsweise nach der Trennung der Eltern eine zu Beginn fremde Frau immer mehr als neue Mutter von einem Kind akzeptiert wird. Die Mutter-Kind-Bindung ist folglich **keine echte Prägung**, dieser jedoch sehr ähnlich. Fehlt eine solche Bindung, kann **Hospitalismus** die Folge sein, eine schwere Entwicklungsstörung bei Kindern, die beispielsweise in einem Hospital bei langer Trennung von Mutter und Kind auftritt. Die fehlende mütterliche Zuwendung führt zu emotionaler Unausgeglichenheit, Kontaktverweigerung, stereotyper Wiederholung von Bewegungsabläufen und zu Entwicklungsverzögerungen im sprachlichen und sozialen Bereich.

b. Konditionierung

Bedingter Reflex – eine einfache Konditionierungsform

Konditionierungen gehen von einer Reiz-Reaktions-Theorie des Lernens aus. Die einfachste Form ist dabei der bedingte Reflex. Tritt der **unbedingte Reiz** für einen Reflex mehrmals kurz nach einem **neutralen** Reiz ohne Wirkung auf, so wird der neutrale Reiz mit dem Reflex verknüpft. Nach einer Lernphase ist der neutrale Reiz in der Kannphase zum bedingten Reiz geworden und in der Lage, den **(bedingten) Reflex** auszulösen. Wichtig ist dabei der geringe zeitliche Abstand **(Kontiguität)** zwischen neutralem und unbedingtem Reiz in der Lernphase. Die Verknüpfung zwischen Reflex und bedingtem Reiz kann schnell gelöscht werden **(Extinktion)**, wenn der bedingte Reiz in der Kannphase häufig ohne den unbedingten Reiz präsentiert wird.

Konditionierung des Lidschlussreflexes

Wird im Experiment der Lidschluss durch einen Luftzug künstlich ausgelöst – und zuvor stets eine Glocke geläutet – so ist nach einigen Durchgängen die Glocke alleine in der Lage, den Reflex auszulösen.

Der Pawlowsche Hund – bedingter Reflex?

Ein in einer Haltevorrichtung fixierter Hund sondert Speichel ab, wenn ihm Futter (unbedingter Reiz) präsentiert wird. Läutet man kurz zuvor stets eine Glocke (neutraler Reiz), so ist nach einer gewissen Zeit die Glocke (bedingter Reiz) auch ohne Futter in der Lage den Speichelfluss auszulösen. Ein bedingter Reflex? Strenggenommen nicht, denn die Speichelabsonderung des Hundes ist von dessen Hunger, also von seiner Handlungsbereitschaft, abhängig. Reflexe sind dies jedoch nicht.

Formen der Konditionierung

Folgt auf ein Verhalten oder auf eine Wahrnehmung (Reizsituation) eines Lebewesens eine gute Erfahrung, so wird dieses Verhalten in Zukunft häufiger gezeigt bzw. die Reizsituation aufgesucht werden (und umgekehrt). Dieser als Konditionierung bezeichnete Lernprozess weist zwei verschiedene Bereiche auf: Die **klassische Konditionierung** in Bezug auf die Reizsituation und die **instrumentelle** oder **operante Konditionierung** in Bezug auf ein Verhaltenselement.

klassische Konditionierung	
Bedingte Appetenz Auf eine Reizsituation folgt eine gute Erfahrung, daher wird sie in Zukunft häufiger aufgesucht. *Aquarienfische schwimmen, sobald die Abdeckung geöffnet wird, in die Ecke des Beckens, in die normalerweise das Futter gegeben wird.*	**Bedingte Aversion** Auf eine Reizsituation folgt eine schlechte Erfahrung, daher wird sie in Zukunft gemieden. *Ein Pferd scheut stets an der gleichen Stelle an einer Straße, weil es dort vor einiger Zeit aufgrund einer Autohupe erschrocken ist.*
Instrumentelle Konditionierung	
Bedingte Aktion Auf ein Verhaltenselement folgt eine gute Erfahrung (positive Verstärkung), daher wird es in Zukunft häufiger gezeigt. *Wird ein Hund beim Pfötchengeben vom Besitzer gelobt und gestreichelt, wird er in Zukunft häufiger Pfötchen geben.*	**Bedingte Hemmung** Auf ein Verhaltenselement folgt eine schlechte Erfahrung (negative Verstärkung), daher wird es in Zukunft seltener gezeigt. *Wer beim freihändig Fahrradfahren schwer gestürzt ist, wird in naher Zukunft vermutlich nicht mehr freihändig fahren.*

Konditionierungen können auch in Kombination auftreten. Wird beispielsweise bei einem Tier, das dressiert werden soll, eine erwünschte Verhaltensweise positiv verstärkt und eine unerwünschte Verhaltensweisen negativ verstärkt, so spricht man von einer **Differenzdressur**. Die Kombination aus bedingter Appetenz und bedingter Aktion wird als **Lernen am Erfolg** bezeichnet.

Eine der bekanntesten instrumentellen Konditionierungen im Labor ist vermutlich die Skinnerbox zur Konditionierung von Ratten oder anderen Tieren.

Versuche mit der Skinnerbox

In einem Käfig mit Futterautomat führt die Betätigung eines Hebels dazu, dass eine Futtertablette in die Futterschale fällt. Wird eine unkonditionierte, hungrige Ratte eingesetzt, so beginnt sie die Umgebung zu erkunden. Drückt sie dabei zufällig auf den Hebel, frisst sie die herausfallende Futtertablette. Bereits nach kurzer Zeit hat sie den Zusammenhang zwischen dem Verhalten („Hebel drücken“) und der positiven Erfahrung („sättigendes Futter“) hergestellt und kann sich gezielt am Futterautomaten bedienen.

Kooperation (Individuum und soziale Gruppe)

a. Zusammenleben und Kooperation von Lebewesen

Das Zusammenleben und Zusammenarbeiten von Lebewesen in einer Gruppe bringt viele **Vorteile** mit sich – bezüglich Nahrungserwerb, Verteidigung, Fortpflanzung, Arbeit und Weitergabe von Wissen.
Man unterscheidet verschiedene Arten des Zusammenlebens. Von **Aggregation** ist die Rede, wenn äußere Einflüsse zeitweise dazu führen, dass Lebewesen in Gruppen anzutreffen sind. **Anonyme Verbände** dagegen sind ein echtes, langfristiges Zusammenleben, jedoch kennen sich die Tiere untereinander nicht persönlich. Man unterscheidet zwischen **offenen** anonymen Verbänden, bei denen Lebewesen der gleichen Art jederzeit neu hinzukommen können, und **geschlossenen** anonymen Verbänden, bei denen Individuen anderer Sippen nicht aufgenommen werden, da Tiere der eigenen Sippe durch ein gemeinsames Merkmal miteinander verbunden sind. Die höchstentwickelte Art des Zusammenlebens ist der **individualisierte Verband**, in dem sich langfristig zusammenlebende Tiere persönlich kennen. Eine ausgeprägte Kommunikation sowie ein hierarchisches Rangordnungssystem sind typische Kennzeichen dieser Verbände.

Vorteile in Beispielen:

- Rudeljagd bei Wölfen erleichtert den Beutefang
- Warnruf-System bei Vögeln bietet Schutz
- geschütztes Brüten in Kolonien bei Meeresvögeln
- Arbeitsteilung bei Bienen erhöht Effizienz
- Traditionsbildung bei Affen (Süßkartoffelwaschen im Meer: Säuberung/besserer Geschmack

Unterschiedliche Verbände in Beispielen:

- **Aggregation:** Quallen werden aufgrund von Meeresströmungen zu großen Ansammlungen zusammengetrieben.
- **anonym/offen:** Heringsschwärme nehmen jeden Schutz suchenden Hering auf – auch wenn er zuvor nicht dem Schwarm angehört hat.
- **anonym/geschlossen:** Bienen bekämpfen Bienen anderer Populationen, wenn sie versuchen, in den fremden Stock zu gelangen. Sie können dabei fremde von stockeigenen Bienen am Geruch unterscheiden.
- **individualisiert:** In einer natürlichen Hühnerschar kennt jedes Huhn die anderen Hühner der Gruppe persönlich. Dies führt zu einer ausgeklügelten Rangordnung, der „Hackordnung“.

b. Kosten-Nutzen-Betrachtung und Optimalitätsmodell

Soziobiologen gehen davon aus, dass jedes **Verhalten** eines Lebewesens ökonomisch und biologisch sinnvoll ist. Vergleicht man folglich Kosten (Summe aller Nachteile) und Nutzen (Summe aller Vorteile) eines Verhaltens, so ergibt sich stets eine positive Bilanz, in der der Nutzen überwiegt. Das **Optimalitätsmodell** nimmt an, dass bei mehreren Verhaltensmöglichkeiten dasjenige Verhalten gezeigt wird, bei dem der **Nutzen im Vergleich zu den Kosten optimal** ist – die Differenz „Nutzen minus Kosten" einen möglichst großen positiven Wert ergibt. Mit diesem Modell lässt sich beispielsweise erklären, weshalb Revierbesitzer nicht ein immer größeres Revier anstreben, sondern eine „optimale Reviergröße" existiert. Denn mit zunehmender Reviergröße steigen auch die Kosten linear an. Der Nutzen weist jedoch eine Sättigungskurve auf, da eine mehr als optimale Versorgung ab einer bestimmten Reviergröße nicht möglich ist.

Nutzen	Kosten
• Nahrung • Verstecke, Lebensraum • Brutgebiete, Aufzucht	• Markierung der Reviergrenzen • Verteidigung

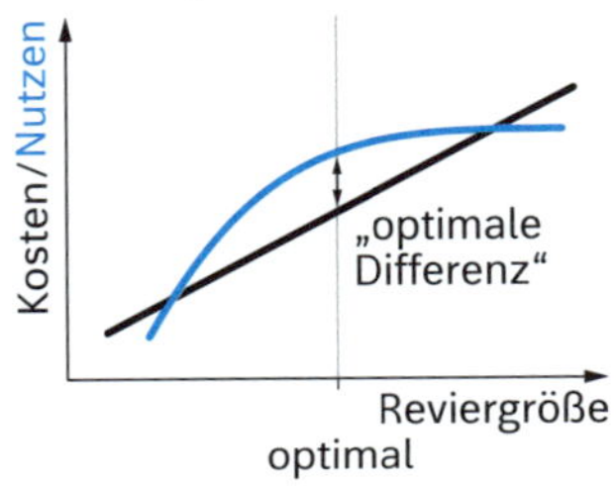

c. Direkte und indirekte Fitness

Fitness – die Fähigkeit, eigene Gene an die nächste Generation weiterzugeben – ist ein zentraler Begriff der Soziobiologie. Dabei spielt nicht nur der eigene Fortpflanzungserfolg eines Individuums eine Rolle **(direkte Fitness),** sondern auch die Unterstützung naher Verwandter (**indirekte Fitness**) bei Fortpflanzungserfolg und Aufzucht der Jungen, da auch sie einen Teil der eigenen Gene tragen. Scheinbar uneigennütziges Verhalten zum Vorteil nahe verwandter Individuen wird dabei als **altruistisches Verhalten** bezeichnet. Die HAMILTON-Regel verdeutlicht auf mathematische Art die positive Bilanz altruistischen Verhaltens gegenüber nahen Verwandten:

$rb - c > 0$ (r = Verwandtschaftsgrad, b = Nutzen, c = Kosten)

Nachdem gemäß HAMILTON auch der Verwandtschaftsgrad mit berücksichtigt wird, ist Altruismus umso sinnvoller, je höher der Verwandtschaftsgrad ist. Eine extreme Form des Altruismus ist der **reproduktive Altruismus**, der bei eusozialen Arten auftritt. Von **Eusozialität** ist die Rede, wenn nur eines oder wenige Individuen der Gruppe in der Lage sind, Nachkommen zu zeugen. Brutpflege, Nahrungsbeschaffung, Verteidigung sowie alle anderen Arbeiten werden gemeinschaftlich bewerkstelligt. Die sehr nahe Verwandtschaft der Geschwister ist ausschlaggebend für das Verhalten.

Reziproker Altruismus ist das scheinbar uneigennützige Verhalten gegenüber nicht verwandten Tieren. Es ist evolutionär sinnvoll, wenn ein altruistisch agierendes Tier davon ausgehen kann, dass sein Gegenüber in der Zukunft auch ihm gegenüber (reziprok) altruistisches Verhalten zeigen würde. Dies setzt hohe kognitive Fähigkeiten voraus und ist vor allem bei Primaten (z. B. bei der Fellpflege) zu finden.

Eusozialität bei Bienen

Die Versorgung der Brut durch die unfruchtbaren Arbeiterinnen (reproduktiver Altruismus) ist aufgrund der extrem nahen Verwandtschaft zwischen Arbeiterinnen und ihren „Schwestern" (= der Brut) zu erklären – was dadurch gesteigert wird, dass die Männchen haploid sind und damit nur erbgleiche Spermien produzieren. Dies schränkt die Variabilität der Nachkommen der Königin ein und erhöht somit den Verwandtschaftsgrad zwischen den Schwestern.

Kommunikation (Individuum und soziale Gruppe)

a. Sender-Empfänger-Modell

Jede Übertragung von Informationen zwischen zwei Individuen – bewusst oder unbewusst – wird als Kommunikation bezeichnet. Der Sender übermittelt eine **verschlüsselte** (codierte) **Nachricht** in Form von **chemischen, akustischen, optischen** oder **taktilen Signalen** an den Empfänger. Dabei können allgemein verschiedene Kommunikationskanäle, im Tierreich verschiedene Sinneskanäle, zum Einsatz kommen. Die Wahl des Sinneskanals ist von der Situation und dem Biotop abhängig. Der Empfänger fängt die Signale auf und entschlüsselt sie. Missverständnisse können auftreten, wenn die Botschaft unklar ist, ein unterschiedlicher Code verwendet wird, Umwelteinflüsse störend wirken oder Fehler bei der Codierung/Decodierung aufgetreten sind. Gelegentlich werden in der Natur **Signale** aber auch **bewusst gefälscht**. Bei der (BATESschen) **Mimikry** ahmt ein eigentlich harmloses Tier die Warnsignale eines sehr wehrhaften Tieres nach („Schein-Warntracht"), um vor Räubern geschützt zu sein. Die Nachahmung anderer Tiere kann auch genutzt werden, um als Räuber Beutetiere anzulocken (**„Angriffsmimikry"**). Wird die Umgebung hinsichtlich Farbe und Gestalt von einem Tier nachgeahmt, um gut getarnt optisch mit ihr zu verschmelzen, so spricht man von **Mimese**.

Verschiedene Signalarten – Beispiele

- **chemisch:** Das Sexualpheromon Bombykol des Seidenspinners lockt Geschlechtspartner über weite Strecken an.
- **akustisch:** Der „Piff" des Murmeltiers warnt andere Tiere vor Gefahr.
- **optisch:** Die Schwanzstellung/-bewegung lässt Rückschlüsse auf den Gemütszustand eines Hundes oder Wolfes zu.
- **taktil:** Der Nackenbiss bei jungen Raubtieren führt zu einer Tragestarre, die es den Eltern ermöglicht, das Junge zu tragen.

Sinneskanalnutzung bei der Kohlmeise

- **situationsabhängig:** Gesang (akustisch) wird bei Balz und Revierverteidigung eingesetzt, der gelbe Sperrrachen eines Jungtiers (optisch) bei der Brutpflege.
- **biotopabhängig:** In dichten Wäldern sind einfache Gesänge mit tiefen Tönen, auf dem freien Land komplexere Gesänge mit höheren Tönen zu beobachten, da die Reichweite tiefer, einfacher Töne in Wäldern größer ist.

Signalfälschungen im Tierreich

- **Mimikry:** Schwebfliegen werden von vielen potentiellen Fressfeinden gemieden, da sie die Warnfarbe von Bienen nachahmen.
- **„Angriffsmimikry":** Räuberische Glühwürmchen ahmen die Lichtsignale anderer Glühwürmchenarten nach. Angelockte Glühwürmchenmännchen werden verspeist.
- **Mimese:** Das Wandelnde Blatt – eine Heuschreckenart – macht seinem Namen alle Ehre.

b. Kosten-Nutzen-Analyse der Kommunikation

Welche Art von Kommunikation sich in der Evolution etabliert hat, lässt sich mithilfe einer Kosten-Nutzen-Analyse erklären. Jede Signalart weist typische Vorzüge aber auch Nachteile auf.

Charakteristische Vor- und Nachteile verschiedene Signalarten

	Vorteile (Nutzen)	Nachteile (Kosten)
chemische Signale	• einfache Herstellung • Langzeitwirkung	• keine kurzfristigen Änderungen möglich
akkustische Signale	• kurzfristige Änderungen möglich	• Erzeugung aufwändig • lockt auch Feinde an
optische Signale	• auffällig • einfach	• lockt auch Feinde an • vertreibt Beute

Aggression (Individuum und soziale Gruppe)

Als Aggression werden in der Biologie alle Verhaltensweisen des Angriffs (und der Verteidigung) von Lebewesen verstanden, die zur Durchsetzung eigener Ziele und damit zur Vertreibung oder Unterwerfung von Widersachern führt. Aggression wird dabei wertneutral verstanden und führt häufig zu einer Erhöhung der Fitness.

a. Intensitätsstufen aggressiven Verhaltens

Imponier- und Drohverhalten

Echte Kämpfe führen häufig zu schweren Verletzungen bei mindestens einem der beiden beteiligten Tiere. Um einen Beschädigungskampf zu vermeiden und dennoch zu ermitteln, welches Tier sich in der Angelegenheit (Streit um Revier, Nahrung, Fortpflanzung, ...) durchsetzt, kann Imponier- und Drohverhalten eine Möglichkeit sein. Beim **Imponieren** stellen beide Kontrahenten ihre Fähigkeiten und ihre Stärke zur Schau. Beim **Drohen** werden bewusst Warnsignale abgegeben und gefährliche Waffen demonstriert – häufig in Verbindung mit der Andeutung von Kampfhandlungen, die jedoch ritualisiert und unvollständig durchgeführt werden.

Kommentkampf

Sollte Imponieren oder Drohen nicht ausreichend sein, Kräfteverhältnisse zweifelsfrei zu klären, kann ein Kommentkampf (Tunierkampf) von Nöten sein. Bei dieser Kampfform handelt es sich um eine **ritualisierte** Form des Kräftemessens nach festgelegten Regeln. Die gefährlichen Waffen des Tieres werden nicht eingesetzt. Es besteht von keinem Kontrahenten die Absicht, das andere Tier ernsthaft zu verletzen oder zu töten. Daher werden nur unempfindliche Körperbereiche im Kampf „angegriffen". Das unterlegene Tier zeigt seine Niederlage durch Demutsgesten oder Flucht an.

Intensitätsstufen der Aggression beim Hirsch

- **Imponieren und Drohen:** In der Balzzeit versuchen Hirsche möglichst viele Hirschkühe um sich zu scharen. Dabei beeindrucken sie Weibchen wie auch Widersacher durch lautes „Röhren". Scharren mit den Vorderhufen, Graben mit dem Geweih im Boden oder demonstratives Zeigen der Breitseite (die größer wirkt als die Frontalansicht) hält Rivalen von ihnen fern.
- **Kommentkampf:** Laufen zwei Hirsche parallel nebeneinander her, so handelt es sich um ein Ritual, das mit Kopfdrehen und „Aneinanderkrachen" der Geweihe endet. Auf diese Art messen sie ihre Kräfte, ohne sich jedoch zu verletzen. Es wird stets nur mit dem eigenen Geweih das Geweih des Widersachers angegriffen, die Flanke wird nicht attackiert.
- **Beschädigungskampf:** In einem echten Ernstkampf auf Leben und Tod würde die gefährlichsten Waffen, die ausschlagenden Hufe, eingesetzt werden – wenn möglich gegen ungeschützte Körperteile des Gegners.

Beschädigungskampf

Im Vergleich zum Kommentkampf ist der Beschädigungskampf (Ernstkampf) ein Kampf mit den **gefährlichsten Waffen** des Tiers **auf Leben und Tod**. Der Kampf endet erst dann, wenn einer der Kontrahenten schwer verletzt oder getötet wurde. Da ständige Beschädigungskämpfe in einer Population zur Schwächung der Population führen würden, werden sie möglichst vermieden. Dies kann durch Imponier-, Drohverhalten und Kommentkampf, aber auch durch Beschwichtigungsverhalten, festgelegte Rangordnungen, Territorialverhalten oder Migration erreicht werden.

b. Formen der Aggressionskontrolle

Beschwichtigungsverhalten

Aggression kann bereits bei der Begegnung zweier Lebewesen einer Art vermindert werden. Durch Begrüßungsrituale oder ritualisierte Demutsgesten wird die friedliche Absicht bekräftigt und mögliche Aggression beim anderen Tier unterdrückt. Demutsgesten können auch dafür eingesetzt werden, beginnende Kämpfe schnell und ohne Blutvergießen zu beenden.

Beschwichtigungsverhalten bei Hunden

- **Begrüßungszeremonien:** Begegnen sich zwei wohlgesonnene Hunde, so wedeln sie mit dem Schwanz und stupsen sich mit der Schnauze gegenseitig im Gesicht an, um ihre friedliche Absicht zu unterstreichen.
- **Demutsgesten:** Dreht sich ein Hund auf den Rücken und präsentiert damit seinem Gegenüber die empfindlichste Stelle – die Kehle – signalisiert er damit seine vollkommene Unterwerfung. Dies führt zum raschen Abbau von Aggressionen beim anderen Hund und zu einer „Beißhemmung".

Rangordnung

Ständige Kämpfe innerhalb eines individualisierten Verbandes – beispielsweise um Nahrung, Territorium oder Fortpflanzungspartner – können durch eine Rangordnung, die einmalig durch Rangordnungskämpfe festgelegt wird, vermieden werden. Diese Rangordnung wird so lange eingehalten, bis der Tod eines ranghöheren Tiers oder das Hinzukommen eines neuen Tiers eine Neuordnung der Hierarchie nötig macht. Es entsteht eine stabile Gemeinschaft, da Streitigkeiten aufgrund der Rangordnung schnell und ohne Kampf beigelegt werden können. Ein kurzes Imponieren und Drohen des ranghöheren Tiers reicht aus, das rangniedrigere Tier in seine Schranken zu verweisen. Die Rangordnung bringt weitere Vorteile mit sich: Sie erleichtert die Arbeitsteilung, lässt wichtige Entscheidungen für das ganze Rudel von ranghöchsten, erfahrensten Leittieren zu und sorgt dafür, dass die fähigsten und stärksten, ranghohen Tiere ihre Gene bei der Fortpflanzung bevorzugt weitergeben können.

Rangordnung bei Hühnern und Wölfen

- **lineare Ranordnung bei Hühnern:**
  Die sogenannte „Hackordnung" bildet sich, indem stärkere Tiere schwächere Tiere „hacken", um bei Nahrung oder Schlafplatz den Vorzug zu erhalten. Ist die lineare Rangfolge vom alle anderen dominierenden α-Tier („Alpha"-Tier) hin zum allen unterlegenen ω-Tier („Omega"-Tier) einmal festgelegt, so reicht das Erscheinen des ranghöheren Tiers, um das rangniedrigere Tier zu vertreiben.
- **hierarchische Ordnung bei Wölfen:**
  Bei Wölfen ist die Rangordnung nicht linear aufgebaut. Es gibt ein dominierendes α-Paar, das in allen Bereichen den Vortritt bekommt und sich bevorzugt fortpflanzt. In den höheren Rängen herrscht eine relativ klare Gliederung in Hierarchieebenen. Je rangniedriger das Tier, umso weniger ist die exakte hierarchische Position festgelegt. In Kleingruppen tritt häufig eine Unterordnung auf, in der es auch eine Art „untergeordnetes α-Tier" gibt.

Territorialität und Migration

Ein eigenes Revier steht für Lebensraum, Schutz, Nahrung sowie die Möglichkeit, Nachwuchs zu zeugen und zu versorgen und ist damit ein hohes Gut. Daher verteidigen Revierbesitzer ihr Territorium erbittert gegenüber Eindringlingen (und gehen viel häufiger als Sieger hervor als die Eindringlinge). Um unnötige Kämpfe zu vermeiden, werden die Reviergrenzen durch Duftstoffe, optische oder akustische Signale markiert. **Territorialverhalten** sichert nicht nur Nahrung und Fortpflanzung, sondern sorgt auch für Selektion der am besten angepassten Tiere sowie die Ausbreitung der Art. Kommt es bei „Überbevölkerung“ in einem Territorium zu sozialem Stress, so wird die Nahrung knapp und die Zahl der Kämpfe der Tiere untereinander um die begrenzten Ressourcen immer größer. Dies kann dazu führen, dass aufgrund von Stresshormonen oder abgegebenen chemischen Signalstoffen Tiere unfruchtbar werden und weniger Junge geboren werden. Alternativ können einige Tiere der Gruppe auch auswandern und neue Gebiete erschließen, die noch nicht von dieser Art besiedelt sind. Diese sogenannte **Migration** führt nicht nur zur Reduktion der Überbevölkerung, sondern auch zur Verbreitung der Art.

Territorialität und Migration bei Amseln

Amseln zeigen ein ausgeprägtes territoriales Verhalten. Sie markieren ihr Revier vornehmlich durch lauten Gesang und liefern jedem Eindringling einen erbitterten Kampf. Kann eine Amsel kein Territorium erobern, so bleibt ihr nur die Migration in unbesetzte Gebiete.

c. Proximate und ultimate Ursachen aggressiver Verhaltensweisen

Proximate Ursachen

Genetische und hormonelle Einflüsse, Umweltbedingungen, der Versorgungszustand, das Vorhandensein überlebensnotwendiger Ressourcen und die Störung von Verhalten werden als Gründe für aggressives Verhalten diskutiert. Aggressives Verhalten beim Menschen wird nach der **Triebtheorie** als echte Instinkthandlung mit eigener Handlungsbereitschaft angesehen. Bei hoher Handlungsbereitschaft reicht folglich bereits ein schwacher Schlüsselreiz aus, sie ablaufen zu lassen. Die **Frustrations-Aggressions-Theorie** versteht menschliche Aggression als Frustration, die aus fehlender Triebbefriedigung und mangelndem Erfolg erwächst. Nach der **Lerntheorie** ist Aggression durch positive Verstärkung aggressiven Verhaltens zu erklären (Lernen am Erfolg), kann aber auch als Nachahmung erfolgsversprechender Verhaltensweisen anderer Tiere (Imitationslernen) betrachtet werden.

Beispiele für Aggressionsauslöser

Aggressives Verhalten tritt bei Tieren beispielsweise auf, wenn sie
- besonders aggressive Eltern haben
- im Experiment männliche Geschlechtshormone injiziert/verabreicht bekommen
- sehr hungrig sind
- in zu kleinen Käfigen gehalten werden

Ultimate Ursachen – Evolutionär stabile Strategie

Kosten-Nutzen-Analysen zeigen, dass aggressives Verhalten einen wesentlichen Vor- aber auch Nachteil mit sich bringt. Wer sich durch **aggressives Verhalten** beim Wettstreit um Nahrung, Lebensraum oder Fortpflanzungspartner durchsetzt, hat dadurch einen klaren Vorteil und damit letztlich ein **Plus an Fitness** zu verzeichnen. So betrachtet müssten sich in der Evolution (durch Mutation entstandene) aggressive Individuen stets durchsetzen. Mit der Zeit dürfte es also immer mehr aggressivere Tiere geben; man stellt jedoch fest, dass sich in der Evolution ein bestimmtes Verhältnis aggressiver und friedlicher Tiere einer Art etabliert hat. Dieses feste Verhältnis zweier Verhaltensmuster wird als **evolutionär stabile Strategie (ESS)** bezeichnet. Nachvollziehbar wird dies, wenn man die Verletzungsgefahr bei aggressivem Verhalten betrachtet. Treffen zwei besonders aggressive Tiere aufeinander, geht mindestens der Verlierer schwer verletzt aus dem Kampf hervor. Um eine Schwächung der eigenen Art durch ständige Beschädigungskämpfe zu verhindern, treten friedliche und aggressive Individuen stets in einem bestimmten Verhältnis auf.

Sexualverhalten (Individuum und Soziale Gruppe)

Balzverhalten und Paarung

Partnerfindung

Der erste Schritt für eine erfolgreiche Fortpflanzung ist das Auffinden eines geeigneten Fortpflanzungspartners. Dies geschieht beispielsweise über **akustische, optische** oder **chemische Signale**. Die Signale können angeboren sein, die Tiere aber auch in der sensiblen Phase darauf sexuell geprägt worden sein. Die Signale bei der Partnerwahl (vor allen Dingen optische) werden als **Ornamente** bezeichnet, die Summe aller Ornamente einer Art als **Sexualtracht**.

Partnerbindung/Balzverhalten

Ziel der Balz ist es, einen **Partner der eigenen Art** zu erkennen und zu wählen, da nur so fruchtbare Nachkommen entstehen können. Bei der Balz muss zuerst die **Individualdistanz** überwunden werden, denn Tiere dulden normalerweise in einem bestimmten kleinen Bereich um sich herum kein anderes Tier, ohne darauf aggressiv zu reagieren oder zu flüchten. Ist die erste Distanz überwunden kommt es zu einer **Bindung**. Die Partner stimmen sich aufeinander ein, sodass beide zur selben Zeit paarungsbereit sind.
Häufig treten bei Verhaltensweisen der Partnerfindung und -bindung ritualisierte Verhaltensweisen auf. Es handelt sich dabei um **Instinktbewegungen** (häufig des Aggressionsverhaltens), die im Laufe der Evolution ihre eigentliche Bedeutung verloren haben und in den Dienst der Fortpflanzung gestellt wurden. Der **Signalcharakter** der Handlung wurde in der Evolution durch Vereinfachung oder Betonung sowie stereotype Wiederholung bestimmter Verhaltenselemente einer Verhaltensweise verstärkt. Ornamente betonen häufig die Handlungen.

Sexualverhalten der Stockenten – eine Auswahl typischer Verhaltensweisen

Obwohl es zahlreiche sich mehr oder weniger ähnliche Entenarten gibt, ist in freier Wildbahn eine Paarung unterschiedlicher Entenarten durch das komplexe Balzverhalten praktisch ausgeschlossen. Die erste lockere Paarbindung beginnt bereits im Herbst. Mehrere Männchen buhlen in Gruppen um die Gunst der Weibchen – was die Identifizierung des artgemäßen Partners erleichtert. Aufplustern des Bauch- und Seitengefieders sowie Anheben des Flügels (der mit farbigen Ornamenten verziert ist) sind häufig zu beobachtende Verhaltensweisen. Stereotyp werden immer wieder mit gesträubten Kopffedern die Schwanzfedern geschüttelt, der Kopf eingezogen und anschließend wieder schnell nach oben bewegt. Nach einer ersten Partnerwahl vertreibt der auserwählte Erpel alle anderen Erpel und das Entenpaar schwimmt immer wieder nebeneinander her und stimmt sich auf die Paarung, die im Frühjahr statt findet, ein.

Paarungssysteme

Jedes Individuum findet bei der Balz einen geeigneten Partner – so lautet die idealisierte Grundannahme der **Monogamie** (die bei vielen Vogelarten zu finden ist). Es ist jedoch auch möglich, dass sich ein Tier mit mehreren anderen Tieren paart. Man bezeichnet dies als **Polygamie**. Drei Formen der Polygamie sind denkbar und in der Natur auch tatsächlich zu finden: Ein Männchen paart sich mit mehreren Weibchen (**Polygynie**, z.B. beim Hirsch), ein Weibchen paart sich mit vielen Männchen (**Polyandrie**, z. B. bei der Honigbiene) oder viele Weibchen und Männchen paaren sich untereinander (**Polygynandrie**, z. B. bei Schimpansen).

Kosten-Nutzen-Analyse der Paarungssysteme
Welches Paarungssystem sich in der Evolution bei einer Tierart durchgesetzt hat, lässt sich mit einer Kosten-Nutzen-Analyse begründen. Dazu müssen beispielsweise die Kosten für Partnersuche, Balz, Brutpflege, Verteidigung des Partners beziehungsweise der Jungen oder Verhinderung des Infantizids der möglichen Fitness (Weitergabe eigener Gene) gegenübergestellt werden. Wesentlich für die Beurteilung ist dabei, dass bei der Monogamie beide Elternteile, bei der Polyandrie die Männchen und bei der Polygynie die Weibchen die Aufzucht der Jungen übernehmen.
Monogamie: Auch wenn dieses Paarungssystem die maximal mögliche Fitness durch Beschränkung auf nur einen Partner verringert, ermöglicht die gemeinsame Brutpflege eine optimale Versorgung der Jungtiere und gibt ihnen eine hohe Überlebenschance. Der Aufwand für eine Partnersuche und eine Balz ist relativ klein, die Sicherheit für das Männchen, dass es sich um die eigenen Jungen handelt, hoch.
Polyandrie: Da die Brutpflege auf mehrere Männchen aufgeteilt wird und die Chance für das Weibchen, (auch) einen Partner mit „starken Genen" zu bekommen erhöht wird, steigert sich die Fitness des Weibchens. Die maximal mögliche Fitness der Männchen ist eingeschränkt, jedoch profitieren auch sie bei Männchenüberschuss, da zumindest eine Paarung möglich ist. Für das Weibchen nachteilig sind die mehrfache Partnersuche und Balz.
Polygynie: Sie maximiert die Fitness der Männchen, zwingt sie aber zu mehrmaliger Partnersuche und Balz. Auch wenn sich das Männchen meist nicht oder nur wenig an der Brutpflege beteiligt, profitiert das Weibchen durch die Selektion des „stärksten" Männchens, das Schutz bietet und ein gutes Revier zur Versorgung der Jungen mit sich bringt. Für das Männchen kostenintensiv ist die Revier- und Rudelverteidigung.

Infantizid

Aus menschlicher Sicht grausame Realität ist die **Tötung aller (erreichbaren) Jungen** durch einen **neuen Rudelführer**, der nach dem Sieg über das alte Alpha-Tier in einem schweren Beschädigungskampf das Rudel übernommen hat. Gezeigt wird dieses Verhalten, wenn die Tötung der Jungen schnell und ohne Gefahr beziehungsweise Aufwand durchgeführt werden kann, die Kosten also sehr niedrig sind. Der Nutzen dieses Verhaltens liegt im **Fitnessgewinn des neuen Rudelführers** begründet. Er bleibt nur relativ kurz an der Spitze des Rudels und hat damit auch nur eine kurze Zeitspanne für die Fortpflanzung zur Verfügung. Hat ein Weibchen Junge, so ist es unfruchtbar und widmet sich dem Nachwuchs. Wird dieser getötet, so wird es schnell wieder fruchtbar und paarungsbereit, eine Fortpflanzung für den Rudelführer ist also möglich. Infantizid ist nur zu beobachten (und sinnvoll), wenn die Weibchen keine jahreszeitlichen Fortpflanzungsperioden aufweisen.

Infantizid bei Löwen
Man schätzt, dass ein nicht unerheblicher Anteil aller Todesfälle bei jungen Löwen auf Infantizid zurückzuführen ist. Da der neue Rudelführer nur wenige Jahre an der Macht sein wird und die unfruchtbare Brutpflegezeit eines Weibchens normalerweise bei etwa zwei Jahren liegt, ist dies die einzige Möglichkeit für den Rudelführer, die Paarungsbereitschaft der Weibchen schnell herbeizuführen und damit sicherzustellen, dass er seine eignen Gene weitergeben kann. Dieses Verhalten ist bei Säugetieren kein Einzelfall.

6 Übungsaufgaben

Aufklärung der Fotosynthese, Lichtreaktion, Enzyme, anaerober und aerober Stoffabbau

Aufgabe 1: Die grünen Würmer von Roscoff

Einleitung

Im Küstengebiet der Bretagne lassen sich vor allem in flachen, sandigen und vor Austrocknung geschützten Gezeitentümpeln kleine, grüne Würmer finden. Dabei handelt es sich um Individuen der Art *Symsagittifera roscoffensis*. Die bis zu 15 mm langen Organismen leben in einer erstaunlichen Symbiose mit der Grünalge *Tetraselmis convolutae*: Jungwürmer nehmen diese Algenart auf, verdauen sie aber nicht. Beim Übergang zum adulten Stadium kommt es zu einer metamorphoseartigen Umstrukturierung des Organismus, bei der Mundöffnung, Speiseröhre und weitere Teile des Verdauungstraktes vollständig zurückgebildet werden. Die zuvor aufgenommenen, fotosynthetisch aktiven Algen breiten sich hingegen in den Geweben des Wurmkörpers aus.

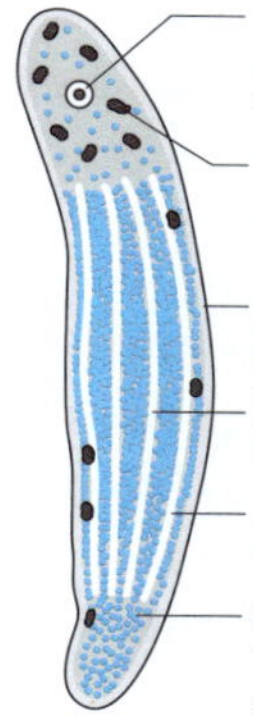

Abb. 1: *Symsagittifera roscoffensis*

Als die Art 1886 entdeckt wurde, war nicht klar, ob es sich um ein Tier oder eine Pflanze handelt. Auch als der Wurm eindeutig dem Tierreich zugeordnet werden konnte, wussten die Biologen nicht, was die „rätselhaften grünen Körper" sind.

Aufgabenstellung

1. **Beschreiben** Sie unter dem Gesichtspunkt der Ernährung, worin die Symbiose zwischen den beiden Lebensformen besteht.
2. Um die „rätselhaften grünen Körper" im Wurm näher zu untersuchen, wurde folgender Versuch durchgeführt: Über ein Prisma wurde sichtbares Licht in das kontinuierliche Spektrum zerlegt. Mit diesem Licht wurde auf ein Versuchsbecken mit Würmern bestrahlt. **Stellen** Sie eine **Hypothese auf**, wie die lokale Verteilung der Würmer nach 15 Stunden Belichtung aussieht. **Veranschaulichen** Sie Ihre Hypothese mit einem geeigneten Diagramm und **begründen** Sie die von Ihnen vermutete Verteilung.
3. Heute weiß man, dass die Grünalgen Chloroplasten enthalten, die mit Chlorophyll a und Chlorophyll b angereichert sind.

3.1 **Fertigen** Sie eine beschriftete Zeichnung eines Chloroplasten **an**.

3.2 **Formulieren** Sie die Bruttogleichung der Lichtreaktionen und **stellen** Sie die Bedeutung von Chlorophyll a für diesen Abschnitt der Fotosynthese **dar**.

4. Mit der *S. roscoffensis* werden heutzutage Experimente durchgeführt, in denen der Einfluss der Kohlenstoffdioxidkonzentration untersucht wird. Dieses wird in den enzymatisch gesteuerten, lichtunabhängigen Reaktionen für die Synthese von Glucose benötigt. Von Interesse ist im Speziellen der Einfluss der Konzentrationsveränderung auf die Symbiose-Partner.

4.1 Abbildung 2 zeigt die Wachstumsrate juveniler Würmer in Abhängigkeit von der Konzentration an Kohlenstoffdioxid im Wasser (Angaben in ppm). **Erläutern** Sie den dargestellten Zusammenhang auch aus enzymatischer Sicht.

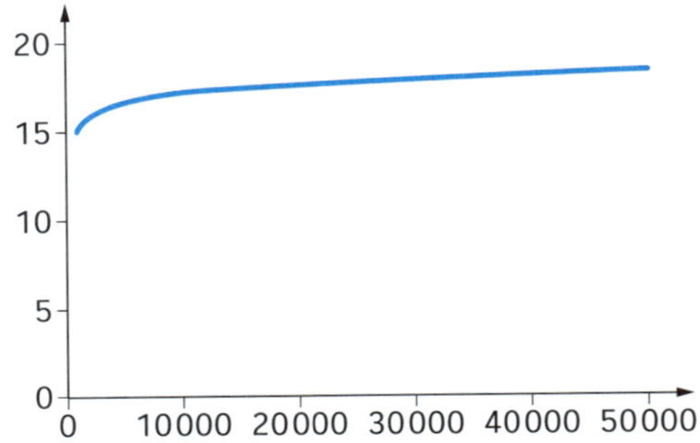

Abb. 2: Wachstumsrate juveniler Würmer

4.2 Bei zu hohen Kohlenstoffdioxid-Konzentrationen sinkt der pH-Wert. Nachfolgendes Ergebnis (Abbildung 3) konnte bei konstanten Temperatur- und Lichtverhältnissen beobachtet werden.
Das Verblassen der Würmer ist auf die Abnahme an Grünalgen zurückzuführen. **Deuten** Sie die Verminderung des Endosymbionten und **erstellen** Sie **eine Hypothese**, wie dies aus dem Blickwinkel enzymytisch katalysierter Reaktionen erklärt werden kann.

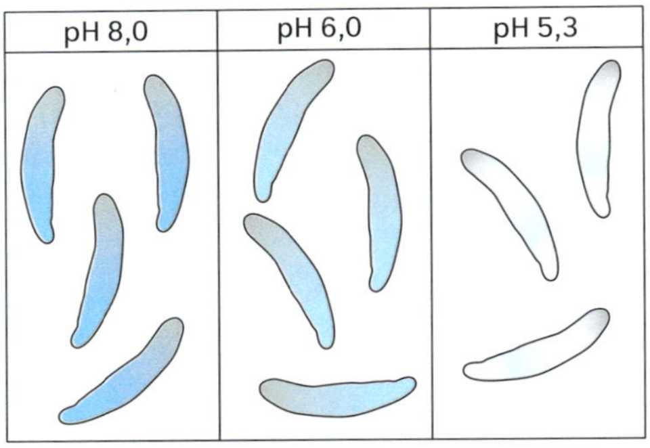

Abb. 3: Verblassen der Würmer in Abhängigkeit vom pH-Wert

5. In angrenzenden Gebieten der Atlantikküste findet man die Muschel Mytilus. Diese zweischaligen Muscheln bewohnen ebenfalls die Gezeitenzone und zeigen eine vom Lebensraum abhängige anaerobe Lebensweise, d. h. sie können Glucose mit und ohne Sauerstoff abbauen. **Vergleichen** Sie die Energiebilanz der beiden Stoffwechselwege miteinander und **stellen** die Bedeutung der lebensraumabhängigen Anaerobiose für die Mytilus **dar**.

Benötigte Fachkenntnisse

Anabolismus und Katabolismus, Versuche zur Aufklärung des Fotosynthese-Prozesses, Ablauf der Lichtreaktion, Beeinflussung enzymkatalysierter Reaktionen, Vergleich von aeroben und anaerobem Stoffabbau (S. 50 ff.)

Benötigte Methodenkenntnisse

Analyse von Diagrammen und Tabellen, Anfertigung von Diagrammen, Auswertung von Sachtexten, Hypothesenbildung (S. 25 ff.)

Lösungen

1. Symbiose bezeichnet das Zusammenleben zweier Organismen unterschiedlicher Arten zum gegenseitigen Vorteil. Die Partnerschaft ist für die Alge *T. convolutae* vorteilhaft, da ihr vom Wurm *S. roscoffensis* neben einem geschützten Lebensraum auch notwendige Mineralsalze wie beispielsweise Nitrate sowie Kohlenstoffdioxid als Produkt der Zellatmung geboten werden. *S. roscoffensis* erhält durch die aufgenommen Grünalgen Fotosyntheseprodukte. Die durch Fotosynthese im Übermaß erzeugten Kohlenhydrate dienen ihm als Nährstoffe, sodass er sogar auf eigene Nahrungsaufnahme verzichten kann. Zudem erhält der Wurm den gebildeten Sauerstoff, der im flachen Wasser der Gezeitentümpel als Mangelfaktor auftritt.

2. Die Verteilung der Würmer dürfte dem ENGELMANNschen Bakterienversuch ähneln:
Die Würmer sammeln sich in den roten und blauen Lichtbereichen, wo die Fotosynthese ihres Symbiose-Partners ihre Leistungsmaxima aufweisen.

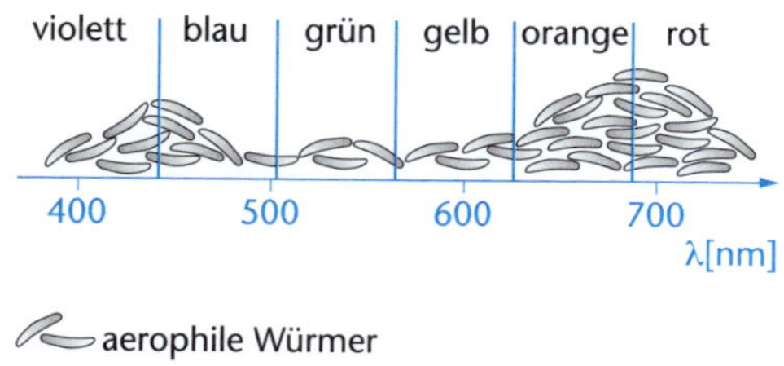

Der Grund dafür ist das Absorptionsspektrum der Fotosynthese-Pigmenten Chlorophyll a und Chlorophyll b in der Thylakoid-Membran der Chloroplasten in den Grünalgen. In den Bereichen um 450 nm und um 680 nm wird das Licht von den beiden Farbstoffen am besten absorbiert. Da nur das aufgenommene Licht als Energiequelle für die Lichtreaktion der Fotosynthese herangezogen werden kann, liegen hier auch die Maximalwerte im Wirkungsspektrum der Fotosynthese. Das bedeutet, dass die Grünalgen hier sehr effizient assimilieren können, was der Ernährung der Würmer zu Gute kommt, die damit die Orte des höchsten Nährstoff- und Sauerstoffertrages aufsuchen.

3. Die Lichtreaktion findet in den Chloroplasten statt.

3.1 Aufbau eines Chlorplasten:

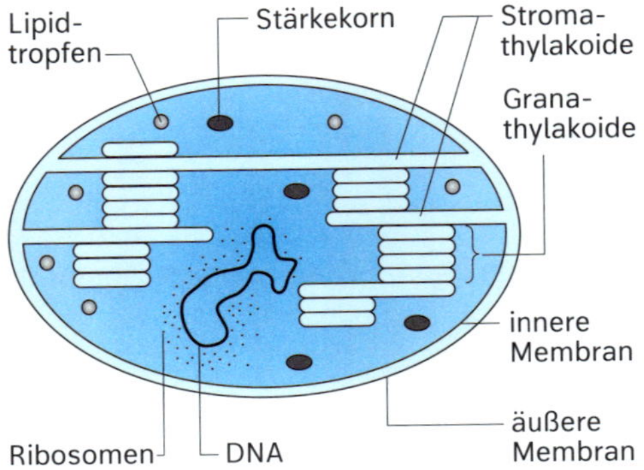

3.2 Die Bruttogleichung der Lichtreaktionen lautet:
$12\ H_2O + 12\ NADP^+ + 18\ ADP + 18\ Ⓟ \rightarrow 12\ NADPH/H^+ + 18\ ATP + 6\ O_2$
Chlorophyll a ist Teil der lichtsammelnden Antennenkomplexe, die sich in den Thylakoid-Membranen der Chloroplasten befinden. Verschiedene Farbstoffmoleküle, darunter Chlorophyll a und Chlorophyll b, dienen als Antennenpigmente, indem sie Licht unterschiedlicher Wellenlänge absorbieren und die aufgenommene Energie an ein besonderes Chlorophyll-a-Paar im Reaktionszentrum des Antennenkomplexes weiterleiten. Nur diese Chlorophyllmoleküle können die Energie in fotochemisch angetriebene Reaktionsarbeit umwandeln und ein Elektron an den Elektronenakzeptor $NADP^+$ abgeben. Man unterscheidet bei den Antennenkomplexen zwei Arten: Im Fotosystem I besteht das Reaktionszentrum aus Chlorophyll-a-Molekülen, die ihr Absorptionsmaximum bei 700 nm haben. Im Fotosystem II liegt das Maximum dagegen bei 680 nm.

4.1 Versuche zum Einfluss von Kohlenstoffdioxid auf die Symbionten: Im Diagramm ist der Größenzuwachs der Jungwürmer dargestellt, der bei verschiedenen Kohlenstoffdioxid-Konzentrationen gemessen wurde. Dabei lässt sich folgender Zusammenhang erkennen: Je mehr Kohlenstoffdioxid den Würmern zur Verfügung steht, desto höher ist ihre Wachstumsrate.
Auch in den Jungwürmern betreiben die Grünalgen Fotosynthese. Da Kohlenstoffdioxid das Edukt der lichtunabhängigen Reaktionen ist, beeinflusst dessen Konzentration den Reaktionsertrag. Denn bei einer enzymatisch katalysierten Reaktion steigt die Reaktionsgeschwindigkeit mit der Edukt-Konzentration, bis ein Sättigungswert (die maximale Reaktionsgeschwindigkeit v_{max}) erreicht ist. Hier sind alle aktiven Zentren der Enzyme durch ihr jeweiliges Substrat besetzt. Eine weitere Steigerung der Konzentration hat keine Auswirkung mehr.
Wenn in den Dunkelreaktionen in der gleichen Zeit mehr Glucose gebildet wird, steht den Würmern mehr energiereiches Edukt für die Zellatmung zur Verfügung – sie wachsen schneller.

4.2 Der Anteil an Grünalgen könnte mit steigendem pH-Wert zurückgehen, da diese weniger Glucose produzieren. Da dem Wurm für dessen Dissimilationsprozesse dann die Energiequelle fehlt, wird er die Grünalgen selbst als Nahrungsquelle heranziehen.
Bei enzymatisch gesteuerten Reaktionen wie den Dunkelreaktionen beeinflusst der pH-Wert ähnlich wie die Temperatur die Enzymaktivität. Nur im Optimalbereich (pH 8) ist eine vollständige Enzymaktivität zu verzeichnen und damit eine gute Versorgung des Wurmes. Abweichend davon, wenn der Wurm beispielsweise unter leicht sauren Bedingungen (pH 6) gehalten wird, wird zwar ein Teil der Enzyme inaktiviert – was aber nur geringe Auswirkungen auf die Ernährung des Wurms hat. Sind die Enzyme aufgrund des sauren Milieus (pH 5,3) jedoch denaturiert, kann kein Substrat mehr gebunden und damit kein Produkt mehr gebildet werden. Die Dunkelreaktionen kommen zum Erliegen und die Nahrung für den Wurm bleibt aus.

5. Die Muschel kann sowohl anaerob als auch aerob Glucose abbauen, um die notwendige Energie für ihre Lebensprozesse zu erzeugen.
Beim anaeroben Glucoseabbau erfolgt zunächst die Zerlegung des C_6-Körpers Glucose in zwei C_3-Körper Brenztraubensäure. Anschließend findet ein Gärprozess statt (wahrscheinlich handelt es sich um Milchsäuregärung), sodass die Brenztraubensäure zu Milchsäure umgewandelt wird. Pro Glucose-Molekül werden so zwei Moleküle ATP erzeugt. Bei der aerob ablaufenden Zellatmung hingegen werden in den Prozessen Glykolyse, Citratzyklus und Atmungskette insgesamt 38 ATP-Moleküle synthetisiert. Hier wird Glucose vollständig zu Kohlenstoffdioxid oxidiert.
Das bedeutet, dass die Muschel eine wesentlich höhere Energieausbeute erzielt, wenn sie Zellatmung betreibt. In der Gezeitenzone ist dies jedoch nicht immer möglich. Muscheln sind Wasserbewohner und besitzen als solche Kiemen, mit denen Sie Sauerstoff aus dem Wasser aufnehmen können. Bei Ebbe jedoch müssen die Muscheln ihre Schalen schließen, um einer Austrocknung und damit dem Absterben entgegenzuwirken. Daher steht ihnen nur während der Flut Sauerstoff und somit die Möglichkeit zur Zellatmung zur Verfügung. Während der Ebbe-Phase müssen sie auf mit der schlechteren Energieausbeute durch Gärung zurückgreifen.

Selbstdiagnosebogen

Aufgabe Nr.	Kernkompetenz	AFB	BE max.	BE erreicht	Förderung
1	Anwenden des Begriffes Symbiose	II	5		
2	Aufstellen einer begründeten Hypothese zur Verteilung fotosynthetisch aktiver Organismen im kontinuierlichen Spektrum, Anfertigen eines Diagrammes	II	8		Bedeutsame Experimente zur Aufklärung wesentlicher Fotosyntheseschritte (S. 52 ff.)
3.1	Anfertigen der Zeichnung eines Chloroplasten	I	5		Zellorganellen eukaryotischer Zellen (S. 46)
3.2	Wiedergeben der Bruttogleichung der Lichtreaktion, Darstellen der Bedeutung von Chlorophyll a	I II	4 5		Lichtreaktion der Fotosynthese (S. 54 ff.)
4.1	Erfassen und Auswerten der Aussagen eines Diagrammes zur Enzymkinetik	II-III	5		Bedeutung und Regulation enzymatischer Prozesse (S. 47 ff.)
4.2	Erfassen und Auswerten einer Abbildung sowie Aufstellen einer begründeten Hypothese über die Verminderung des Endosymbionten in Abhängigkeit vom pH-Wert	II-III	5		
5	Vergleichen von aerobem und anaerobem Stoffabbau, Darstellen der Bedeutung der lebensraumabhängigen Anaerobiose	II	5 3		Stoff- und Energiegesamtbilanz (S. 64)

Gesamtbewertungseinheiten: 45, davon AFB I: 9 BE (20 %), AFB II: 28 BE (62 %), AFB III: 8 BE (18 %)

Materialgrundlage

Evens, Terence (Hrsg.): Stable Photosymbiotic Relationship under CO_2-Indusced Acidification in the Acoel Worm Symsagittifera Roscoffensis, PLoS One, online publiziert am 9. Januar 2012

Weitere Quellen:

http://de.wikipedia.org/wiki/Symsagittifera_roscoffensis
http://www.rzuser.uni-heidelberg.de/~bu6/Convoluta.html
http://turbellaria.umaine.edu/turb3.php?action=7&code=11421&ltr=a&eltr=b&img=11421a.gif à Bild

Bau und Funktion von Biomembranen, Zellatmung, Enzymhemmung

Aufgabe 2: Was Babys und Eisbären verbindet

Einleitung

Menschliche Babys und Eisbären haben einen hohen Anteil eines bestimmten Gewebes gemeinsam: Braunes Fettgewebe, getarnt als Babyspeck bzw. Winterspeck. Im Gegensatz zum weißen Fettgewebe, das vor allem als Energiespeicherstoff, zur Wärmeisolation, als mechanischer Schutz und als Einbettungspolster für innere Organe dient, erfüllt braunes Fettgewebe eine wichtige Schutzfunktion im Wärmehaushalt von Säugetieren: Alle Neugeborenen sowie Winterschlaf haltende Tiere benötigen zum Schutz lebenswichtiger Funktionen viel Energie in Form von Wärme. Neugeborene sind aufgrund ihres Oberfläche-Volumen-Verhältnisses stark von Auskühlung bedroht, jedoch sind Mechanismen der Thermoregulation (z. B. isolierendes weißes Fettgewebe und Kältezittern) noch nicht vollständig ausgebildet. Winterschläfer und andere kälteangepasste Säuger wie beispielsweise der Eisbär benötigen braunes Fett zur schnellen Erwärmung des Körpers in den Aufwachphasen bzw. zur zitterfreien und damit energiesparenden Thermogenese (Wärmebildung).

Nur in den braunen Fettzellen kann die benötigte Wärme von den Mitochondrien erzeugt werden. Verantwortlich dafür ist das ausschließlich in diesen Zellen vorkommende Protein Thermogenin. Es wirkt als sogenannter Entkoppler. Das bedeutet, es kommt parallel zu den ATP-Synthasen in der inneren Mitochondrienmembran vor. Durch bestimmte Fettsäuren kann es aktiviert werden und setzt dann bei Protonendurchtritt direkt Wärme frei.

Aufgabenstellung

1. Weißes Fettgewebe dient bei allen Säugetieren als Energiespeicherstoff. Über die Nahrung aufgenommene Kohlenhydrate und Fette werden dort als Fettmoleküle gespeichert. Anschließend kann der Körper die Lipide in biochemischen Reaktionen zu Glucose umwandeln, welche für die Energiebereitstellung in den Mitochondrien benötigt wird.
   Formulieren Sie die vollständige Summengleichung der Zellatmung ausgehend von Glucose. **Stellen** Sie die wesentlichen Teilprozesse dieses Stoffwechselprozesses sowie deren Bedeutung zusammenhängend **dar**.
2. **Zeichnen** Sie einen vollständig beschrifteten Ausschnitt aus der inneren Mitochondrienmembran (ohne Elektronentransportkette) als Schema, aus dem neben dem Aufbau einer Biomembran sowohl die ATP-Bildung als auch die Wärmeproduktion durch Thermogenin hervorgeht.
3. **Erklären** Sie das chemiosmotische Modell am Beispiel von Thermogenin.
4. Um die Wirkungsweise von Thermogenin aufzuklären, wurde folgender Versuch

durchgeführt: Aus braunen Fettzellen wurden Mitochondrien isoliert und in einer Lösung gehalten, die von ihrer Zusammensetzung dem Cytoplasma der Fettzellen entsprach, also auch NADH/H^+ und Brenztraubensäure (Pyruvat) enthielt. Dem Versuchsansatz wurden nach zehn Minuten die Fettsäuren zugesetzt, die für die Aktivierung des Thermogenins verantwortlich sind. Während der gesamten Versuchsdauer wurde die Änderung der Sauerstoffkonzentration in der Lösung mit einer Sauerstoffelektrode verfolgt. Abbildung 1 zeigt das vorliegende Versuchsergebnis.

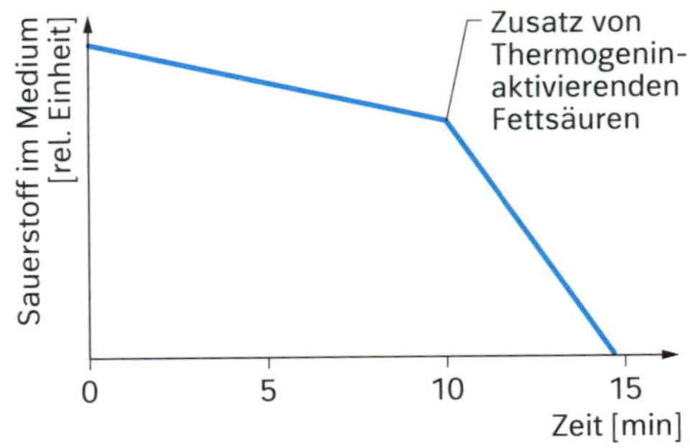

Abb. 1: Veränderung der Sauerstoffkonzentration nach Zugabe von Thermogenin

4.1 **Beschreiben** Sie die Beobachtungen des Versuchs und **erklären** Sie diese.

4.2 In einem zweiten Versuch wurde anstatt der Fettsäuren nach zehn Minuten der Giftstoff Antimycin A zugesetzt, welches den Elektronenfluss am Cytochrom b_H (enthalten im Komplex III der Elektronentransportkette) irreversibel inaktiviert. **Erstellen** Sie eine **begründete Hypothese** zum möglichen Kurvenverlauf.

5. In den Mitochondrien der brauen Fettzellen wird in einem weiteren Versuch das Enzym Succinatdehydrogenase untersucht. Dieses oxidiert an einer bestimmten Stelle der Zellatmung Succinat zu Fumarat, wobei zugleich FAD zum Reduktionsäquivalent $FADH_2$ reduziert wird:

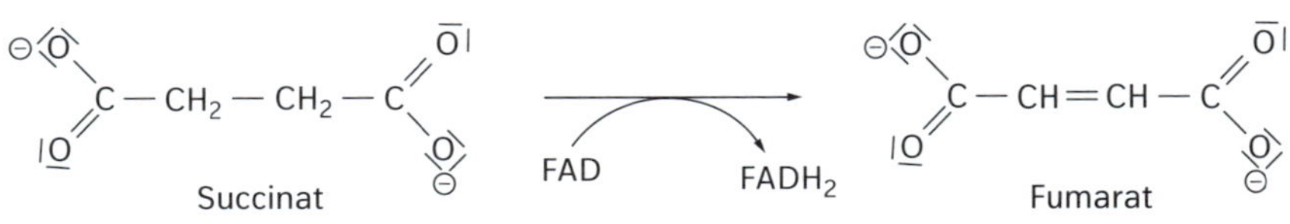

Abb. 2: Reaktion der Succinatdehydrogenase

Die Tabelle zeigt die Ergebnisse zweier Versuchsreihen zur Aktivität der Succinatdehydrogenase, die anhand der pro Zeiteinheit gebildeten Menge an Fumarat in Abhängigkeit des Substrates Succinat sowie mit und ohne Malonat gemessen wurde.

Substratkonzentration S [µmol/L]	Reaktionsgeschwindigkeit v [µmol/(L*min)]	
	ohne Malonat	mit Malonat
1,0	1,2	0,3
2,0	1,9	0,5
4,0	2,7	0,9
6,0	3,2	1,3
8,0	3,7	1,7
10,0	4,0	2,4
20,0	4,3	3,3
30,0	4,5	4,1
40,0	4,5	4,5

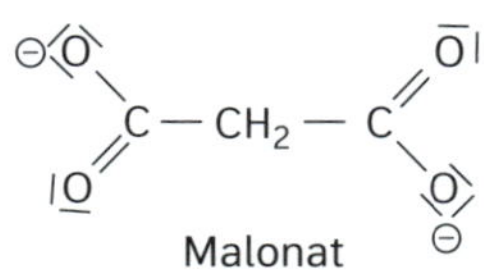

Abb. 3 Strukturformel von Malonat

Stellen Sie die Versuchsergebnisse in einem vollständig beschrifteten Diagramm **dar** und **beschreiben** Sie diese. **Erklären** Sie dabei den Einfluss von Malonat, auf die Zellatmung. Berücksichtigen Sie auch die Strukturformeln.

6. Die vom Thermogenin der braunen Fettzellen produzierte Wärme wird durch den Blutkreislauf im Körper von Babys und Eisbären verteilt. Blut dient jedoch nicht nur der Wärme- und Nährstoffverteilung, sondern die roten Blutkörperchen (Erythrocyten) transportieren auch den Sauerstoff, den alle Zellen des Körpers zur Energiebereitstellung benötigen. Für einen effektiven Sauerstofftransport liegt im Erythrocyten-Cytoplasma eine sehr hohe Hämoglobinkonzentration vor, wobei jedes Hämoglobin-Molekül ein Eisenion (Fe^{2+}) enthält. Wegen der hohen Konzentration an Eisenionen muss die Konzentration der übrigen Ionen durch Natrium-Kalium-Ionenpumpen niedrig gehalten werden.

6.1 **Skizzieren** Sie die Natrium-Kalium-Ionenpumpe und **beschreiben** Sie deren Funktion.

6.2 **Analysieren** Sie, warum Erythrocyten platzen, wenn die Natrium-Kalium-Ionenpumpen in der Zellmembran durch einen Giftstoff gehemmt werden.

Benötigte Fachkenntnisse
Summenformel und Teilprozesse der Zellatmung, Aufbau einer Biomembran, chemiosmotisches Modell der ATP-Synthese, Enzymhemmung, Natrium-Kalium-Pumpe, Osmose (S. 42 ff., S. 60 ff.)

Benötigte Methodenkenntnisse
Analyse von Diagrammen und Tabellen, Anfertigung von Diagrammen und Zeichnungen, Auswertung von Sachtexten, Hypothesenbildung (S. 25 ff.)

Lösungen

1. Die vollständige Summengleichung der Zellatmung lautet:
$C_6H_{12}O_6 + 6\ O_2 + 38\ ADP + 38\ Ⓟ \rightarrow 6\ CO_2 + 6\ H_2O + 38\ ATP$
Die Zellatmung gliedert sich in verschiedene Teilprozesse: In der im Cytoplasma stattfindenden **Glykolyse** wird jedes Molekül Glucose (C_6-Körper) zu zwei Molekülen Brenztraubensäure (Pyruvat, C_3-Körper) umgewandelt. Dadurch wird bereits ein geringer Teil ATP gebildet. Pyruvat dringt anschließend in die Mitochondrienmatrix ein, wo die **oxidative Decarboxylierung** stattfindet. Hier wird jedem C_3-Körper Pyruvat ein Molekül CO_2 abgespalten. Das Produkt, aktivierte Essigsäure (Acetyl-CoA), tritt anschließend in den Citatzyklus ein. Hier werden die Reduktionsäquivalente $NADH/H^+$ und $FADH_2$ in mehreren Stoffumwandlungen gebildet und zwei weitere Moleküle CO_2 werden frei. Im letzten Schritt werden die Reduktionsäquivalente durch bestimmte Enzymkomplexe in der inneren Mitochondrienmembran oxidiert und geben die Elektronen in die **Atmungskette**. In dieser Elektronentransportkette werden die Elektronen langsam auf Sauerstoff übertragen, so dass Wasser gebildet werden kann. Dabei wird

ein Protonengradient aufgebaut mit dessen Hilfe ATP gebildet wird (**oxidative Phosphorylierung**).

2. Aufbau der inneren Mitochondrienmembran:

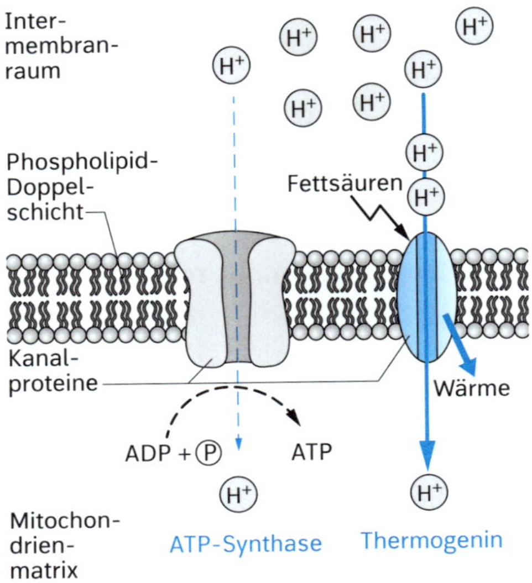

3. Durch die in der Zellatmung vorhergehenden Schritte wurden Elektronen mit hohem Energiegehalt in den Reduktionsäquivalenten gespeichert. Indem deren Energiegehalt im Verlauf der Atmungskette gesenkt wird, wird die dabei frei werdende Energie dazu genutzt Protonen entgegen deren Konzentrationsgradienten in den Intermembranraum zu pumpen. Aufgrund der Konzentrationsverhältnisse strömen die Protonen durch den Protonenkanal Thermogenin zurück in die Mitochondrienmatrix. Dieses Protein erzeugt beim Durchtritt von Protonen Wärme.

4.1 Der Versuch weist zwei Phasen auf: In den ersten beiden Minuten ist ein kontinuierliches, jedoch nicht allzu starkes Absinken der Sauerstoffkonzentration zu erkennen. Nach dem Zusatz von Thermogenin mit den aktivierend wirkenden Fettsäuren ist ein rascher Abfall der Sauerstoffkonzentration zu erkennen.
In der ersten Phase zeigen die Mitochondrien ihre normale Wirkung. In der Atmungskette wird Sauerstoff mit Wasserstoff zu Wasser umgewandelt sowie chemiosmotisch ATP gebildet. Daher sinkt die Sauerstoffkonzentration.
Das beschleunigte Absinken der Sauerstoffkonzentration in der zweiten Hälfte des Versuchs ist auf die Wirkung von Thermogenin zurückzuführen. Der Protonengradient wird schneller abgebaut, da nun zusätzlich zur ATP-Synthase auch durch Thermogenin Protonen aufgrund des Konzentrationsgefälles vom Intermembranraum in die Mitochondrienmatrix zurückströmen können.

4.2 Indem der Giftstoff Antimycin A ein Element der Elektronentransportkette (Cyctochrom b_H) dauerhaft inhibiert, kann dieses weder die Elektronen weiterleiten noch zum Aufbau eines Protonengradienten beitragen. Die Atmungskette kommt zum Erliegen. Dies bedeutet auch, dass die Reduktion von Sauerstoff zu Wasser zum Erliegen kommt. Die Sauerstoffkonzentration bleibt daher im Versuch konstant.

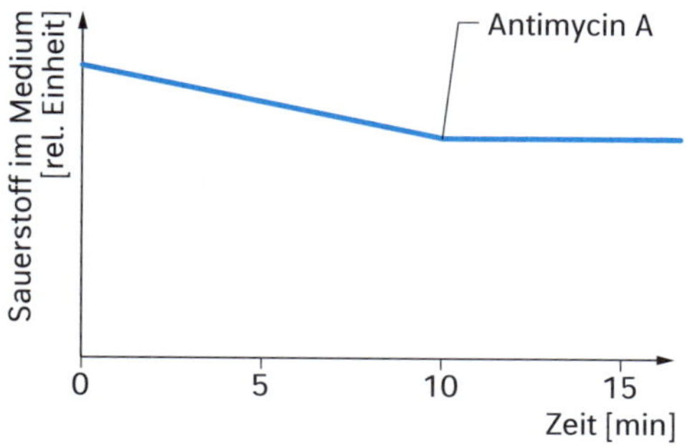

5. Im Versuch zur Untersuchung der Aktivität der Succinatdehydrogenase wird die Reaktionsgeschwindigkeit der enzymatisch katalysierten Umsetzung von Succinat in Fumarat in Abhängigkeit der Substratkonzentration des Ausgangsstoffes gemessen. Dabei wird in einem von zwei Versuchsansätzen Malonat zugesetzt. Man erkennt deutlich, dass die Reaktion durch den Zusatz von Malonat gehemmt wird. Bei gleicher Substratkonzentration ist die Reaktionsgeschwindigkeit deutlich herabgesetzt (außer bei ganz niedrigen und ganz hohen Konzentrationen), die maximale Reaktionsgeschwindigkeit v_{max} wird jedoch trotzdem erreicht.

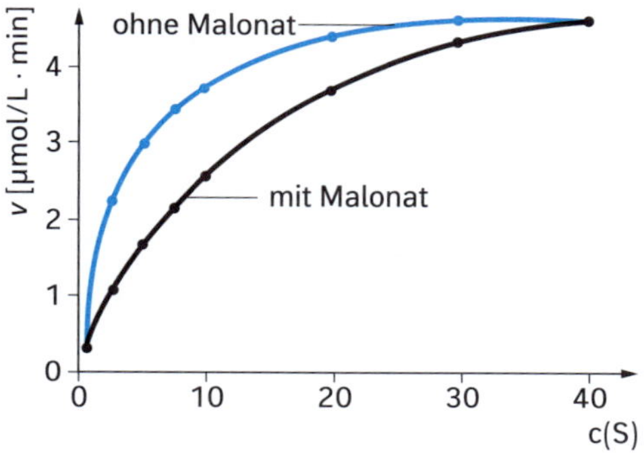

Es handelt sich also um eine kompetitive Hemmung. Malonat kann aufgrund seiner ähnlichen chemischen Struktur ebenfalls an das aktive Zentrum der Succinatdehydrogenase binden, wird aber nicht wie Succinat oxidiert. Malonat und Succinat konkurrieren also um die Besetzung des aktiven Zentrums, was die Geschwindigkeit der Enzymreaktion vermindert. Mit zunehmender Substratkonzentration steigt die Wahrscheinlichkeit, dass Succinat an das aktive Zentrum bindet. So kann v_{max} dennoch erreicht werden.

6.1 Die Natrium-Kalium-Pumpe gehört zu den Transportproteinen, die einen Cotransport ausführen. Im Fall der Natrium-Kalium-Pumpe handelt es sich um einen Antiport, da pro „Pumpzyklus" drei Natriumionen nach außen und zwei Kaliumionen ins Innere der roten Blutkörperchen geschleust werden. Die erfolgt gegen den vorliegenden Konzentrationsgradienten und verläuft damit unter ATP-Verbrauch, d. h. unter Energieaufwand.

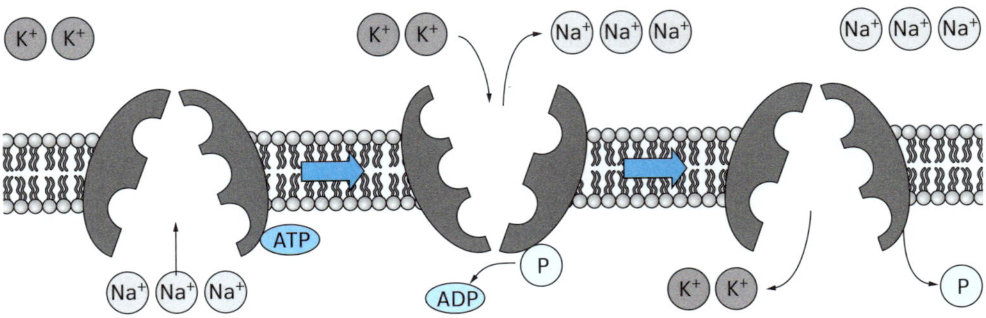

6.2 Die Natrium-Kalium-Pumpe sorgt bei den Erythrocyten dafür, dass die Gesamtkonzentration an geladenen Teilchen im Blutplasma der Gesamtkonzentration an Ionen in der Zelle entspricht. Wird die Ionenpumpe durch einen Giftstoff inaktiviert, so kommt es zur Osmose. Wasser, das durch Aquaporine in die Erythrocyten einströmt, versucht die unterschiedlichen Ionenkonzentrationen auf den beiden Seiten der semipermeablen Biomembran auszugleichen. Dringt zuviel Wasser in die Zelle ein, kommt es aufgrund des hohen Volumens zum Platzen dieser Zellen.

Selbstdiagnosebogen

Aufgabe Nr.	Kernkompetenz	AFB	BE max.	BE erreicht	Förderung
1	Wiedergeben der Summengleichung der Zellatmung, Darstellen der Teilprozesse und deren Bedeutung	I II	10		Energiefreisetzung durch aeroben Stoffabbau (S. 61 ff.)
2	Anfertigen der Zeichnung einer Biomembran	I-II	7		Aufbau von Biomembranen (S. 43), Atmungskette und oxidative Phosphorylierung (S. 62 f.)
3	Erklären des chemiosmotischen Modells an einem unbekannten Beispiel (Thermogenin)	II	4		Chemiosmotische ATP-Synthese (S. 56, S. 63)
4.1 4.2	Auswerten und Erklären der in Text und Diagramm beschriebenen Versuchsergebnisse Erstellen einer begründeten Hypothese incl. Zeichnen eines entsprechenden Diagrammes	II-III III	6 4		Atmungskette und oxidative Phosphorylierung (S. 62 f.)
5	Anfertigen eines Diagrammes Beschreiben der Diagrammaussagen, Erklären des Einflusses von Malonat	II	5 7		Hemmstoffe beeinflussen Reaktionsgeschwindigkeit von Enzymreaktionen (S. 48 ff.)
6.1 6.2	Anfertigen einer Skizze, Beschreiben der Funktion der Na+/K+-Ionenpumpe Analysieren der Auswirkung eines Na+/K+-Ionenpumpen-Giftes	II III	8 4		Aktive Transportmechanismen an Biomembranen (S. 44 f.) Passive Transportmechanismen an Biomembranen (S. 43 f.)

Gesamtbewertungseinheiten: 55, davon AFB I: 8 BE (15 %), AFB II: 35 BE (63 %), AFB III: 12 BE (22 %)

Materialgrundlage

Berg, J. M., Tymoczko, J. L. Stryer, L. (2003). Biochemie. Berlin: Spektrum Akademischer Verlag.
Braun, J. (Hrsg.) (2013): Biologie Heute SII. Braunschweig: Bildungshaus Schulbuchverlage, Schroedel.
http://www.zum.de/Faecher/Materialien/beck/bs11-15.htm
http://de.wikipedia.org/wiki/Thermogenin

Stammbaumanalyse mit nachfolgender humangenetischer Beratung, Blutgruppen

Aufgabe 3: Favismus – gefährliche Bohnen?

Einleitung

Die genetisch bedingte Erkrankung **Favismus** erhielt ihren Namen, da sie erstmalig als Folge des Verzehrs von Ackerbohnen (auch als Fava-Bohne oder Saubohne bezeichnet) erfasst wurde.
Bei Favismus handelt es sich um einen angeborenen Mangel des Enzyms **Glucose-6-Phosphat-Dehydrogenase** (kurz: G6PDH). Die Ursache ist eine Mutation des G6PDH-Gens. Das Enzym G6PDH katalysiert die chemische Reaktion von Glucose-6-Phosphat zu 6-Phosphogluconolacton unter Bildung der Reduktionsäquivalente NADPH/H+ (Abbildung 1).

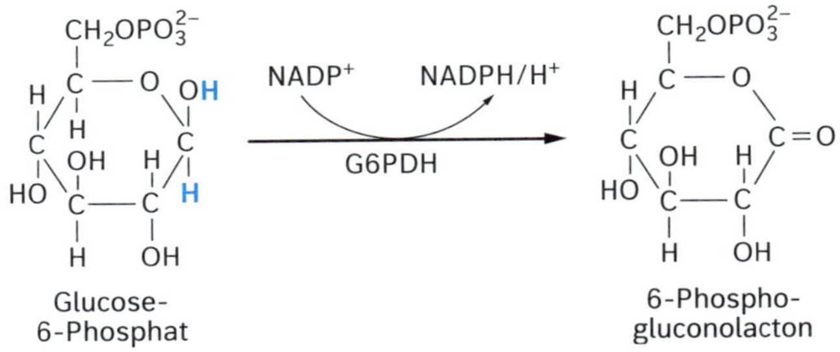

Abb. 1: Reaktion der G6PDH

Die Bildung von NADPH/H+ sorgt für den Schutz unserer Zellstrukturen vor oxidativen Schäden. Ist das Enzym und damit auch das Reduktionsäquivalent in zu geringer Menge vorhanden, so können beispielsweise Erythrozytenmembranen einen großen Schaden davontragen. Die roten Blutkörperchen können dann sehr leicht durch äußere Einflüsse zerstört werden, was zu einer lebensbedrohlichen Anämie (Blutarmut) führen kann. Einer dieser externen Auslöser ist der Verzehr von Ackerbohnen.
Weltweit sind ca. 200 Millionen Menschen von dieser Erkrankung betroffen. Eine Häufung ist dabei in Regionen zu beobachten, in denen Malaria ebenfalls vorzufinden ist. Dies liegt daran, dass eine Folge von Favismus die Resistenz betroffener Frauen gegenüber Malaria-Infektionen ist. Einen ähnlichen Zusammenhang kann man bei der Erkrankung an Sichelzellenanämie und Malaria-Infektionen beobachten.

Aufgabenstellung

1. **Untersuchen** Sie den dargestellten Stammbaum (Abbildung 2) und leiten Sie den Erbgang des Favismus unter Einbeziehung geeigneter Personen ab. Schließen Sie dabei alle Ihnen bekannten Erbgänge begründet aus!
2. **Geben** Sie alle möglichen Genotypen bezüglich der erblich bedingten Erkrankung Favismus der Personen 1, 4, 15 und 19 **an**.

3. Das frisch vermählte Paar, bestehend aus den Personen 14 und 18 plant Nachwuchs. Beide sind phänotypisch gesund – aber in beiden Familien ist die Erbkrankheit Favismus schon aufgetreten. Daher möchten sie klären, wie groß für ihren zukünftigen Nachwuchs die Wahrscheinlichkeit ist, ebenfalls an Favismus zu erkranken.
   Erstellen Sie dazu ein aussagekräftiges Kreuzungsschema.
4. Bereits nach kurzer Zeit erwartet das in Aufgabe 3 betrachtete Paar (Personen 14 und 18) Nachwuchs. Auch durch die Berechnung der Wahrscheinlichkeit konnte die Sorge für die mögliche Erkrankung ihres Kindes nicht weichen. Deshalb machen Sie einen Termin bei ihrem Frauenarzt für eine ausführliche Information über pränatale Diagnosemöglichkeiten.
   Erläutern Sie ausführlich eine mögliche Form der Pränataldiagnostik für das Paar.
5. Das junge Mädchen (Person 20) kennt zwar seine Mutter (Person 15), aber die Vaterschaft ist noch nicht eindeutig geklärt. Der Vater soll an Hand seiner Blutgruppe ausfindig gemacht werden. Als mögliche Väter kommen die Brüder 18 und 19 in Frage.
   Ermitteln Sie die vollständigen Genotypen der Blutgruppen der möglichen Väter und identifizieren Sie somit **begründet** den leiblichen Vater von Person 20. Erstellen Sie zum eindeutigen Beweis die entsprechenden Kreuzungsschemata.

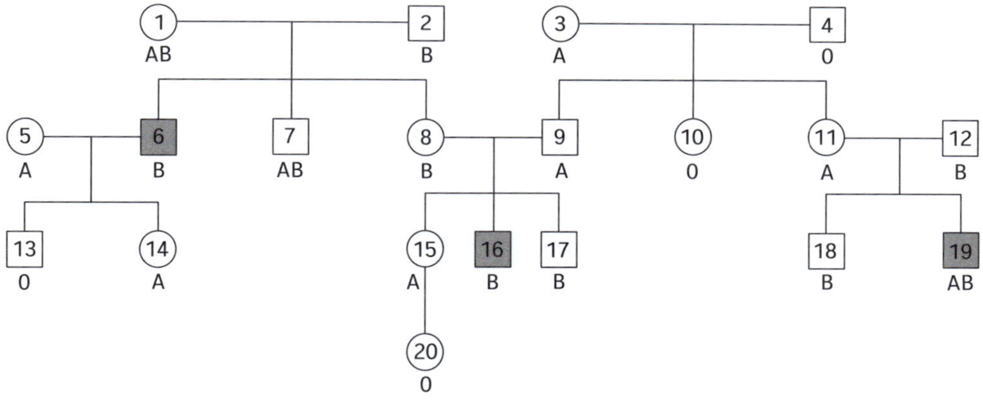

Abb. 2: Stammbaum mit an Favismus erkrankten Personen

> Hinweis:
> Die Personen 5 und 12 stammen aus Familien, in denen Favismus nie zuvor aufgetreten war!

Benötigte Fachkenntnisse

Verschiedene Erbgänge (autosomal, gonosomal, dominant, rezessiv), Mendelsche Regeln, Blutgruppen, pränatale Diagnosemöglichkeiten (Amniozentese, Chorionzottenbiopsie oder Nabelschnurpunktion) (S. 80), enzymatische Reaktionen (S.47 ff.)

Benötigte Methodenkenntnisse

Stammbaumanalyse (S. 68 f.), Wahrscheinlichkeitsberechnung

Lösungen

Lösungshinweis: Der nachfolgende Stammbaum ist aufgrund der Aufgabenstellung nicht zwingend anzugeben. Allerdings erleichtert die vollständige Überlegung der Genotypen die Bearbeitung der Aufgabe erheblich und mögliche Fehlerquellen können minimiert werden.

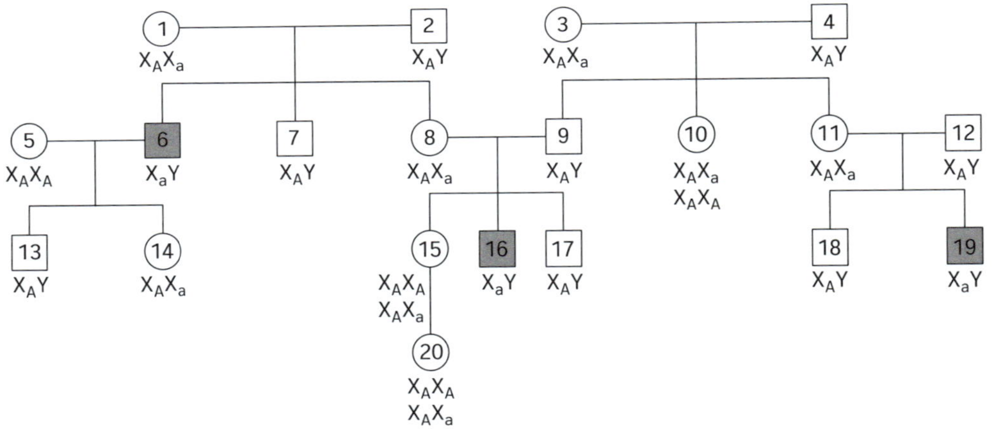

1. Um den obigen Erbgang eindeutig zu identifizieren werden zunächst alle nicht möglichen Erbgänge ausgeschlossen:

- autosomal-dominanter Erbgang:
  Im vorliegenden Stammbaum ist keine Person der ersten Generation an Favismus erkrankt. Würde die Erkrankung autosomal-dominant vererbt, so dürften die merkmalsfreien Personen 1 und 2, die dann die Genotypen aa besitzen müssten, ausschließlich gesunde Kinder zur Welt bringen. Ebenso verhält es sich bei den Personen 11 und 12.
- autosomal-rezessiver Erbgang:
  Bei dieser Art der Vererbung besäßen alle Merkmalsträger den Genotyp aa. Daher kommt für gesunde Eltern von an Favismus erkrankten Kindern nur der Genotyp Aa in Frage. Person 12 stammt allerdings aus einer bisher merkmalsfreien Familie und hat vermutlich den Genotyp AA. Somit ist auch dieser Erbgang für den dargebotenen Stammbaum mit großer Wahrscheinlichkeit nicht möglich.

- X-Chromosomal-dominanter Erbgang:
  Hier dürften merkmalsfreie Frauen ausschließlich die Gonosomen X_aX_a besitzen. Im vorliegenden Stammbaum geht aus einer gesunden Frau (Person 1: X_aX_a) und einem gesunden Mann (Person 2: X_aY) ein erkrankter Sohn (Person 6: X_AY) hervor. Dies wäre bei einer X-Chromosomal-dominanten Vererbung nicht möglich.
- Y-Chromosomaler Erbgang:
  Läge das für Favismus verantwortliche Gen auf dem Y-Chromosom, dürften erkrankte Väter ausschließlich erkrankte Söhne zeugen. Der männliche Merkmalsträger mit der Nummer 6 besitzt allerdings einen gesunden Sohn (Person 13). Somit ist diese Art der Vererbung nicht möglich.
  Lösungshinweis: Auf die Y-Chromosomale Vererbung wurde hier zur Vervollständigung mit eingegangen. Allerdings ist die Nennung im Abitur nur erforderlich, wenn explizit danach verlangt wird.

Aufgrund der Tatsache, dass betroffene Frauen laut der Angabe resistent gegen Malaria sind sowie durch die Auswertung des Stammbaumes ergibt sich, dass das Gen für die Erkrankung Favismus auf einem X-Chromosom liegt. Die Vererbung erfolgt also X-chromosomal-rezessiv. Dies bedeutet, dass alle erkrankten Männer das rezessive Allel auf dem X-Chromosom, und damit den Genotyp X_aY, besitzen. Ein Indiz dafür ist, dass ausschließlich Männer an der Krankheit leiden. Frauen können zwar auch unter dieser Erkrankung leiden, aber die Wahrscheinlichkeit ist deutlich geringer, da beide X-Chromosomen das rezessive Allel für Favismus tragen müssten.

2. Die Genotypen müssen laut dem vorliegenden Stammbaum folgendermaßen lauten:
   Person 1: X_AX_a Person 4: X_AY
   Person 15: X_AX_A oder X_AX_a Person 19: X_aY

3. Da Favismus X-Chromosomal-rezessiv vererbt wird kommen für die Eltern nur die folgenden Genotypen in Frage:
   Person 14: X_AX_a Person 18: X_AY
   Kreuzungsschema:

♀ \ ♂	**X_A**	**Y**
X_A	X_AX_A	X_AY
X_a	X_AX_a	X_aY

   Ausschließlich Jungs mit dem Genotyp X_aY wären an Favismus erkrankt. In dieser Beziehung tritt die Erkrankung mit einer Wahrscheinlichkeit von 25 % auf.

4. **Lösungshinweis:** Die Erklärung einer der drei invasiven Methoden ist für die Beantwortung dieser Frage vollkommen ausreichend.

Um eine Veränderung des Gens feststellen zu können, reicht die Anwendung von nicht invasiven Methoden wie Ultraschall oder mütterliche Blutentnahme nicht aus. Zur Erkennung ist ausschließlich eine invasive Methode zu verwenden. Dies kann eine Amniozentese (Fruchtwasseruntersuchung), Chorionzottenpunktion oder eine Nabelschnurpunktion sein.

Amniozentese: Hierbei wird unter Ultraschall mit einer Nadel durch die Bauchdecke der Mutter gestochen. Dabei wird Fruchtwasser entnommen, welches fetale Zellen enthält. Diese Zellen werden in einer Zellkultur vermehrt um anschließend die fetale DNA zu isolieren und auf die Erbkrankheit zu untersuchen. Diese Untersuchung kann von der 14. bis zur 18. Schwangerschaftswoche durchgeführt werden. Allerdings kann diese Untersuchung mit einer Wahrscheinlichkeit von einem Prozent zu einer Fehlgeburt führen.

Chorionzottenbiopsie: Die Entnahme von Chorionzotten erfolgt mittels eines Katheters, der durch den Muttermund eingeführt wird. Die Chorionzotten sind Bestandteil der Plazenta und enthalten daher fetale Zellen. Diese werden kultiviert und anschließend auf die genetische Veränderung untersucht, die zu Favismus führt. Die Biopsie kann bereits zwischen der 9. und 12. Schwangerschaftswoche durchgeführt werden. Das Risiko einer Fehlgeburt liegt hier bei ca. zwei Prozent.

Nabelschnurpunktion: Unter Ultraschallkontrolle wird eine Nadel durch die Bauchdecke der Mutter in die Nabelschnur eingeführt. Dort werden embryonale Zellen entnommen, die direkt auf die Erbkrankheit hin untersucht werden können. Diese Untersuchung kann erst ab der 19. Schwangerschaftswoche durchgeführt werden. Die Fehlgeburtenrate beträgt ca. ein Prozent.

5. **Lösungshinweis:** Auch für die Bearbeitung dieser Aufgabe empfiehlt es sich zuerst den Stammbaum hinsichtlich der Genotypen der Blutgruppen zu vervollständigen.

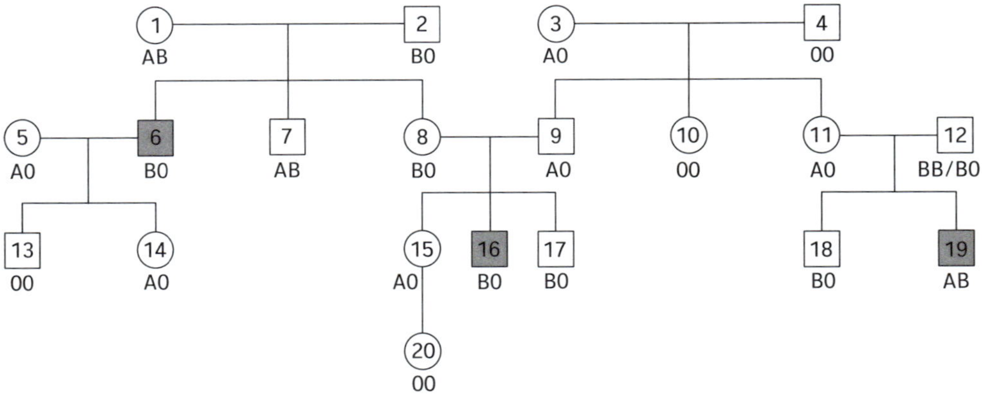

Da das Blut der Tochter (Person 20) der Blutgruppe 0 zuzuordnen ist, kommt nur der Genotyp 00 in Frage. Damit dies überhaupt möglich ist, muss die Mutter (Person 15) den Genotyp A0 für die phänotypische Blutgruppe A besitzen. Für die möglichen Väter 18 und 19 ergeben sich aufgrund der elterlichen Blutgruppen A0 (Mutter 11) und BB bzw. B0 (Vater 12) nur die folgenden Möglichkeiten:

Person 18: B0 Person 19: AB

Mit diesen Genotypen lassen sich die beiden Kreuzungsschemata aufstellen:

Person 18:

♀ \ ♂	**B**	**0**
A	AB	A0
0	B0	00

Person 19:

♀ \ ♂	**A**	**B**
A	AA	AB
0	A0	B0

Damit kommt nur Person 18 als Vater in Frage. Seine Kinder mit dieser Mutter (Person 15) haben zu 25 % die entsprechende Blutgruppe 00. Bei Person 19 ist das Auftreten der Blutgruppe 00 mit der Mutter 15 ausgeschlossen.

Selbstdiagnosebogen

Aufgabe Nr.	Kernkompetenz	AFB	BE	erreichte BE	Förderung
1	Ableiten eines X-chromosomal-rezessiven Erbgangs aufgrund einer Stammbaumanalyse Begründeter Ausschluss von anderen Erbgängen mittels Beispielen aus dem Stammbaum	II III	10 5		MENDELsche-Regeln, Stammbaumanalyse, Kriterien für bestimmte Erbgänge (S. 78 f.)
2	Einfache Analyse der Genotypen durch Auswertung des Stammbaums	I	4		Stammbaumanalyse (S. 78 f.)
3	Einfache Wahrscheinlichkeitsberechnung	II	5		MENDELsche-Regeln (S. 75 f.)
4	Darstellung und Risikoabwägung pränataler Diagnosemöglichkeiten	I	5		Humangenetische Beratung (S. 79 f.)
5	Aufgrund des Genotyps der Mutter und der Tochter auf den des Vaters Rückschließen	III	7		MENDELsche-Regeln in Bezug auf die Vererbung von Blutgruppen (S. 80 f.)

Gesamtbewertungseinheiten: 36, davon AFB I: 9 BE (25 %), AFB II: 15 BE (42 %), AFB III: 12 BE (33 %)

Materialgrundlage

http://www.spektrum.de/lexikon/biologie/favismus/23862
http://epub.ub.uni-muenchen.de/7919/1/riepl_rudolf_7919.pdf
http://www.chemie.de/lexikon/G6PD-Mangel.html

Proteinbiosynthese, Prozessierung der mRNA, autosomal rezessive Erbkrankheit

Aufgabe 4: Albinismus

Einleitung

Albinismus (lat. *albus* = weiß) ist eine genetisch bedingte Erkrankung, die autosomal-rezessiv an die Nachkommen weiter vererbt werden kann.

Symptome

Die Haut-, Haar- und Augenfarbe der betroffenen Personen ist aufgrund einer Störung im Stoffwechsel meist sehr hell. Diese hellere Färbung resultiert aus dem Mangel bzw. vollständigen Fehlen des schwarz-braunen Pigments Melanin. Dieses ist für die Absorption von Licht und UV-Strahlen zuständig. Eine häufige Folgeerkrankung von Albinismus ist daher die Bildung bösartiger Hauttumore. Parallel zur helleren Haut-, Haar- und Augenfarbe tritt vielfach eine Beeinträchtigung der Sehschärfe und des räumlichen Sehens auf. Weltweit kommt Albinismus mit einer Häufigkeit von 1:20.000 vor, dabei ist eine Häufung in Afrika zu beobachten.

Ursache

Da es viele verschiedene Ausprägungen von Albinismus gibt, sind auch dessen Ursachen sehr vielfältig. Im weiteren Verlauf wird zur Vereinfachung nur vom okulokutanen (lat. *oculus*: Auge, *cutaneus*: die Haut betreffend) Albinismus Typ I ausgegangen. Die Stoffwechselstörung bei der Melaninsynthese ist auf eine Mutation im Tyrosinase-Gen zurückzuführen. Dieses ist auf dem q-Arm des Chromosoms 11 (11q14-21) lokalisiert und besteht aus fünf Exons. Das Gen codiert für die 529 Aminosäuren des Enzyms Tyrosinase, welches für die Synthese von Melanin zuständig ist. Eine Mutation innerhalb des Gens kann zu einer Schädigung bis hin zur Funktionslosigkeit des Enzyms Tyrosinase führen.

Aufgabenstellung

1. Damit ein Gen zur Ausprägung kommt, muss zunächst die Proteinbiosynthese erfolgen. **Fassen** Sie die wichtigsten Vorgänge bei der Translation ausführlich **zusammen**.
2. Albinismus ist in seiner Ausprägung phänotypisch ebenso vielfältig wie genotypisch.

2.1 **Ermitteln** Sie mithilfe der angegebenen DNA-Abschnitte aus Abbildung 1 a und b sowie der Codesonne (Abbildung 2) die Peptidausschnitte für eine gesunde und eine an Albinismus erkrankte Person.

2.2 **Werten** Sie die Angaben in Abbildung 1 a und b im Hinblick auf den Mutationstyp **aus**.

2.3 **Stellen** Sie eine begründete Hypothese über die Folgen der beschriebenen Mutation **auf**.

a: DNA-Abschnitt des Tyrosinase-Gens auf dem 11. Chromosom einer gesunden Person (Basen 524 bis 538)

3'-Ende	TGC	CTG	CTG	TGG	AGT	TTC	CAG	**5'-Ende**

b: DNA-Abschnitt des Tyrosinase-Gens auf dem 11. Chromosom einer an Albinismus erkrankten Person (Basen 524 bis 538)

3'-Ende	TGC	CTG	CTG	CGG	AGT	TTC	CAG	**5'-Ende**

Abb. 1a und b: Molekulargenetische Ursachen des Albinismus

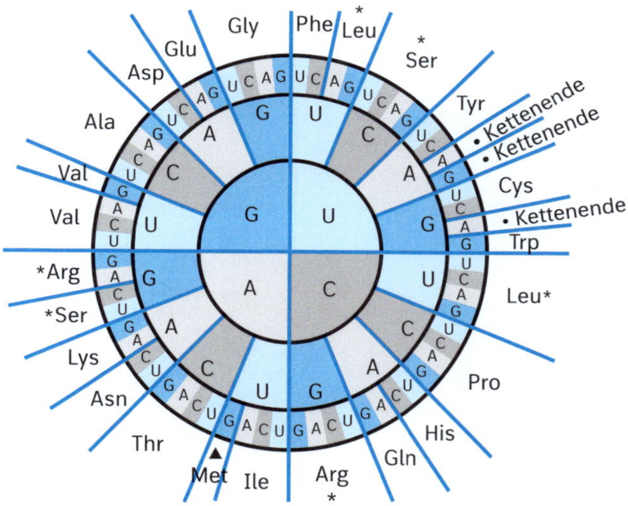

* zweimal auftretende Aminosäuren
• Stopp-Codon
▲ Start-Codon

Abb. 2: Codesonne

3. **Begründen** Sie anhand des Beispiels des Albinismus die Notwendigkeit der DNA als Doppelstrang vorzuliegen.
4. Bevor es zur Ausprägung eines Merkmals durch die Translation von mRNA zur Aminosäuresequenz des Proteins kommt, muss die zunächst gebildete prä-mRNA durch den Vorgang der Prozessierung reifen.

4.1 **Beschreiben** Sie die Reifung der mRNA bei eukaryotischen Lebewesen.

4.2 **Leiten** Sie mithilfe Ihrer Kenntnisse der Molekulargenetik die Notwendigkeit der Prozessierung der mRNA **ab**.

5. Damit das jeweilige Gen zum passenden Zeitpunkt exprimiert wird und somit zur Bildung des erwünschten Proteins führt, ist eine Regulation der Genaktivität zwingend erforderlich.

5.1 **Erläutern** Sie mithilfe von Abbildung 3 die Regulation der Genaktivität nach dem Operon-Modell.

5.2 **Ordnen** Sie die in Abbildung 4 gezeigten drei Möglichkeiten der Regulation von Genaktivität (a, b, c) den im Text beschriebenen Möglichkeiten (1., 2., 3.) zu.

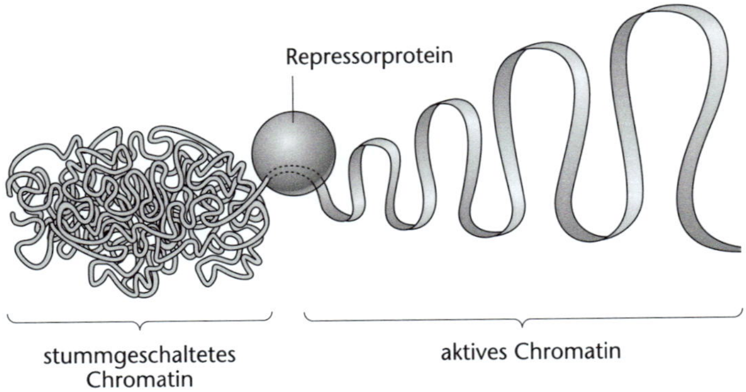

Abb. 3: Regulation der Genaktivität

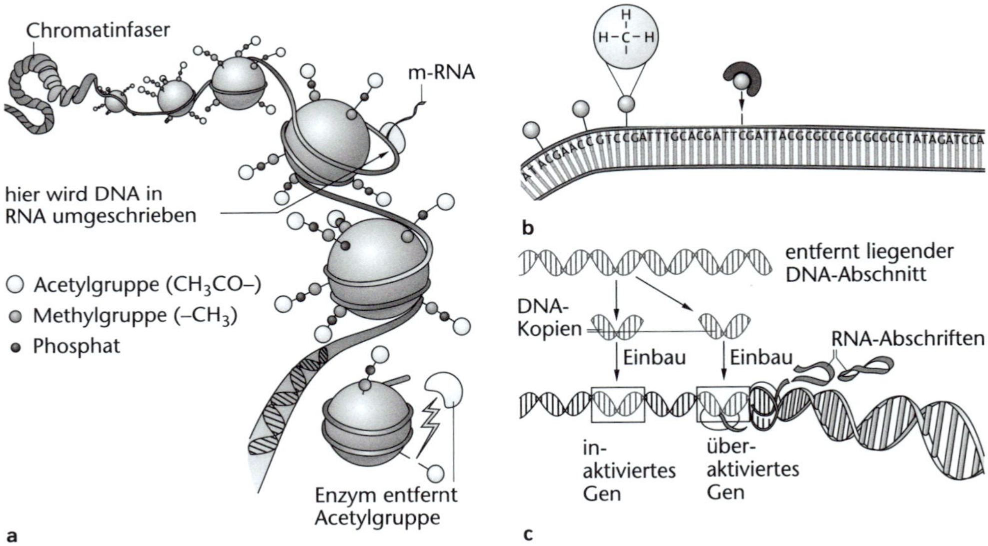

Abb. 4: Epigenetische Mechanismen

Veränderungen der Genaktivität, die nicht auf eine Änderung der Basensequenz zurückgehen, bezeichnet man als epigenetisch. Bisher sind nur vier verschiedene Mechanismen bekannt, von denen drei hier erwähnt und in den Abbildungen 4 a, b und c dargestellt sind:

1. Mithilfe eines Enzyms kann innerhalb der DNA das Cytosin-Nukleotid in der Nachbarschaft von Guanin methyliert werden. Dadurch kann verhindert werden, dass der entsprechende DNA-Abschnitt abgelesen wird.
2. Transposone sind sogenannte „springende Gene“, d. h. sie können sich selbst kopieren und werden anschließend in entfernt liegende Bereiche des Genoms eingebaut. Dadurch können Gene in ihrer Aktivität behindert oder besonders gefördert werden. Etwa 50% des menschlichen Genoms besteht aus Transposonen.
3. Die Chromosomen bestehen aus DNA und Chromatin, einer anfärbbaren Struktur aus Proteinen (Histone), an die noch weitere Substanzen gebunden sind, z. B. verschiedene funktionelle Gruppen. Acetylgruppen an den Histonen fördern die Aktivität benachbarter Gene; fehlen sie, wird die Aktivität herabgesetzt.

Benötigte Fachkenntnisse

DNA-Aufbau aus Nukleotiden, Informationsgehalt, Proteinbiosynthese bei Prokaryoten und Eukaryoten (S. 67 ff.), Übersetzung der DNA-Sequenz in eine mRNA-Sequenz und in die passende Aminosäuresequenz, Aufbau und Struktur von Proteinen, Mutationsformen (S. 69 f.)

Benötigte Methodenkenntnisse

Umgang mit Texten (S. 25 f.); Analyse von schematischen Zeichnungen; Übertragen von Textaussagen in schematische Zeichnungen

Lösungen

Lösungshinweis: Die im Einleitungstext dargebotenen Informationen über die Erkrankung Albinismus sollen zur Beantwortung der verschiedenen Fragestellungen unbedingt herangezogen werden. Zum einen erleichtert dies die Lösung der Fragen und zum anderen deutet dies darauf hin, dass der Antwortende den Text vollständig erfasst und verstanden hat.

1. Die Translation der mRNA in die jeweilige Aminosäuresequenz erfolgt in drei Schritten an den Ribosomen:
   Initiation: Zunächst lagert sich die kleine Untereinheit des Ribosoms an das 5'-Ende der mRNA an. Nach dem Erreichen des Startcodons (AUG) wird auch die große Untereinheit hinzugefügt. Zusätzlich erreicht auch eine mit Methionin (Met) beladene tRNA die P-Stelle des Ribosoms. Dort bindet sie mit ihrem Anticodon UAC komplementär an das Codon der mRNA.
   Elongation: An die A-Stelle bindet eine weitere tRNA, ebenfalls mit einer Aminosäure beladen. Die Auswahl der passenden tRNA erfolgt erneut über die komplementäre Basenpaarung zwischen Anticodon und Codon. Beide Aminosäuren werden unter Energiezufuhr zu einem Dipeptid zusammengefügt. Dabei wandert die mRNA in 5' → 3'-Richtung weiter durch das Ribosom. Die nun entladene tRNA verlässt das Ribosom an der E-Stelle.
   Termination: Die Elongation erfolgt so lange bis ein Stoppcodon (UAA, UAG oder UGA) erreicht wird. Ist dies geschehen, bindet ein Terminationsfaktor an die A-Stelle, das Ribosom zerfällt in die beiden Untereinheiten und löst sich somit von der mRNA. Dabei wird das neu synthetisierte Polypeptid freigesetzt.

2. **Lösungshinweis:** Die angegebene Sequenz befindet sich auf der DNA. Daher muss zunächst die Übersetzung in mRNA erfolgen, bevor die Aminosäuresequenz ermittelt werden kann. Hierbei muss unbedingt auf den Austausch der Base Thymin (DNA) zu Uracil (mRNA) geachtet werden.

2.1 Für den gesunden Menschen ergibt sich die folgende Aminosäuresequenz:

DNA	**3'-Ende**	TGC	CTG	CTG	TGG	AGT	TTC	CAG	**5'-Ende**
mRNA	**5'-Ende**	ACG	GAC	GAC	ACC	UCA	AAG	GUC	**3'-Ende**
AS		Thr	Asp	Asp	Thr	Ser	Lys	Val	

Für den an Albinismus erkrankten Menschen ergibt sich die folgende Aminosäuresequenz (**Achtung:** Dies ist nur eine von vielen möglichen Mutationen, die zu Albinismus führen können):

DNA	**3'-Ende**	TGC	CTG	CTG	**C**GG	AGT	TTC	CAG	**5'-Ende**
mRNA	**5'-Ende**	ACG	GAC	GAC	**G**CC	UCA	AAG	GUC	**3'-Ende**
AS		Thr	Asp	Asp	**Ala**	Ser	Lys	Val	

2.2 Bei dieser Mutation handelt es sich um eine Punktmutation. Die Base Thymin wurde in der DNA gegen die Base Cytosin ausgetauscht. Das neu entstandene Basentriplett codiert nun nicht mehr für die Aminosäure Threonin, sondern für die Aminosäure Alanin. Daher ist die vorliegende Punktmutation eine sogenannte Missense-Mutation.

2.3 Aufgrund des Austauschs der Aminosäure Threonin zu Alanin kommt es mit einer großen Wahrscheinlichkeit zu einer räumlichen Veränderung des Proteins Tyrosinase. Eine mögliche Folge ist die Änderung der Funktion des Enzyms. Es kann aber auch, wie bei einer Form des Albinismus, zum völligen Funktionsverlust kommen. In diesem Fall führt der Funktionsverlust dazu, dass der Farbstoff Melanin nicht oder nur in zu geringen Mengen gebildet wird und bei betroffenen Personen hellere Haut-, Haar- und Augenfarben zu beobachten sind.

Zusatzinformation

Der Aufbau von Proteinen kann in vier Ebenen unterteilt werden:

- Primärstruktur: diese wird bestimmt durch die Reihenfolge der einzelnen Aminosäuren (z. B. Ala – Gly – Leu ...)
- Sekundärstruktur: die verschiedenen Seitengruppen der Aminosäuren bilden Wasserstoffbrücken, dadurch kommt es zur Ausbildung charakteristischer Strukturmerkmale (z. B. α-Helix, β-Faltblatt)
- Tertiärstruktur: neben den Wasserstoffbrücken kommt es zu weiteren Wechselwirkungen zwischen den einzelnen Seitenketten der unterschiedlichen Aminosäuren (z. B. Disulfidbrücken zwischen den Resten der Aminosäure Cystein)
- Quartärstruktur: ein Protein besteht meist aus mehreren Untereinheiten die eine bestimmte räumliche Ausrichtung zueinander besitzen (z. B. Hämoglobin besteht aus vier Untereinheiten)

3. Die Tatsache, dass die DNA als Doppelstrang vorliegt ist eine notwendige Sicherheitsmaßnahme. Das ständige Kopieren während der Replikation und das andauernde Ablesen bei der Transkription sind häufige Fehlerquellen. Ist einer der Stränge bei einem solchen Vorgang verändert worden, so dient der zweite immer noch als Matrize für verschiedenste Reparaturvorgänge. Somit kann die Mutation einer einzigen Base, wie im obigen Beispiel des Albinismus, oftmals verhindert werden.

4. **Lösungshinweis:** Hier ist ausschließlich eine Beschreibung der Prozessierung der mRNA bei Eukaryoten verlangt. Vergessen Sie in diesem Zusammenhang nicht auf die Existenz des Zellkerns und der daraus resultierenden Folgen für die Notwendigkeit der Reifung einzugehen.

4.1 Im Gegensatz zur prokaryotischen mRNA kann die der Eukaryoten nicht direkt im Anschluss an die Transkription für die Translation genutzt werden. Die zunächst entstandene prä-mRNA besteht aus den codierenden Bereichen (Exons) und den nicht codierenden Bereichen (Introns). Um das spätere Ablesen während der Translation zu erleichtern, werden die dafür nicht notwendigen Introns entfernt. Dieser Vorgang wird als Spleißen bezeichnet und wird von den sogenannten Spleißosomen, welche aus snRNA bestehen, durchgeführt. Weiterhin werden die beiden Enden der prä-mRNA verändert. An das 5'-Ende wird eine Kappe (‚5'-Cap') aus vielen Guanin-Nukleotiden, an das 3'-Ende ein Schwanz (‚Poly-A-Schwanz') aus zahlreichen Adenin-Nukleotiden angebracht.

4.2 Die mRNA der Eukaryoten befindet sich innerhalb des Zellkerns. Die Modifizierung am 3'-Ende verhindert zum einen den zu schnellen Abbau und zum anderen wird dadurch der Transport vom Zellkern ins Cytoplasma erleichtert. Das 5'-Cap aus Guanin-Nukleotiden ermöglicht die spätere Bindung an die kleine Untereinheit des Ribosoms während der Translation.
Dank des Spleißens wird es möglich, dass aus ca. 30 000 eukaryotischen Genen mehrere hunderttausend verschiedene Proteine gebildet werden können. Das Spleißen steigert also die genetische Variabilität. Ohne diesen Vorgang müsste die DNA von Eukaryoten noch viel umfangreicher und somit länger sein.

5. Grundsätzlich kann bei der Regulation in die Endprodukt-Repression und die Substratinduktion differenziert werden.

5.1 In dieser Abbildung ist die Endprodukt-Repression dargestellt. Dabei wird ein Repressorprotein an einer bestimmten Stelle des Genoms gebildet. Durch die Anlagerung des Endprodukts an einer weiteren Bindungsstelle wird der Repressor räumlich so verändert, dass das Protein sich an den Operator anlegt und somit die weitere Bildung von mRNA verhindert wird.

5.2 Mechanismus 1: Abbildung 4 b, Mechanismus 2: Abbildung 4 c, Mechanismus 3: Abbildung 4 a

Selbstdiagnosebogen

Aufgabe Nr.	Kernkompetenz	AFB	BE	erreichte BE	Förderung
1	Zusammenfassende Darstellung der Translation	I	10		Ablauf der Proteinbiosynthese (S. 67 ff.)
2.1	Transkription des codogenen Stranges in mRNA (gesund und erkrankt) Translation der mRNA in Aminosäuresequenz (gesund und erkrankt)	II	10		Bau der DNA, codogener Strang, Transkription, Translation, genetischer Code (S. 68)
2 .2	Vergleich der DNA- bzw. Aminosäuresequenzen Schlussfolgerung aus dem Vergleich	I	3		Mutationsarten (S. 70)
2 .3	Zusammenhang zwischen Struktur und Funktion eines Enzyms	III	5		Bau der Proteine (S. 46)
3	Doppelsträngigkeit der DNA begründen	III	4		Bau der DNA, Reparaturmechanismen, Bewertung vorliegender Sachverhalte
4.1	Prozessierung der mRNA bei Eukaryoten zusammenfassen	I	6		Genexpression bei Eukaryoten (S. 68)
4.2	Begründung der Notwendigkeit	III	5		Genetische Variabilität
5.1	Regulation der Genaktivität bei Prokaryoten beschreiben	II	4		Regulation der Genaktivität bei Bakterien (S. 70)
5.2	naturwissenschaftliche Texte analysieren, Abbildungen deuten	II	3		Methodentraining: Analyse von Texten und Diagrammen (S. 25 ff.)

Gesamtbewertungseinheiten: 50, davon AFB I: 19 BE (38 %), AFB II: 17 BE (34 %), AFB III: 14 BE (28 %)

Materialgrundlage

Markus Kaufmann: Albinismus: Das Tyrosinase-Gen in 78 Variationen. Inauguraldissertation zur Erlangung der Doktorwürde der Universität zu Lübeck, im September 2004, http://d-nb.info/982725965/34
http://www.ncbi.nlm.nih.gov/nuccore/M27160

Mendelsche Regeln am Beispiel der Pflanzenzüchtung, gentechnische Methoden

Aufgabe 5: Die Steinnelke – eine gefährdete Pflanze

Einleitung

Die Steinnelke (lat.: *Dianthus sylvestris*) aus der Familie der Nelkengewächse (lat.: *Caryophyllaceae*) ist in den Bergregionen Europas und Nordafrikas heimisch. Allerdings ist sie in Europa so selten geworden, dass sie bereits besonders geschützt werden muss. In Deutschland ist der Schutz dieser Pflanze in der Bundesartenschutzverordnung (kurz: BArtSchV) fixiert.
Dieses Nelkengewächs blüht zwischen Juni und September und übersteht vielfach den Winter, solche Pflanzen werden als mehrjährig bezeichnet. Dabei erreicht die Steinnelke eine Wuchshöhe von 10 bis zu 30 Zentimetern. Besonders wohl fühlt sich die Steinnelke, wie bereits ihr Name vermuten lässt, auf steinigen Böden. Deshalb wird sie häufig in heimischen Steingärten angepflanzt. Die Blütenblätter der Steinnelke sind überwiegend rötlich-violett, allerdings kommt es zu Variationen bei ihrer Form und Größe. Am häufigsten liegen an den Außenrändern gezähnte Blütenblätter vor. Seltener gibt es diese auch mit glatten Außenrändern. Die Blütengröße kann zwischen 1,5 und 3 Zentimetern betragen. Die hellgrünen, lanzettförmigen Laubblätter sind rosettenartig am Boden gebündelt.
Tabelle 1: Verschiedene Steinnelken

Steinnelke *(Dianthus sylvestris)*		
Abbildung		
Blütenblätter	gezähnt	glatt
Stängel	einfach	verzweigt
Blütengröße	Ø ca. 3 cm	Ø ca. 1,5 cm

Aufgabenstellung

1. Um die Verbreitung der Steinnelke wieder zu steigern, gibt es zahlreiche Projekte zu deren Züchtung. Dabei werden reinerbige Nelken mit gezähnten Blütenblättern und großen Blüten (Ø ca. 3 cm) gekreuzt mit ebenfalls reinerbigen Steinnelken mit glatten Blütenblättern und kleineren Blüten (Ø ca. 1,5 cm). In der F_1-Generation besitzen alle Pflanzen mittelgroße Blüten (Ø ca. 2,2 cm) mit gezähnten Blütenblättern.

1.1 **Identifizieren** Sie den beschriebenen Erbgang hinsichtlich der Blütenform und Blütengröße und **charakterisieren** Sie diesen mit Fachbegriffen.

1.2 Erstellen Sie die passenden Kreuzungsschemata des obigen Erbgangs für die F_1- und F_2-Generation. Formulieren Sie außerdem die zugrunde liegenden MENDELschen Regeln.

1.3 Bei der Züchtung der Steinnelke gibt es immer wieder Pflanzen, deren Stängel nicht wie üblich einfach vorliegen, sondern mehrfach verzweigt sind. Dabei treten die gezähnten Blütenblätter häufig in Kombination mit einfachen Stängeln und die glatten Blütenblätter mit verzweigten Stängeln auf.

1.3.1 **Überprüfen** Sie das Vorliegen einer Genkopplung bei den Merkmalen Blütenform und Verzweigungsgrad des Stängels. Planen Sie dazu die Durchführung eines entsprechenden Kreuzungsexperimentes.

1.3.2 **Erläutern** Sie an Hand eines passenden Kreuzungsschemas eine mögliche Genkopplung. Gehen Sie dabei von einer dominanten Vererbung der einfachen Stängel aus.

2. Die Weissgefleckte Nelkeneule (lat.: Hadena albimacula), ein Nachtfalter, ist einer der Bestäuber der Steinnelke. Nachdem der Bestand der Steinnelken in den letzten Jahrzenten so drastisch gesunken ist, hat sich der Schmetterling auch auf andere Nahrungsquellen spezialisiert. Um eine Züchtung langfristig erfolgreich zu gestalten, muss die natürliche Bestäubung gewährleistet sein. Dazu soll die Steinnelke nun wieder besonders attraktiv für die Nelkeneule werden. Gentechniker haben erfolgreich das Gen für eine gesteigerte Nektarproduktion isoliert und mit Hilfe bakterieller Plasmide in das Genom des Nelkengewächses integriert.

2.1 **Beschreiben** Sie unter Verwendung einer Skizze die gentechnische Herstellung eines Hybridplasmids.

2.2 Zur Züchtung vollständiger Pflanzen mit rekombinanter DNA muss diese zunächst vervielfältigt werden. **Erklären** Sie das dazu verwendete Verfahren.

2.3 **Diskutieren** Sie die Züchtung von Steinnelken mit gentechnisch veränderter DNA aus ethischer Sicht.

Benötigte Fachkenntnisse
Verschiedene Erbgänge (dominant, rezessiv, intermediär), MENDELsche Regeln, Genkopplung, Herstellung und Identifikation rekombinanter DNA (S. 80 ff.), Polymerasekettenreaktion (S. 83)

Benötigte Methodenkenntnisse
Umgang mit Texten (S. 25 f.), Umgang mit Experimenten (S. 32 ff.), ethische Bewertung gentechnischer Sachverhalte (S. 87)

Lösungen

1.1 Es werden zwei unterschiedliche Merkmale betrachtet: die Form des Blütenrandes und die Größe der Blüte. Daher handelt es sich um einen dihybriden Erbgang. Da in der F_1-Generation alle Steinnelken gezähnte Außenränder und ca. 2,2 cm große Blüten besitzen, muss die Vererbung in zwei unterschiedlichen Mechanismen ablaufen: Die Vererbung der Form der Blütenblätter verläuft dominant-rezessiv, wobei das Merkmal „gezähnt" dominant ist, da es in der F_1-Generation auftaucht. Die Größe der Blüten wird intermediär vererbt, da beide möglichen Allele (3 cm und 1,5 cm große Blüten) als Mischfom (2,2 cm große Blüten) in der F_1-Generation zum Ausdruck kommen.

1.2 **Lösungshinweis:** Es ist zwingend notwendig zu Beginn die Genotypen eindeutig den passenden Phänotypen zuzuordnen. Zur besseren Übersichtlichkeit empfiehlt es sich die verschiedenen Phänotypen farbig zu markieren. Dies erleichtert die anschließende Auswertung erheblich und vermeidet Leichtsinnsfehler.

P: gezähnte Blütenblätter (F), große Blüten (g) x glatte Blütenblätter (f), kleine Blüten (k)

FFgg ffkk

F_1-Generation	fk	fk
Fg	Ffgk	Ffgk
Fg	Ffgk	Ffgk

Alle Individuen der F_1-Generation haben den Genotyp Ffgk und besitzen somit mittelgroße Blüten mit gezähnten Blütenblättern. Hier gilt also die 1. MENDELsche Regel (**Uniformitätsregel**): Kreuzt man zwei Individuen einer Art (Parentalgeneration P), die sich in untersuchten Merkmalen reinerbig unterscheiden, so sind alle Nachkommen der Filialgeneration F_1 hinsichtlich dieser Merkmale untereinander uniform.

Da in dieser Generation neben den Phänotypen der Parentalgeneration auch vier neue Kombinationen auftreten, gilt hier die 3. MENDELsche Regel (Unabhängigkeitsregel): Kreuzt man zwei Individuen einer Art, die sich hinsichtlich mehrerer Merkmale unterscheiden,

F_2-Generation	Fg	Fk	fg	fk
Fg	FFgg	FFgk	Ffgg	Ffgk
Fk	FFgk	FFkk	Ffgk	Ffkk
fg	Ffgg	Ffgk	ffgg	ffgk
fk	Ffgk	Ffkk	ffgk	ffkk

so werden die einzelnen Erbanlagen getrennt und unabhängig voneinander vererbt. Die Individuen der F_2-Generation besitzen die folgenden Phänotypen:

groß, gezähnt	**groß, glatt**	**mittelgroß, gezähnt**	**mittelgroß, glatt**	**klein, gezähnt**	**klein, glatt**
3	1	6	2	3	1

1.3.1 Einer Steinnelke mit gezähnten Blütenblättern und einfachem Stängel wird Pollen entnommen und auf den Fruchtknoten einer Pflanze mit glatten Blütenblättern und verzweigtem Stängel übertragen. Beide Pflanzen müssen hinsichtlich der genannten Merkmale reinerbig sein. Außerdem muss bei dieser Fremdbestäubung darauf geachtet werden, dass keine weitere Bestäubung auf natürlichem Wege erfolgen kann. Um dies zu verhindern können die eigenen Staubblätter entfernt werden. Treten in der F_2-Generation ausschließlich Pflanzen mit den elterlichen Merkmalskombinationen auf, so liegt eine Genkopplung vor.

F2-Generation	**F** **E**	**f** **e**
F **E**	F F E E	F f E e
f **e**	F f E e	f f e e

1.3.2 Bei einer Genkopplung werden zwei Allele für unterschiedliche Merkmale gemeinsam vererbt, da diese sich auf einem Chromosom befinden. In diesem Beispiel handelt es sich um die Kopplung der Merkmale gezähnte Blütenblätter (F) und einfacher Stängel (E) sowie um die Merkmale glatte Blütenblätter (f) und verzweigte Stängel (e).

2.1 Zunächst muss das Gen für die vermehrte Nektarherstellung aus der Fremd-DNA isoliert werden, dies geschieht mit Hilfe von Restriktionsenzymen. Dasselbe wird auch zur Bearbeitung des Plasmids benutzt. So entstehen an beiden Strukturen die identischen Erkennungssequenzen (auch als „sticky ends" bezeichnet). Durch das Enzym Ligase werden Fremd-DNA und Plasmid verknüpft. Das so entstandene Hybridplasmid wird mit Hilfe von Calciumchlorid oder Ultraschall zurück in die Bakterienzelle geschleust. Damit die modifizierte DNA

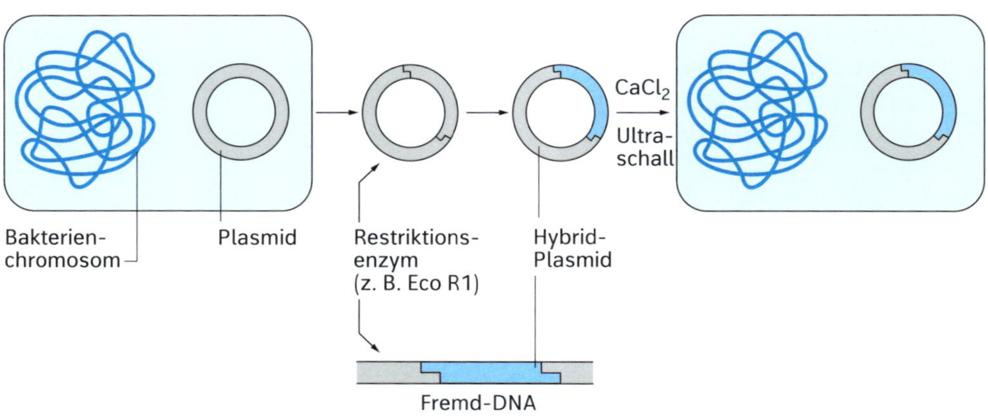

in die pflanzliche DNA integriert werden kann, wird meist das Agrobacterium tumefaciens verwendet (siehe S. 85).

2.2 Bei dem erwähnten Verfahren handelt es sich um die Polymerasekettenreaktion (kurz: PCR). Die DNA wird auf 94 °C erwärmt. Dabei kommt es zur Aufspaltung der Wasserstoffbrücken und der Doppelstrang trennt sich in die beiden Einzelstränge. Bei der Abkühlung auf 65 °C lagern sich die komplementären DNA-Primer an. Durch die Zugabe der Taq-Polymerase und bei einer Temperatur von 75 °C lagern sich frei vorliegende Nukleotide an die Primer an. Dieser Zyklus wird mehrfach wiederholt.

2.3 Der Einsatz gentechnischer Methoden zur Züchtung von Pflanzen muss kritisch hinterfragt werden. Die beschriebene genetische Modifikation hat möglicherweise unbekannte Folgen für das Wachstum und die Vermehrung der Steinnelke oder für den Nachtfalter, da ihm die Steinnelke als Nahrung dient. Des Weiteren stellt diese Veränderung einen schwerwiegenden Eingriff in das Ökosystem dar, da die Bestäubungsgewohnheiten des Nachtfalters beeinflusst werden.

Selbstdiagnosebogen

Aufgabe Nr.	Kernkompetenz	AFB	BE	erreichte BE	Förderung
1.1	Identifikation eines dominant-rezessiven bzw. intermediären Erbgangs	III	5		Dihybride Erbgänge (S. 76)
1.2	Erstellung von Kreuzungsschemata Nennung der MENDELschen Regeln	II I	8 5		MENDELsche-Regeln (S. 75 f.)
1.3.1 1.3.2	Planung eines Experimentes zur Genkopplung mit anschließender Erklärung	III II	4 5		Genkopplung (S. 76 f.)
2.1	Beschreibung gentechnischer Methoden	I	8		Herstellung eines Hybridplasmids (S. 82 ff.)
2.2	Erkennung und Erklärung der PCR	II	7		PCR (S. 85)
2.3	Ethische Bewertung gentechnischer Methoden	II	3		Ethische Aspekte (S. 87)

Gesamtbewertungseinheiten: 45, davon AFB I: 13 BE (29 %), AFB II: 23 BE (51 %), AFB III: 9 BE (20 %)

Populationsentwicklung, Fortpflanzungsstrategien, anthropogene Einflüsse auf die Umwelt

Aufgabe 6: Die Population der Dreizehenmöwe auf Helgoland

Einleitung

Die Dreizehenmöwe *(Rissa tridactyla)* brütet auf Felsen oder an Klippen im Meer im Norden Europas, Nordamerikas, Grönlands und Russlands. Den Großteil ihres bis zu 29 Jahre langen Lebens verbringt sie in der Luft, nur zum Brüten fliegt sie kleine Inseln im Meer an. Die Tiere leben oft in monogamen Beziehungen und die Gelege bestehen meistens aus zwei Eiern pro Paar und Jahr. Nach ca. 27 Tagen schlüpfen die Jungen. Dann kümmern sich die Elternvögel abwechselnd um ihren Nachwuchs, ab dem Schlüpfen mindestens 40 Tage lang. Sie füttern sie, spenden den Jungen Schatten, wärmen sie nach Bedarf, schützen sie vor einem Absturz aus dem Nest oder wehren Angreifer ab. Ihre Nahrung besteht hauptsächlich aus kleinen Fischen, Weichtieren oder Krebstieren, die sie im Meer fangen.

Seit 1952 wurde der Bestand der Dreizehenmöwe auf der Insel Helgoland wissenschaftlich untersucht. Die Ergebnisse sind in Abbildung 1 und in Tabelle 1 dargestellt:

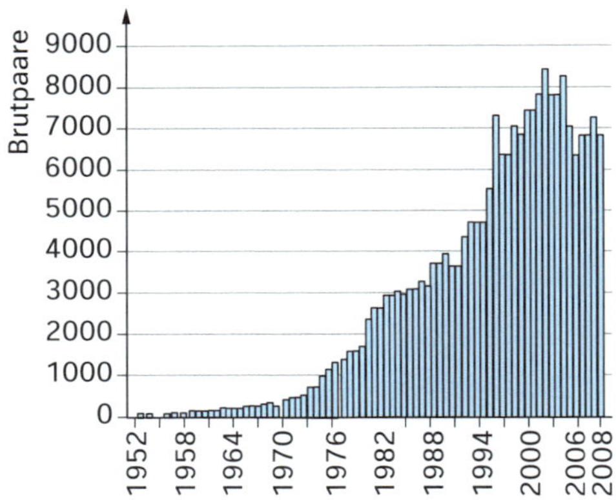

Abb. 1: Entwicklung der Brutpaarzahlen der Dreizehenmöwe auf Helgoland von 1952 bis 2008

	1986	2008
Anzahl der Fütterungen pro Nest und Tag	6 – 7	3
Anzahl der Fütterung pro Küken und Tag	4	3
Dauer der Nahrungssuchflüge (Stunden)	3	≥ 5
Anzahl der Nahrungssuchflüge pro Tag	4 – 5	1 – 3
Anwesenheit der Eltern am Nest zwischen 5-22 Uhr (100 = beide Eltern da, 0 = kein Elternvogel da)	40 – 50	10 – 45

Tabelle 1: Brutbiologische Daten der Dreizehenmöwe auf Helgoland aus verschiedenen Jahren

Aufgabenstellung

1. Die Daten über die Dreizehenmöwen wurden auf der Insel Helgoland in der Nordsee, ca. 40 km vom Festland entfernt, erhoben. **Begründen** Sie kurz, weshalb Inseln für populationsbiologische Untersuchungen besonders geeignete Untersuchungsgebiete darstellen!
2. **Benennen** Sie den Wachstumstypus, der der Entwicklung der Brutpaarzahlen der Dreizehenmöwe auf Helgoland zugrunde liegt und zeichnen Sie, basierend auf den angegebenen Daten, das dazugehörige, vollständig beschriftete Wachstumsdiagramm schematisch. **Leiten** Sie dann anhand der Daten die einzelnen Wachstumsphasen Ihres Diagramms ab.
3. **Zeichnen** Sie in Ihr Diagramm die Umweltkapazität K ein, **schätzen** Sie deren ungefähren Wert anhand der vorliegenden Daten ab und **begründen** Sie Ihre Entscheidung.
4. **Geben** Sie **an**, ob es sich bei den Dreizehenmöwen um r- oder K-Strategen handelt und **charakterisieren** Sie kurz diese Art der Fortpflanzungsstrategie. Binden Sie in Ihre Antwort auch passende Belege aus der Einleitung **ein**.
5. Der Bruterfolg (= durchschnittliche Anzahl der Küken pro Nest, die bis zum 40. Tag nach dem Schlüpfen überlebt haben) für die Dreizehenmöwen auf Helgoland betrug 1986 1,45 und 2008 im Mittel 0,63. **Interpretieren** Sie diese Zahlen vor dem Hintergrund der brutbiologischen Daten aus der Tabelle unter Berücksichtigung dichteabhängiger und/oder dichteunabhängiger Faktoren.
6. Die Dreizehenmöwen wurden im 19. Jahrhundert vom Menschen stark verfolgt. Die Vögel wurden „zum Vergnügen“ geschossen, die Eier und Jungvögel gesammelt und verspeist. Viele Brutplätze, auch jene auf Helgoland, wurden von den Möwen daraufhin aufgegeben, weswegen die Bestände regional stark zurückgingen. Auf Helgoland war die Dreizehenmöwe etwa 100 Jahre lang praktisch nicht mehr anzutreffen. Schutzmaßnahmen im Jahr 1900 führten dazu, dass erste Vögel dieser Art wieder ab 1938 gesichtet werden konnten.
   Beschreiben Sie mindestens zwei mögliche Schutzmaßnahmen, die dazu geführt haben könnten, dass die Dreizehenmöwen ab 1938 wieder regelmäßig auf Helgoland anzutreffen waren.

Benötigte Fachkenntnisse

Wachstumstypen, logistisches Wachstum, Umweltkapazität K, Einflussfaktoren auf die Populationsentwicklung, Fortpflanzungsstrategien, ökologische Zusammenhänge (S. 88 ff.)

Benötigte Methodenkenntnisse

Analyse von Diagrammen und Tabellen, Anfertigung von Diagrammen, Auswertung von Sachtexten, Hypothesenbildung (S. 25 ff.)

Lösungen

1. Inseln sind isolierte biologische Systeme mit klaren Grenzen, die auf dem Festland nicht immer eindeutig gezogen werden können. Zu- und Abwanderungen von z. B. Tieren, wie hier Möwen, lassen sich zahlenmäßig einfach erfassen.

2. Es handelt sich um ein **logistisches Wachstum**. Bis zum Ende der 1960er Jahre erstreckt sich eine **Anlaufphase** (= A), in der sich die Tiere an die gegebenen Umweltbedingungen anpassten. Es schließt sich die **Vermehrungsphase** (= B) bis Mitte/Ende der 1990er Jahre an. Die Tiere vermehrten sich exponentiell, da sie ausreichend Nahrung und genügend Platz vorfanden. Die Geburtenrate war dabei wesentlich größer als die Sterberate. Danach erfolgt bis ca. 2004 die **stationäre Phase** (= C), in der die Brutpaarzahl einigermaßen konstant blieb. Es kam zu keinem weiteren starken Wachstumsschub, da hier wohl die Umweltkapazität K erreicht ist und die Geburtenrate etwa der Sterberate entsprach. Die Ressourcen wie Nahrung und Platz könnten hier größtenteils ausgeschöpft gewesen sein. Ob es ab 2004 tatsächlich zu einer **Absterbephase** (= D) nach Lehrbuch kam, kann man nicht exakt sagen, es fehlen weitere Daten nach 2008. Es könnte sein, dass die stationäre Phase nach 2004 fortgeführt wird und sich die Brutpaarzahl um einen Mittelwert herum einpendelt, oder aber es schließt sich tatsächlich eine Absterbephase (Geburtenrate < Sterberate) an.

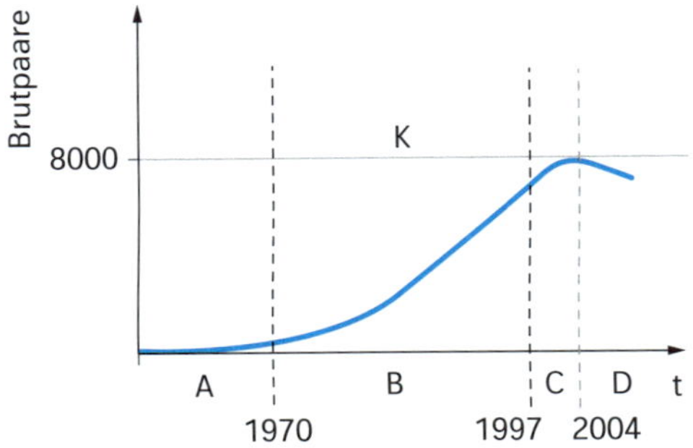

3. Die Umweltkapazität K liegt bei dem Beispiel mit den Dreizehenmöwen etwa um den Wert von 8000 Brutpaaren, da es (zumindest gemäß den vorliegenden Daten) zu keinem Zeitpunkt wesentlich mehr als 8000 Brutpaare gab.

4. Bei den Dreizehenmöwen handelt es sich um K-Strategen. Sie bekommen wenige Nachkommen (ca. 2 Eier pro Paar und Jahr), kümmern sich um ihren Nachwuchs (z. B. Fütterung, Schutz) und sie werden relativ alt (bis zu 29 Jahre). Zudem bleibt Ihr Lebensraum konstant (Meer/Insel). Durch diese Maßnahmen stellen die Eltern sicher, dass ihre Jungen konkurrenzstärker sind, als jene anderer Paare. Sie setzen also mehr auf „Klasse statt Masse".

5. Der Bruterfolg der Dreizehenmöwe hat sich von 1986 im Vergleich zu 2008 um mehr als die Hälfte verringert (von 1,45 auf 0,63), was auf eine Verschlechterung der Brutbedingungen hindeutet.
Die Zahlen decken sich mit den anderen Beobachtungen. Die Anzahl der Fütterungen wurde in dem genannten Zeitraum auf 3 halbiert, die Dauer der Nahrungssuche in Stunden stieg um mehr als 2 Stunden pro Tag erheblich an und die Zahl an Nahrungssuchflügen pro Tag halbierte sich auf durchschnittlich 2. Dies passt

dazu, dass die Elternvögel 2008 bis zu fünfmal seltener am Nest anwesend waren, als im Jahre 1986.

Die Eltern waren also insgesamt betrachtet länger mit der Nahrungssuche beschäftigt und konnten so weniger Zeit bei ihren Jungen verbringen, die damit schutzlos gegenüber zahlreichen Gefahren waren.
Geht man davon aus, dass 1986 wie 2008 die Futtermenge pro Küken gleich groß ist, bedeutet dies, dass die Elternvögel länger für die Nahrungssuche brauchen und/oder weitere Strecken fliegen mussten, um die Nahrungsmenge zu besorgen, es gab also weniger Nahrung im Brutgebiet als 20 Jahre zuvor.
Die längeren Nahrungssuchflüge kosten daher mehr Zeit, weswegen die Jungtiere seltener gefüttert wurden und dadurch insgesamt eine schwächere Konstitution aufweisen könnten, als die Jungen von 1986. Einige von ihnen starben vielleicht deswegen, was den Bruterfolg verringerte.
Durch die längere Abwesenheit der Eltern hatten Fressfeinde mehr Gelegenheit, die Jungen zu holen, was den Bruterfolg ebenfalls dezimierte.
Diese dichteabhängigen Faktoren (Nahrungsangebot, Fressfeinde) könnten auch in Kombination mit anderen dichteabhängigen Faktoren auftreten. Die Populationsdichte 1986 ist um über 4000 Individuen geringer als 2008 (s. Diagramm). Dies führt spätestens etwa ab Mitte der 1990er Jahre zwangsläufig zu einem höheren sozialen Stress innerhalb der Population, es gibt weniger Platz pro Brutpaar, was wiederum Auswirkungen auf die zur Verfügung stehende Nahrung hat – die innerartliche Konkurrenz nahm also zu. Zudem könnten auch häufigerer Parasitenbefall oder Krankheiten einige Jung- und Altvögel haben sterben lassen.
Darüber hinaus kann die Dezimierung des Bruterfolges auch immer von dichteunabhängigen Faktoren beeinflusst werden. Da die Möwen an Klippen im Meer brüten, könnten durch hohe Wellen viele Nester auf einmal Jungtiere ins Meer gerissen haben, die dann vielleicht ertranken oder gefressen wurden.
Insgesamt gesehen oszilliert die Population aufgrund von dichteabhängigen Faktoren und fluktuiert aufgrund dichteunabhängiger Faktoren jeweils um einen Mittelwert herum.

6. Mögliche Schutzmaßnahmen könnten gewesen sein:
- **Abschussverbot:** Die Vögel dürfen nicht mehr abgeschossen werden. Dies führt dazu, dass sie sich wieder der Insel annähern und sich niederlassen können.
- Einrichtung eines **Naturschutzgebietes:** Innerhalb eines bestimmten Gebietes gelten verschiedene Naturschutzbedingungen. Die Tiere dürfen z. B. nicht mehr gestört, eingesammelt oder abgeschossen werden, was eine erneute Ansiedlung der Tiere begünstigt, da sie nun eine Art „Ruhezone“ besitzen.
- **Ansiedlungsversuche:** Vögel aus anderen Regionen (z. B. Großbritannien) könnten auf Helgoland ausgesetzt werden. Fühlen sich die Tiere wohl und stimmen die Bedingungen, lassen sie sich dort nieder.

Selbstdiagnosebogen

Aufgabe Nr.	Kernkompetenzen	AFB	BE	erreichte BE	Förderung
1	Insel als isolierte Region erkennen und korrekte Schlussfolgerungen daraus für die Vogelbeobachtungen ziehen	I-II	3		naturwissenschaftliche Methoden (Felduntersuchung)
2	Benennung des Wachstumstypus Zeichnung der Kurve, abgeändert auf vorgegebene Bedingungen Abwägung der Informationen anhand der vorgegebenen Faktoren	I II II-III	1 6 8		Idealisierte Populationsentwicklung (S. 88 ff.)
3	Fachwissen (Umweltkapazität), Lesen von Diagrammen	I-II	2		Auswerten von Säulendiagrammen (S. 26 ff.)
4	Erkennen der Fortpflanzungsstrategie, Einbindung von vorgegebenen Informationen	I-II	5		Fortpflanzungsstrategien (S. 90 ff.)
5	Auswerten von Tabellen, eigene Interpretationen zu vorgegebenen Informationen vornehmen und Zusammenhänge verknüpfend darstellen	III	8		Einflussfaktoren auf die Populationsentwicklung (S. 89 ff.)
6	Schutzmaßnahmen nennen und Folgen für die Vögel beschreiben	II	4		Auswirkungen auf die Biodiversität (S. 91 ff.)

Gesamtbewertungseinheiten: 37, davon AFB I: 5 BE (14 %), AFB II: 20 BE (54 %), AFB III: 12 BE (32 %)

Materialgrundlage

http://de.wikipedia.org/wiki/Dreizehenmöwe

Drös R. (Hrsg.); Linder Biologie Arbeitsheft 2, 23. neu bearbeitete Auflage; Bildungshaus Schulbuchverlage Westermann Schroedel Diesterweg Schöningh Winklers GmbH, Braunschweig, 2012, S. 37

Drös R. (Hrsg.); Linder Biologie Lösungen und Kommentare zum Arbeitsheft 2, 23. neu bearbeitete Auflage; Bildungshaus Schulbuchverlage Westermann Schroedel Diesterweg Schöningh Winklers GmbH, Braunschweig, 2012, S. 75-77

Evolutionsforschung, Mechanismen der Evolution

Aufgabe 7: Die Querzahnmolche vom Mount St. Helens

Einleitung

Am 18. Mai 1980 brach im nordwestlichen US-Bundesstaat Washington der Vulkan *Mount St. Helens* in einer gewaltigen Eruption aus. Rund um den Vulkan sind viele kleine und wenige große Seen verteilt.
Bis zum Ausbruch lebten in dem etwa 10 km nordöstlich des Vulkans liegenden See Spirit Lake viele Nordwestliche Querzahnmolche *(Ambystoma gracile)*. Die Elterntiere paaren sich im Wasser und die Mutter legt die befruchteten Eier ab. Nach dem Schlüpfen leben die Jungtiere als Larven mit äußeren Kiemen im Wasser. Die Kiemen bilden sich in der für Amphibien typischen Metamorphose langsam zurück und nach ca. 15 Monaten verlassen sie als geschlechtsreife, erwachsene Tiere das Wasser. In den Wäldern um den Spirit Lake herum leben die Tiere dann als typische Molche, bis sie wieder zurück in ihr Geburtsgewässer gehen, um sich zu paaren. Als Amphibien sind Molche auf eine Umgebung mit hoher Luftfeuchtigkeit, wie sie in den Wäldern vorherrscht, angewiesen, da sie sonst austrocknen.
Ein sehr geringer Anteil an jungen Molchen bleibt nach dem Schlüpfen im Wasser und entwickelt sich dort ohne Metamorphose zum geschlechtsreifen Tier. Diese Entwicklung nennt man Neotenie. Die neotenischen Tiere bleiben ihr Leben lang mit äußeren Kiemen und anderen Larven-Merkmalen im Wasser, pflanzen sich dort fort und gehen nicht an Land.
Durch den Vulkanausbruch veränderte sich die gesamte Region beträchtlich. Die großen Wälder existieren nicht mehr. Auf die Region trifft nun ungehindert die Sonne auf. Man fand dort nach dem Ausbruch keine landlebenden Molche mehr. In den umliegenden kleinen Seen wurden ebenfalls alle Molche ausgerottet. Nur im großen *Spirit Lake* fand man noch wenige Individuen Nordwestlicher Querzahnmolche, die alle neotenisch leben.

Aufgabenstellung

1. **Erklären** Sie am Beispiel der neotenischen Querzahnmolche (Abb. 1, unten) bzw. der Eintagsfliegenlarven (Abb. 1, oben) das Auftreten morphologisch ähnlicher Kiemenbüschel mit evolutionsbiologischen Fachbegriffen.

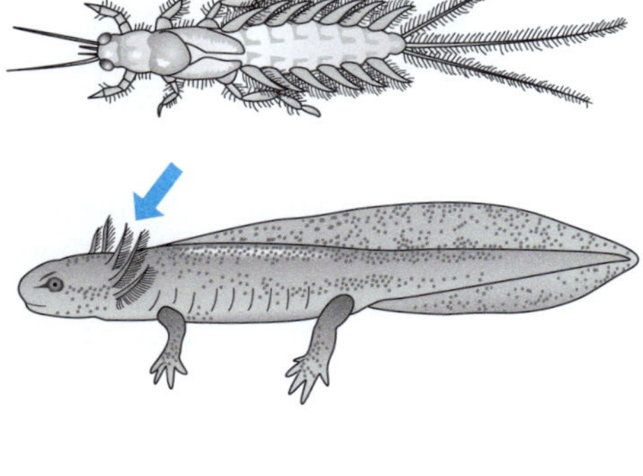

Abb. 1: Querzahnmolch (unten) bzw. Eintagsfliegenlarve (oben) mit Kiemenbüscheln (Pfeil)

2. Es gibt aus der Gattung *Ambystoma* auch noch andere Vertreter, die die Strategie der Neotenie entwickelten: Der Axolotl (*Ambystoma mexicanum*) lebt ursprünglich in Mexiko und ist dort inzwischen fast ausgestorben.

2.1 **Erläutern** Sie eine molekularbiologische Methode zur Klärung der Frage, wie nahe Nordwestliche Querzahnmolche mit dem Axolotl verwandt sind.

2.2 **Definieren** Sie das Phänomen Neotenie am Beispiel der Amphibien und **erläutern** Sie aus evolutionsbiologischer Sicht anhand der erweiterten (synthetischen) Evolutionstheorie das überdurchschnittliche Auftreten des Merkmals Neotenie nach dem Vulkanausbruch. Binden Sie in Ihre Antwort auch passende Evolutionsmechanismen ein.

2.3 In Abbildung 2 ist für mehrere Populationen der Nordwestlichen Querzahnmolche in der Region um den Vulkan St. Helens aufgetragen, wie hoch deren Anteil an neotenischen Individuen vor dem Vulkanausbruch gewesen ist.
Zeichnen Sie in das angegebene Diagramm die Fitnessfunktion und die neue Selektionsfunktion für alle Populationen der Nordwestlichen Querzahnmolche für die neuen Umweltbedingungen nach dem Vulkanausbruch **ein** und **benennen** Sie den Typ der daraus resultierenden Selektionsfunktion.

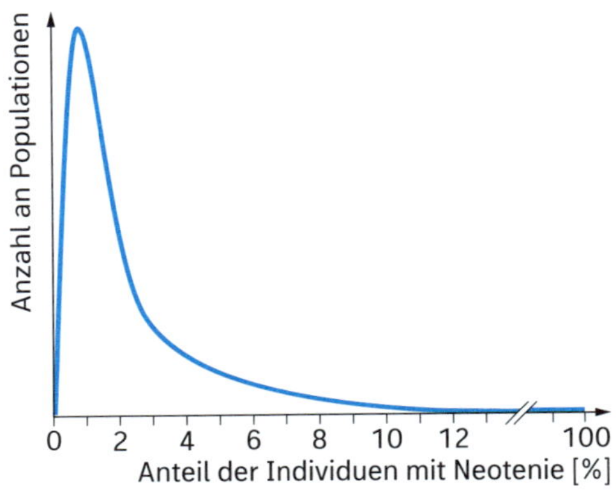

Abb. 2: Zahl der neotenischen Individuen vor dem Vulkanausbruch

3. Heutzutage leben 98 % aller Nordwestlichen Querzahnmolche in der Region um den Vulkan *St. Helens* neotenisch. In den letzten Jahren wurden aber immer häufiger landlebende Nordwestliche Querzahnmolche gefunden. 2 % der Tiere sind durch den für Amphibien typischen Lebenszyklus gekennzeichnet: nach 15 Monaten als Larve metamorphosieren sie, werden geschlechtsreif und verlassen das Wasser, um an Land zu leben.
Seit dem Ausbruch vor 30 Jahren haben sich in der Region wieder viele kleine bewaldete Gebiete gebildet. Die landlebenden Nordwestlichen Querzahnmolche können sich dort im feuchten Mikroklima den Tag über verstecken und nachts auf die Jagd gehen. Über die Jahre hinweg werden sich die Wälder und damit die Molche ausbreiten und sich auch in anderen Seen und Tümpeln als dem *Spirit Lake* fortpflanzen.
Stellen Sie sich vor, die landlebenden Nordwestlichen Querzahnmolche wandern mit dem feuchten Klima immer weiter in Richtung Osten in eine neue Umgebung mit anderen Umwelteinflüssen. Nach 300 Jahren wandern einige dieser Molche wieder zurück in ihr ehemaliges Ursprungsgebiet in den *Spirit Lake*, bei dem sich in der Zeit an den Umweltbedingungen nichts verändert haben soll. Die nun „neuen Molche" werden dann aber nicht mehr mit den dort immer noch lebenden neotenischen Nordwestlichen Querzahnmolchen Nachkommen zeugen können. Sollten dennoch sehr selten welche entstehen, sind diese nicht fertil.

Erklären Sie mithilfe evolutionsbiologischer Fachbegriffe den im obigen Text beschrieben Typ der Artbildung für die ehemals landlebenden Nordwestlichen Querzahnmolche. Binden Sie in Ihre Antwort auch vier unterschiedliche Isolationsmechanismen ein, mindestens einer davon muss ein postzygotischer Isolationsmechanismus sein.

Benötigte Fachkenntnisse
Artbegriff, erweiterte (synthetische) Evolutionstheorie, Evolutionshinweise, Mechanismen der Evolution, Artbildung (S. 93 ff.)

Benötigte Methodenkenntnisse
Analyse von Texten, Bildern und Diagrammen; Beschreiben, Erklären und Erläutern biologischer Phänomene; Zeichnen von Diagrammen (S. 25 ff.)

Lösungen

1. Die Kiemenbüschel beim Molch bzw. der Insektenlarve dienen beide zum Herausfiltern von Sauerstoff aus dem Wasser und besitzen so dieselbe Funktion. Die morphologische Ähnlichkeit basiert auf einer konvergenten Entwicklung, aufgrund von Anpassungen an dieselben Umweltbedingungen. Diese Ähnlichkeit in der Struktur von Organen ist als Analogie zu bezeichnen.

2.1 Es gibt zwei molekularbiologische Methoden, die für die Beantwortung in Frage kommen: Indirekter Proteinvergleich mithilfe des Serum-Präzipitin-Tests oder ein DNA-Vergleich mithilfe von DNA-Hybridisierung.
Beim Serum-Präzipitin-Test ist darauf zu achten, dass Sie als Tier, das das Antiserum bilden soll, nicht das übliche Kaninchen nehmen. Dieses wird bei der Abschätzung des Verwandtschaftsgrades zwischen Säugetieren benutzt. Bei der Abschätzung des Verwandtschaftsgrades zwischen Amphibien sollten Sie auch ein Amphib als Antiserum-Produzenten benutzen. Das Kaninchen wäre von beiden Molchen stammesgeschichtlich viel zu weit entfernt und Sie bekämen vermutlich sehr ähnliche Werte für den Grad der Ausfällung.

Zur Beantwortung der Aufgabe genügt eine der beiden Lösungen.

Serum-Präzipitin-Test
① **Herstellung des Antiserums:** Einem geeigneten Tier (z. B. einem Frosch) wird Blut des Axolotls injiziert. Das Immunsystem des Frosches reagiert mit der Bildung von Antikörpern gegen die Axolotl-Proteine. Daraus wird dann das Antiserum gewonnen.
② **Reaktion mit Axolotl-Serum:** Die Mischung des Antiserums mit Axolotl-Blutserum führt zur charakteristischen Antigen-Antikörper-Reaktion. Es bildet sich ein Niederschlag, das sogenannte Präzipitat. 100% der Proteine werden durch

die Antigen-Antikörper-Reaktion ausgefällt, da zuvor ja genau die passenden Antikörper zu den Antigenen des Axolotls vom Frosch gebildet wurden.
③ **Reaktion mit dem Serum des Nordwestlichen Querzahnmolches:** Das Antiserum aus dem Frosch wird nun mit dem Blutserum des Nordwestlichen Querzahnmolches vermischt. Die Präzipitinreaktion verläuft nun weniger stark, d. h. es werden weniger als 100% der Querzahnmolch-Proteine vom Antiserum ausgefällt. Dies liegt daran, dass sich der Aufbau der Querzahnmolch-Proteine von den Proteinen des Axolotls unterscheidet und so weniger Querzahnmolch-Proteine zu den Antikörpern aus dem Frosch passen.

Je geringer der Grad der Ausfällung bei der Antigen-Antiserum-Reaktion zwischen Querzahnmolch-Serum und Antiserum aus dem Frosch, desto größer ist die stammesgeschichtliche Distanz zwischen Axolotl und Querzahnmolch

DNA-Hybridisierung
① **Schmelzen der reinen DNA:** Die Doppelstrang-DNA des Axolotl wird so lange erhitzt, bis sie schmilzt (in Einzelsträngen vorliegt). Die dabei gemessene Temperatur bezeichnet man als Schmelztemperatur der reinen Axolotl-DNA (T_{Ax}). Ebenso wird mit der Querzahnmolch-DNA verfahren.
② **Hybridisierung:** Axolotl- und Querzahnmolch-Einzelstrang-DNA werden zusammengegeben. Dabei hybridisieren die Einzelstränge (d. h. die Einzelstrang-DNA vom Axolotl und Querzahnmolch bilden einen neuen Hybrid-DNA-Doppelstrang). Dabei ziehen sich die DNA-Basen der Einzelstränge durch Wasserstoffbrücken gegenseitig an. Je mehr Wasserstoffbrücken dabei zwischen Adenin und Thymin bzw. Guanin und Cytosin hergestellt werden, umso stärker ziehen sich die beiden Einzelstränge an.
③ **Schmelztemperaturbestimmung und Auswertung:** Erhitzt man die Hybrid-DNA-Stränge und misst deren Schmelztemperatur (T_{Hy}), kann man anhand des Vergleichs zu T_{Ax} feststellen, wie nahe die beiden Arten miteinander verwandt sind. Liegt T_{Hy} sehr nahe an T_{Ax}, gibt es viele Übereinstimmung der Basen zwischen Axolotl- und Querzahnmolch-DNA, da viele Wasserstoffbrücken vorliegen. Somit wären beide Arten nahe miteinander verwandt.
Liegt T_{Hy} hingegen weit unter T_{Ax}, weiß man, dass wenige Wasserstoffbrücken zwischen den Basen vorliegen und somit ein geringerer Verwandtschaftsgrad zwischen den beiden Arten bestünde.

2.2 Neotenie: Eintritt der Geschlechtsreife ohne vorherige Metamorphose und unter Beibehaltung bestimmter larvaler Merkmale (z. B. äußere Kiemen).
Erklärung für das überdurchschnittliche Auftreten der Neotenie nach dem Vulkanausbruch:
a) Eine Population produziert einen gewissen **Überschuss** an Individuen.
b) Innerhalb dieser Population herrscht eine **Variabilität** hinsichtlich bestimmter Merkmale aufgrund von **Mutation** und **Rekombination**.
c) Eine bedeutsame **Umweltveränderung** (Vulkanausbruch bewirkt starke Veränderung) tritt ein.

d) **Natürliche Selektion:** all diejenigen Individuen, die an die neue Umwelt nicht mehr optimal angepasst sind (Molche, die an Land lebten, da es hier nun aufgrund der fehlenden Bäume zu trocken wurde), sterben. Die Individuen mit **vorteilhaften Eigenschaften** in der neuen Umgebung (neotenische Lebensweise), die den Vulkanausbruch überlebten, bleiben im Wasser und mussten nicht an Land.

e) Die neotenischen Molche besaßen aufgrund ihrer vorteilhaften Eigenschaft den **höheren Fortpflanzungserfolg**.

f) Das Merkmal Neotenie wurde dann innerhalb der neuen Population **an die Nachkommen weitergegeben**, sodass es immer mehr Individuen mit neotenischer Lebensweise gab.

Es fand hier also eine **Gendrift** statt, da aus einer ursprünglichen Population nach der Katastrophe „Vulkanausbruch" nur einige wenige Individuen übrigblieben und so der **Genpool** der ursprünglichen Population durch ein **zufälliges Ereignis** stark **dezimiert** wurde (**Flaschenhalseffekt**).

2.3 Bei dieser Aufgabe müssen Sie zwischen den Begriffen Fitnessfunktion und Selektionsfunktion genau unterscheiden.
Ebenso geht es bei solchen Aufgaben nur um eine qualitative Abschätzung und nicht um exakte Werte, d. h. die „grobe Richtung" muss stimmen. Wie die exakte Kurve tatsächlich verläuft, kann man schwer vorhersagen.

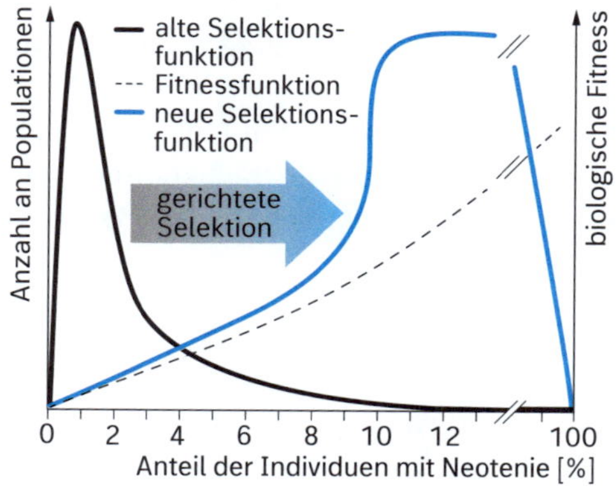

Die neue Selektionsfunktion wird durch eine gerichtete/transformierende Selektion bedingt.

Info

Die **Selektionsfunktion** ist nichts anderes als eine Häufigkeitsverteilung von Individuen mit einer gewissen Variation hinsichtlich eines Merkmals. In unserem Beispiel geht es um das Merkmal Neotenie.
Die **Fitnessfunktion** gibt nun an, wie sich die Häufigkeitsverteilung (= Selektionsfunktion) nach dem Vulkanausbruch verändern muss.

3. Aus der Ursprungspopulation der neotenischen Querzahnmolche entwickeln sich heutzutage gemäß Informationstext etwa 2 % zu normalen, landlebenden Molchen.
Wandern diese in eine andere Region aus und bleiben dort 300 Jahre, bricht der mögliche **Genfluss** zwischen den beiden Populationen ab. Die ehemals landlebenden Querzahnmolche könnten sich nun **durch Mutation und Rekombination** im neuen Lebensraum durch neue **Selektionsdrücke** verändern und eine neue Art bilden. Diese Artbildung nennt man **allopatrische Artbildung** (= Artentstehung durch Aufspaltung einer Population in räumlich getrennten Gebieten).

Wandern nach 300 Jahren Individuen der neu entstandenen Art wieder zurück in den *Lake Spirit*, können sie sich mit den dort immer noch lebenden neotenischen Nordwestlichen Querzahnmolchen nicht mehr fortpflanzen. Die genetischen Veränderungen waren zu stark und könnten durch reproduktive Isolation folgende Isolationsmechanismen entstehen haben lassen:

- Das Balzverhalten könnte sich derart verändert haben, dass die beiden Arten die Balzsignale gegenseitig nicht mehr richtig deuten können (**ethologische Isolation; präzygotische Barriere**).
- Die Balzzeit könnte sich bei der neuen Art verschoben haben, sodass es zu keiner Fortpflanzung kommen kann (**ökologische Isolation; präzygotische Barriere**).
- Die Geschlechtsorgane könnten nicht mehr perfekt zueinander kompatibel sein, was eine erfolgreiche Fortpflanzung verhindert (**mechanische Isolation; präzygotische Barriere**).
- Die etwaigen Nachkommen der beiden Molcharten sind laut Text nicht fertil. Dies führt somit zur Sterilität dieser Nachkommen, wodurch diese sich nicht weiter fortpflanzen können (**postzygotischer Isolationsmechanismus**).

Selbstdiagnosebogen

Aufgabe Nr.	Kernkompetenzen	AFB	BE	erreichte BE	Förderung
1	Erkennen und beschreiben von analogen Merkmalen; Erklärung anhand von vorgegebenen Beispielen	I	4		Evolutionshinweise (S. 95 ff.)
2.1	Allgemeine Beschreibung der Methode „DNA-Hybridisierung“; Anwendung auf das vorgegebene Beispiel	II	6		Evolutionshinweise (S. 95 ff.)
2.2	Textverständnis: Finden der Definition für Neotenie; Erweiterte (synthetische) Evolutionsbiologie auf konkreten Fall anwenden; Evolutionsmechanismus Gendrift einbauen	III	10		Evolutionstheorien (S. 93 ff.), Synthetische Evolutionsbiologie (S. 97), Evolutionsmechanismen (S. 97)
2.3	Unterscheidung Selektionsfunktion / Fitnessfunktion, Erkennen der gerichteten Selektion	II	4		Evolutionsmechanismen (S. 97)
3	Erschließen von Informationen, Erkennen einer allopatrischen Artbildung und Übertragung auf das hypothetische Beispiel, Beschreibung der dazugehörigen Isolationsmechanismen	II-III	7		Artbildung und Adaptive Radiation (S. 99)

Gesamtbewertungseinheiten 31, davon AFB I: 4 BE (12,9 %); AFB II: 16 BE (51,6 %); AFB III: 11 BE (35,5 %)

Materialgrundlage

http://www2.mcdaniel.edu/Biology/eco/succ/successionweb.html

Aktionspotenziale und deren Verrechnung am Zellkörper

Aufgabe 8: Funktion von Nervenzellen im Experiment

Die Funktionsweise von vier Nervenzellen wurde in einem Laborversuch näher untersucht. In einer Lösung, die bezüglich der Ionenzusammensetzung der Flüssigkeit außerhalb einer normalen Nervenzelle gleicht, wurden die Nervenzellen A, B und C jeweils an einem Ranvierschen Schnürring 1 cm vor dem Endk(n)öpfchen künstlich mit +25 mV starken Gleichstromimpulsen unterschiedlicher Frequenz gereizt. Am Messpunkt M wurde die Frequenz der auftretenden Aktionspotenziale (AP) bestimmt. Der Versuchsaufbau (Abbildung 1) und die Versuchsergebnisse (Tabelle 1) bei unterschiedlichen Reizungen sind im Folgenden dargestellt.

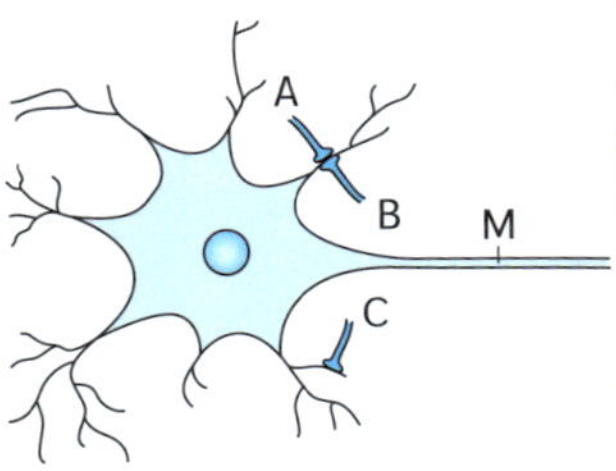

Abb. 1: Lokalisation der Reiz- und Messorte

Versuch Nr.	Zelle A Reize/s	Zelle B Reize/s	Zelle C Reize/s	Messpunkt M AP/s
1	60	0	0	30
2	60	60	0	0
3	60	0	60	60
4	0	60	60	0
5	180	0	0	90
6	15	15	5	0

Tabelle 1: Aktionspotentiale in Abhängigkeit von Reizort und Reizstärke

1. Mehrere Reize, die mit einer Stärke von 25 mV an einem Ranvierschen Schnürring der in Abb. 1 nur angedeuteten Zellen A, B oder C gesetzt werden, führen in der Regel zu vollständigen, gleich starken Aktionspotenzialen bei der gereizten Zelle. Wird die Nervenzelle beispielsweise mit einer Frequenz von 50 Reizen pro Sekunde angeregt, so bildet sie in einer Sekunde ebenfalls 50 Aktionspotenziale. Dieser Zusammenhang gilt jedoch nicht, wenn mehr als 200 Reizungen pro Sekunde bei einer Zelle vorgenommen werden oder die Reizung zwischen zwei Schnürringen erfolgt.
   Erläutern Sie die geschilderten Zusammenhänge.
2. Wird das Axon der Zelle A an einem RANVIERschen Schnürring 1cm vor dem synaptischen Endköpfchen gereizt, so breitet sich die Erregung sowohl in Richtung Endköpfchen als auch zum Zellkörper der Zelle A hin aus.
   Die Ausbreitung erfolgt langsam und kontinuierlich bis zum Axonhügel bzw. dem synaptischen Endköpfchen.
   Beurteilen Sie die beiden Aussagen.
3. Am synaptischen Endköpfchen wird die Information beispielsweise auf den Dendriten einer Nervenzelle (wie im Versuch) oder auf eine Muskel- oder Drüsenzelle übertragen.

3.1 **Charakterisieren** Sie allgemein die Informationsübertragung an einer Synapse.

3.2 Wie könnten Giftstoffe die Informationsübertragung unterbinden?
Geben Sie drei prinzipielle Wirkmöglichkeiten von Giftstoffen an, die die Informationsübertragung unterbinden würden.

4. Die Skizze und die Tabelle zeigen Versuchsaufbau und Ergebnisse von 6 durchgeführten Experimenten.

4.1 **Werten** Sie die in der Tabelle dargestellten Versuchsergebnisse Nr. 1 – 5 **aus**. Achten Sie auf eine **umfassende** Darstellung und die Verwendung von **Fachbegriffen**.

4.2 **Erklären** Sie, weshalb bei Versuch Nr. 6 von der Nervenzelle kein einziges Aktionspotenzial generiert wurde.

5. Die Konzentration an Natriumionen und Chloridionen in der Lösung, welche die Nervenzellen umgibt, wird im Experiment um 50 % erhöht.
Stellen Sie jeweils eine **begründete Hypothese** auf, wie sich die veränderte Ionenkonzentration auf das Ruhe- bzw. auf das Aktionspotenzial auswirkt.

Benötigte Fachkenntnisse
Ruhepotenzial, Aktionspotenzial, Refraktärzeit, Erregungsleitung, Synapse, erregende/hemmende Synapsen (S. 102 ff.)

Benötigte Methodenkenntnisse
Beurteilen von Aussagen, Auswerten von Versuchsergebnissen, Hypothesenbildung (S. 32, 35)

Lösungen

1. **1. Absatz:** Ein überschwelliger Reiz, der das Membranpotenzial um mehr als 20 mV depolarisiert, führt gemäß des „Alles-oder-Nichts-Gesetzes“ zur Auslösung eines vollständigen Aktionspotenzials. Grund dafür ist die Öffnung spannungsabhängiger Natriumionenkanäle, die zur weiteren Depolarisation führt. Am Ende der Kettenreaktion sind alle Natriumionenkanäle für kurze Zeit an dieser Stelle geöffnet (unabhängig davon, wie viele Kanäle durch den ursprünglichen Reiz geöffnet wurden), wodurch stets ein Aktionspotenzial gleicher Stärke entsteht.

   2. Absatz: Bei mehr als 200 Reizen pro Sekunde befindet sich die Zelle noch in der Refraktärphase, wenn nach einem Reiz der nächste Reiz gesetzt wird. Grund dafür ist, dass bei 200 Reizen genau 5 ms für ein Aktionspotenzial vorhanden wäre (1000 ms : 200 = 5 ms), bei mehr als 200 Reizen folglich weniger als 5 ms. Das Aktionspotenzial wird zwar ausgelöst – jedoch erreicht es nicht den Spitzenwert von 30 mV, da noch nicht alle Ionenkanäle wieder vollständig einsatzbereit sind. Reizungen im Bereich der Myelinscheide führen aufgrund ihrer stark isolierenden Wirkung und der Tatsache, dass dort keine Ionenkanäle vorhanden sind, nicht zur Ausbildung von Aktionspotenzialen an dieser Stelle. (Anmerkung: Der Abstand zum nächsten Schnürring ist entscheidend dafür, ob die auch dort noch messbare Depolarisation überschwellig ist und ausreicht, ein Aktionspotenzial auszulösen.)

2. **Aussage 1:** Natürlicherweise transportiert ein Axon ein Aktionspotenzial immer nur vom Axonhügel zum synaptischen Endk(n)öpfchen. Da sich - im Gegensatz zur natürlichen Weiterleitung - keiner der beiden Bereiche neben dem Schnürring in der absoluten Refraktärphase befindet, ist sowohl links als auch rechts von der Reizstelle das Auslösen eines Aktionspotenzials (und damit eine Weiterleitung) möglich. Der erste Teil der Aussage ist korrekt.
Aussage 2: Die Ausbreitung erfolgt allerdings nicht langsam und kontinuierlich, sondern sehr schnell und „saltatorisch", da mithilfe der saltatorischen Erregungsleitung die Aktionspotenziale von Schnürring zu Schnürring springen. Dabei werden die isolierten Bereiche des Axons (Schwannsche Scheide) schnell überbrückt. Der zweite Teil der Aussage trifft folglich nicht zu.

3.1 Am synaptischen Endk(n)öpfchen eintreffende Aktionspotenziale führen zur Ausschüttung von Transmittern. Diese diffundieren durch den synaptischen Spalt, heften sich an ligandenabhängige Ionenkanäle der subsynaptischen Membran und öffnen diese. Ionenbewegungen durch die Kanäle führen zur Depolarisation und letztlich zur Auslösung von Aktionspotenzialen an der nächsten Zelle.

3.2 (1) Blockierung spannungsabhängiger Ionenkanäle des Endk(n)öpfchens
(2) Verhindern der Transmitterausschüttung in den synaptischen Spalt
(3) Blockieren der Bindungsstellen der ligandenabhängigen Ionenkanäle der subsynaptischen Membran

4.1 **Versuch Nr. 1** zeigt, dass die Nervenzelle A mit einer **erregenden Synapse** am Zellkörper/Dendrit endet, die ein EPSP verursacht. Dies führt zur Bildung neuer Aktionspotenziale am Axon. **Versuch Nr. 2** verdeutlicht, dass sich die Nervenzellen A und B in ihrer Wirkung gegenseitig aufheben, da bei gleicher Aktivität kein Aktionspotenzial am Axon ausgelöst wird. Die Nervenzelle B endet folglich in einer **hemmenden Synapse**, die ein IPSP am Zellkörper/Dendrit bildet. **Versuch Nr. 3** zeigt, dass sich die Effekte der Nervenzellen A und C aufsummieren, weshalb auch C mit einer **erregenden Synapse** am Zellkörper/Dendrit enden muss. Man spricht von einer räumlichen Summation. Der in **Versuch Nr. 4** ersichtliche Effekt, dass sich die Nervenzellen B und C in ihrer Wirkung neutralisieren, bestätigt obige Zuordnung zu hemmenden und erregenden Synapsen. **Versuch Nr. 5** zeigt die zeitliche Summation. Wird die Reizfrequenz erhöht, so nimmt die Zahl der EPSPs am Zellkörper zu, was letztlich zu einer vermehrten Bildung von Aktionspotenzialen am Axonhügel führt. Am Messpunkt M nimmt die Frequenz der Aktionspotenziale zu.

4.2 Da sich in **Versuch Nr. 6** die EPSP und IPSP der Nervenzellen A und B gegenseitig aufheben, reicht die verhältnismäßig kleine Depolarisation aufgrund weniger EPSPs der Nervenzelle C nicht aus, ein überschwelliges Potenzial am Axonhügel zu bewirken. Folglich wird dort kein Aktionspotenzial generiert, am Messpunkt M kann nur das Ruhepotenzial registriert werden.

5. **Ruhepotenzial:** Durch die erhöhte Natrium- und Chloridionenkonzentration außerhalb der Zelle wird das Konzentrationsgefälle für beide Ionen noch weiter erhöht. Es diffundieren mehr Natrium- und Chloridionen in die Zelle ein. Dies hat jedoch vermutlich keine Auswirkung auf das Ruhepotenzial, da sich die Effekte gegenseitig aufheben. Durch die einströmenden Natriumionen (Leckstrom) wird das Ruhepotenzial etwas positiver werden, durch die einströmenden Chloridionen etwas negativer. In der Summe gleichen sich die Effekte in etwa aus.
Aktionspotenzial: Wird ein Aktionspotenzial ausgelöst, so können aufgrund des höheren Konzentrationsgefälles bei gleicher Öffnungsdauer der Natriumionenkanäle mehr Natriumionen in die Zelle einströmen. Eine stärkere Depolarisation ist die Folge, weshalb das Aktionspotenzial positiver ausfallen würde als im Normalfall. Dies könnte sich auch auf den weiteren Verlauf des Aktionspotenzials (z. B. längere Dauer) auswirken, da ein größerer Kaliumioneneinstrom nötig ist, um das ursprüngliche Ruhepotenzial wieder herzustellen.

Selbstdiagnosebogen

Aufgabe Nr.	Kernkompetenzen	AFB	BE	erreichte BE	Förderung
1	Auslösebedingungen eines Aktionspotenzials kennen, Refraktärzeit im Zusammenhang erkennen	I-II	8		Aktionspotenzial – aktive Umpolung der Nervenzelle (S. 104 f.)
2	Analysieren und Beurteilen von Aussagen zur Erregungsleitung am Axon	II	8		Weiterleitung von Aktionspotenzialen (S. 106)
3.1 3.2	Zusammenfassen wesentlicher Aspekte der synaptischen Informationsübertragung Aufzählen von Wirkmechanismen synaptische Giftstoffe	I I-II	4 3		Synapse - Bau und Funktion / Synapsengifte (S. 107)
4.1 4.2	Abbildung/Tabelle analysieren und Schlüsse über die Verschaltung von Nervenzellen ziehen Zusammenhang zwischen Auslösung von Aktionspotenzialen am Axonhügel und Ergebnis des Experiments herstellen	II II	8 3		Verschaltung von Nervenzellen (S. 108) Umgang mit Experimenten (S. 32)
5	Aufstellen einer begründeten Hypothese über den Einfluss von Ionengradienten auf Ruhe- und Aktionspotenzial	III	6		Umgang mit Hypothesen (S. 35)

Gesamtbewertungseinheiten: 40, davon AFB I: 9,5 BE (24 %), AFB II: 24,5 BE (61 %), AFB III: 6 BE (15 %)

Aktionspotenzial und Erregungsleitung, Synapsen

Aufgabe 9: Aktionspotenzial der Herzmuskelzelle

Das Aktionspotenzial einer Herzmuskelzelle (Abbildung 1) ist durchaus vergleichbar mit dem Aktionspotenzial einer normalen Nervenzelle – auch wenn bei genauerer Betrachtung einige Unterschiede auffallen. Der untere Teil der Grafik zeigt den Verlauf des Aktionspotenzials der Herzmuskelzelle, der obere Teil die Ionenbewegungen durch die Membran in Abhängigkeit von der Zeit. Die Größe bzw. Dicke der Pfeile steht dabei für die Menge ein- oder ausströmender Ionen. Ursache für die Ionenbewegung ist das Öffnen oder Schließen von Ionenkanälen.

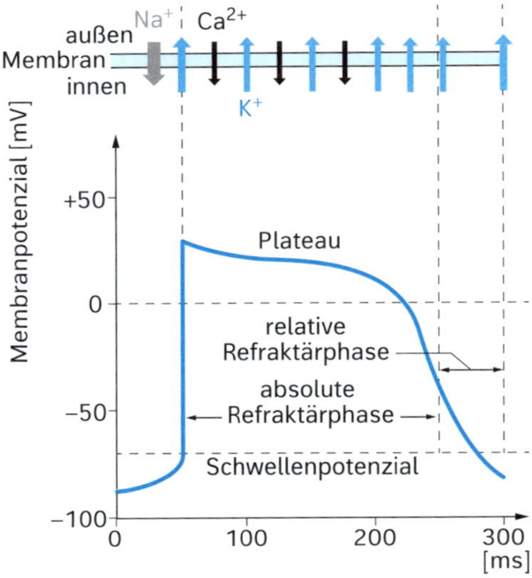

Abb. 1: Aktionspotential einer Herzmuskelzelle

1. Die Aktionspotenziale von Nervenzelle und Herzmuskelzelle weisen Gemeinsamkeiten und Unterschiede auf.

1.1 **Zeichnen** Sie das ausführlich beschriftete Diagramm eines Aktionspotenzials, das sich am Axon einer normalen Nervenzelle ableiten lässt.

1.2 **Vergleichen** Sie das gezeichnete (Aufgabe 1.1) und das hier dargestellte Diagramm der Herzmuskelzelle und **nennen** sie Gemeinsamkeiten und Unterschiede.

1.3 **Erläutern** Sie das Zustandekommen des Herzmuskelaktionspotenzials. Nehmen sie dabei Bezug auf den oberen Teil der Abbildung, der die Ionenbewegungen verdeutlicht. Gehen Sie auch auf die beteiligten Ionenkanäle ein.

1.4 Giftstoffe können bei einer Nervenzelle zur Folge haben, dass das normale Aktionspotenzial ebenfalls (wie bei der Herzmuskelzelle) eine deutliche Plateau-Phase aufweist.
Stellen Sie für die Wirkungsweise eines Giftstoffes, der zu einer Plateau-Phase führen würde, eine begründete **Hypothese auf**.

2. Das Wissen über Bau und Funktion von Nervenzellen wird in der Medizin genutzt. So spritzt beispielsweise ein Zahnarzt ein Betäubungsmittel direkt in die Nähe des Axons einer markhaltigen Nervenzelle, welche mit Rezeptoren im Zahn endet, um den Schmerzeindruck auszuschalten. Dabei kann es sich um einen Stoff handeln, der die Natriumionenkanäle blockiert.

2.1 **Beschreiben** Sie die Weiterleitung von Aktionspotenzialen in einer markhaltigen Wirbeltiernervenzelle.

2.2 **Erläutern** Sie die Wirkungsweise dieses Betäubungsmittels.

2.3 **Stellen** Sie eine begründete **Hypothese auf**, weshalb eine geringe Dosis des Betäubungsmittels, die nur sehr wenige Schnürringe blockiert, in der Lage sein könnte, die Erregungsleitungsgeschwindigkeit zu erhöhen.

Benötigte Fachkenntnisse
Aktionspotenzial, Ionentheorie, saltatorische Erregungsleitung, Reiz-Reaktions-Schema (S. 102 ff.)

Benötigte Methodenkenntnisse
Auswerten und Vergleichen von Diagrammen und Grafiken, Hypothesenbildung (S. 26, S. 35)

Lösungen

1.1

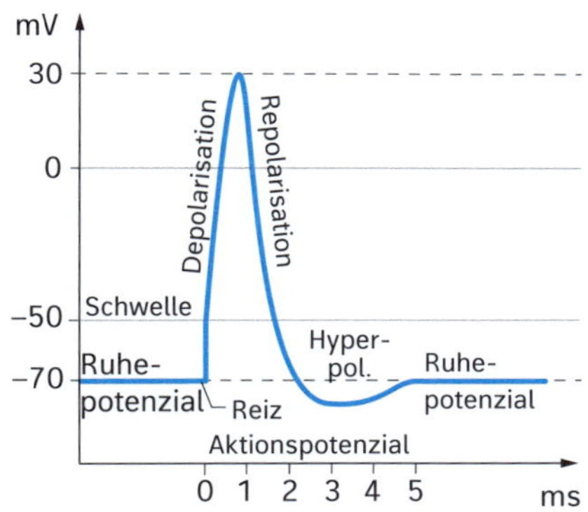

1.2 Es finden sich eine Menge Gemeinsamkeiten aber auch Unterschiede, von denen hier einige dargestellt sind (Alternativantworten möglich).
Gemeinsamkeiten:
- Phasen: (Ruhepotenzial), Depolarisation, Repolarisation
- Schwellenpotenzial etwa 20 mV über dem Ruhepotenzial
- Depolarisationsmaximum bei etwa 30 mV
- absolute und relative Refraktärphase vorhanden

Besonderheiten des Herzmuskelaktionspotenzials
- ca. 250 ms bis zur vollständigen Rückkehr zum Ruhepotenzial (statt 5 ms)
- Ruhepotenzial bei ca. –90 mV und damit geringer (negativer) als beim Aktionspotenzial einer Nervenzelle
- Plateau-Phase
- Hyperpolarisation nicht erkennbar

1.3 Wird das Schwellenpotenzial überschritten, so öffnen sich die Natriumionenkanäle. Kurzzeitig strömen viele Natriumionen (entlang des Konzentrationsgefälles) in die Zelle ein, was eine starke Depolarisation des Membranpotenzials auf 30 mV zur Folge hat. Die Natriumionenkanäle schließen sich und Calciumionenkanäle werden geöffnet. Dies bewirkt einen Einstrom der Calciumionen (entlang des Konzentrationsgefälles). Trotz der sich öffnenden Kaliumionenkanäle und dem sich daraus ergebenden Ausstrom von Kaliumionen aus der Zelle bleibt das Potenzial auf einem hohen, positiven Niveau (Plateau), da die einströmenden Calciumionen den Effekten der Kaliumionen entgegenwirken. Werden die Calciumionenkanäle nach etwa 150 ms geschlossen und die Kaliumionenkanäle noch stärker geöffnet, so stoppt der Calciumioneneinstrom und der erhöhte Kaliumionenausstrom führt zur Depolarisation. Letztlich kehrt die Zelle zum Ruhepotenzial zurück.

1.4 Ein Giftstoff, der das Schließen der Natriumionenkanäle verzögert, wäre zu einer solchen Abänderung eines normalen Aktionspotenzials in der Lage. Durch den längeren Einstrom an Natriumionen in die Zelle kann das Potenzial trotz sich öffnender Kaliumionenkanäle nicht wieder negativer werden – es kommt zur Ausbildung der Plateau-Phase. Schließen die Natriumionenkanäle nach einiger Zeit, so ist eine Rückkehr zum Ruhepotenzial möglich. Ebenfalls denkbar wäre die Beeinflussung der Kaliumionenkanäle. Öffnen diese später oder langsamer als üblich, so würde die Repolarisation längere Zeit in Anspruch nehmen.
In beiden Fällen gilt: Der Giftstoff muss zu einer Verzögerung und nicht zum dauerhaften Öffnen oder Schließen der Kanäle führen, damit eine Rückkehr zum Ruhepotenzial möglich ist. (Anmerkung: Laut Aufgabenstellung ist nur eine begründete Hypothese verlangt.)

2.1 Bei der sogenannten saltatorischen Erregungsleitung der markhaltigen Faser, die durch das Vorhandensein einer isolierend wirkenden Myelinscheide gekennzeichnet ist, können Aktionspotenziale nur an den Ranvierschen Schnürringen auftreten. Ist an einem Schnürring ein Aktionspotenzial vorhanden, so beeinflusst dies den nächsten Schnürring durch Kreisströmchen und lässt dessen Membranpotenzial positiver werden. Wird dabei die Schwelle von –50 mV überschritten, so kommt es auch dort zur Ausbildung eines Aktionspotenzials. Das Potenzial ist somit im Prinzip von einem Schnürring zum nächsten „gesprungen" und der Vorgang wiederholt sich am nächsten Schnürring. Da sich zuvor erregte Ranviersche Schnürringe noch in der Refraktärphase befinden, ist eine Weiterleitung nur in eine Richtung möglich.

2.2 Nach dem Reiz-Reaktions-Schema entsteht jeder Sinneseindruck – also auch der Schmerzeindruck – im Gehirn. Da beim Zahnarztbesuch keine Schmerzen empfunden werden, obwohl der Schmerzrezeptor im Zahn durch die Behandlung gereizt wurde, ist folglich die Verbindung zum Gehirn unterbrochen worden. An der Injektionsstelle werden die Natriumionenkanäle der Ranvierschen Schnürringe blockiert und somit die Depolarisation und damit das Auslösen eines Aktionspotenzials unterbunden. Die Erregungsleitung stoppt an dieser Stelle, die Aktionspotenziale erreichen nicht das Gehirn und der Schmerzeindruck kann nicht entstehen. (Anmerkung: Die Unterbrechung der Erregungsübertragung an einer Synapse, die prinzipiell ebenfalls durch Blockierung von Natriumionenkanälen denkbar wäre, kann hier nicht zur Begründung herangezogen werden, da das Betäubungsmittel in der Nähe des Axons gespritzt wird.)

2.3 Werden die Natriumionenkanäle an einem einzelnen Schnürring blockiert, so ist eine Auslösung des Aktionspotenzials an dieser Stelle nicht möglich – auch wenn der Nachbarschnürring gerade ein Aktionspotenzial ausbildet und eine überschwellige Beeinflussung dieses Schnürrings durch Kreisströmchen erfolgt. Allerdings beeinflussen Aktionspotenziale nicht nur benachbarte Schnürringe, sondern wirken sich auch auf weiter entfernte Schnürringe aus. Wird also beim übernächsten Schnürring die Schwelle immer noch aufgrund der Depolarisation durch die Kreisströmchen überschritten, so kommt es dort zum Aktionspotenzial. Durch das Überspringen des blockierten Schnürrings wurde Zeit eingespart und die Erregungsleitung folglich beschleunigt. (Anmerkung: Die Geschwindigkeit der Erregungsleitung wird jedoch nur erhöht, wenn blockierte Schnürringe vereinzelt über das Axon verteilt auftreten. Sind durch Zufall mehrere Schnürringe hintereinander blockiert, so hätte dies zur Folge, dass die Depolarisation durch Kreisströmchen am nächsten nicht blockierten Schnürring aufgrund der großen Entfernung zu gering ist, um dort ein Aktionspotenzial auszulösen. In diesem Fall würde eine Weiterleitung von Aktionspotenzialen unterbunden werden – was eigentlich auch der Sinn des Betäubungsmittels ist.)

Selbstdiagnosebogen

Aufgabe Nr.	Kernkompetenzen	AFB	BE	erreichte BE	Förderung
1.1	Zeichnen eines Aktionspotenzial-Diagramms	I	5		Aktionspotenzial – aktive Umpolung der Nervenzelle (S. 104) Umgang mit Diagrammen (S. 26) Umgang mit Hypothesen (S. 35)
1.2	Lesen und Vergleichen von Diagrammen	I-II	6		
1.3	Auswerten von Diagrammen zum Thema Aktionspotenzial, Umsetzen der Inhalte in Worte	III	8		
1.4	Aufstellen einer begründeten Hypothese zu Giftstoffen einer Nervenzelle	II-III	5		
2.1	Beschreiben der saltatorischen Erregungsleitung	I	6		Weiterleitung von Aktionspotenzialen (S. 106) Reiz-Reaktions-Schema (S. 102)
2.2	Erklären der Wirkung eines Natriumionenkanäle blockierenden Stoffes, Anwendung des Reiz-Reaktions-Schemas	II	6		
2.3	Aufstellen einer Hypothese zur Beeinflussung der Erregungsleitung	III	4		

Gesamtbewertungseinheiten: 50, davon AFB I: 12 BE (24 %), AFB II: 24 BE (48 %), AFB III 14 BE (28 %)

Sexualverhalten, Kosten-Nutzen-Analyse, Aggressionsverhalten

Aufgabe 10: Leben und Verhalten der Blaumeise

Blaumeisen sind nicht nur im ganzen europäischen Raum sonden auch im Norden Afrikas verbreitet, wobei die nordafrikanischen Populationen von den europäischen Blaumeisen räumlich getrennt sind. Europäische Blaumeisen zeigen einen Balzgesang, der in 8 Strophen gegliedert ist, während afrikanische Formen einen strophenlosen Gesang verwenden. Treten europäische Blaumeisen zusammen mit Kohlmeisen in einem Lebensraum auf, so werden zusätzlich Trillerstrophen angefügt, die beim sonst ähnlichen Balzgesang der Kohlmeisen nicht zu finden sind. In der Regel reagieren afrikanische und europäische Blaumeisen gegenseitig nicht auf ihren Balzgesang. Der laute Reviergesang der Männchen leitet die Balz ein und dient nicht nur der Abschreckung von Konkurrenten, sondern auch der Anlockung von Weibchen. Ist eine geeignete Partnerin gefunden, füttert das Männchen das Weibchen und zeigt ihr die Bruthöhlen seines Reviers – die sie normalerweise alle kennt, da sie zuvor bereits in der Region gelebt hat. Kurz vor der Paarung nähern sich die beiden Blaumeisen mit zitternden Flügeln und waagerechtem Körper und Schwanz – eigentlich ein typisches Drohverhalten der Blaumeise. Allerdings wird es von leisen Kontaktlauten begleitet. Es erfolgt die Paarung, die Tiere bleiben sich normalerweise in diesem Jahr treu. Nach der Paarung legt das Weibchen einige Eier, wobei die Anzahl stark vom Lebensraum abhängig ist. In Abbildung 1 ist (exemplarisch für einen betrachteten Lebensraum) der Zusammenhang zwischen der Anzahl überlebender Tiere und dem Aufwand der Elterntiere zur Versorgung des Geleges für verschiedene Gelegegrößen dargestellt.

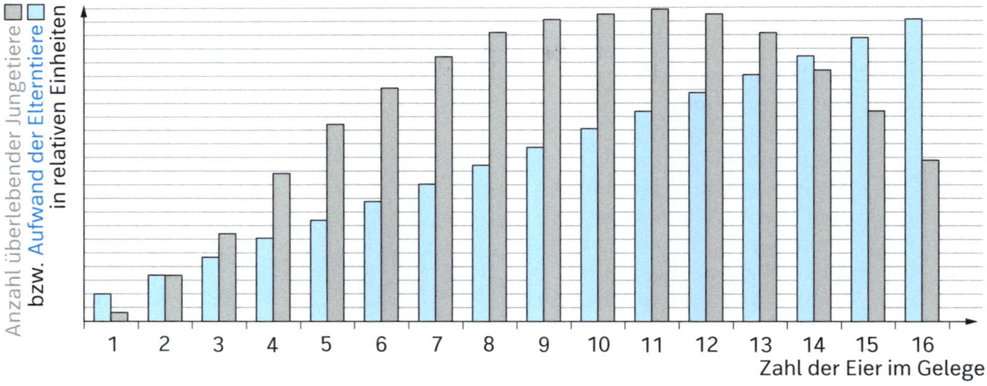

Abb. 1: Anzahl überlebender Tiere in Abhängigkeit vom Aufwand der Elterntiere

Die Blaumeise bevorzugt während der Fortpflanzungszeit tierische Nahrung, außerhalb dieser Zeit ist sie jedoch wenig wählerisch und nimmt auch pflanzliche Nahrung zu sich. Ihre Geschicklichkeit bei der Nahrungsbeschaffung ist groß. So war in den 1940er und 50er Jahren in England beispielsweise zu beobachten, dass Blaumeisen gezielt vor der Haustür stehende Milchflaschen anflogen. Auf dem Deckel sitzend hackten sie Löcher in das Stanniolpapier, das die Flasche verschloss, wodurch sie an den wohlschmeckenden Inhalt gelangten.

1. Die Balz der Blaumeise ist sehr ausführlich untersucht worden.
1.1 **Charakterisieren** Sie wesentliche, allgemeine Aspekte des Balzverhaltens. **Ordnen** Sie konkrete Beispiele aus der Balz der Blaumeise den allgemein dargelegten Charakteristika **zu**.
1.2 **Erörtern** Sie unter Zuhilfenahme des Konzepts der doppelten Quantifizierung, ob sich eine afrikanische Blaumeise in Gefangenschaft mit einer europäischen Blaumeise paaren würde.
1.3 **Leiten** Sie aus dem Text den Fachbegriff für das vorliegende Paarungssystem **ab** und **nennen** Sie drei Vorteile dieses Systems.
2. **Ermitteln** Sie die im betrachteten Lebensraum am häufigsten anzutreffende Gelegegröße nachvollziehbar anhand des Balkendiagramms und erklären Sie kurz die Zusammenhänge.
3. Blaumeisen fühlen sich in Laubwäldern besonders wohl, sind jedoch auch als Kulturfolger des Menschen beispielsweise in Städten anzutreffen.
3.1 **Beschreiben** Sie Durchführung und mögliche Ergebnisse eines Experiments, das zeigen kann, ob die Bevorzugung von Laubwäldern als Lebensraum bei der Blaumeise angeboren ist.
3.2 **Deuten** Sie das Zustandekommen des „Milchflaschen-Anfliegens“ und „Deckel-Aufpickens“ bei Blaumeisen in Städten aus verhaltensbiologischer Sicht für das erste Tier, das dieses Verhalten gezeigt hat.
4. Blaumeisen gelten – für ihre Größe – als relativ aggressive Tiere.
4.1 **Nennen** Sie vier allgemeine, proximate Ursachen aggressiven Verhaltens und **erklären** Sie den Fachbegriff „proximate Ursache“.
4.2 **Beurteilen** Sie die Aussage, dass „alle Blaumeisen die gleiche Aggressivität zeigen“ aus der Sicht ultimater Ursachen der Aggression.
4.3 Blaumeisen haben ein großes Verbreitungsgebiet. **Begründen** Sie **ausführlich** den Zusammenhang zwischen Verbreitungsgebiet und Aggressionspotenzial der Blaumeise.
5. Blaumeisen informieren andere Blaumeisen sowie auch Vögel anderer Arten über eine drohende Gefahr – z. B. einen Raubvogel – durch einen Warnruf. Dieser Warnruf ist nicht artspezifisch und wird auch von anderen Vögeln verwendet.
5.1 **Interpretieren** Sie das Warnen anderer Blaumeisen ausführlich aus soziobiologischer Sicht.
5.2 **Diskutieren** Sie, ob das Warnen artfremder Individuen sinnvoll ist.

Benötigte Fachkenntnisse

Balzverhalten, doppelte Quantifizierung, Paarungssysteme, KASPAR-HAUSER-Versuche, Kosten-Nutzen-Analyse, Optimalitätsmodell, Konditionierung, proximate, Ursachen aggressiven Verhaltens, Altruismus (S. 109 ff.)

Benötigte Methodenkenntnisse

Diagramm auswerten, Planung eines Experiments, Beurteilen einer Aussage, Hypothesenbildung (S. 26, S. 32, S. 35)

Lösungen

1.1 Zu Beginn der Balz wird ein artgerechter Partner durch Signale ausfindig gemacht (akustische Signale: Balzgesang der Männchen, Trillerstrophen als Abgrenzung zur Kohlmeise). Bevor es zur Fortpflanzung kommen kann, muss die Individualdistanz zwischen den Partnern überwunden und eine enge Bindung hergestellt werden (Zeigen der Höhlen, Füttern des Partners). Die Partner stimmen sich aufeinander ein und sind so zur selben Zeit paarungsbereit. Ritualisierte Verhaltensweisen, die ihre eigentliche Funktion verloren haben und deren Signalcharakter verstärkt wurde (zitternde Flügel und horizontaler Schwanz/Körper in Kombination mit Kontaktlauten, evtl. auch das „Höhlezeigen", das als Ritual betrachtet werden muss, da das Weibchen die Höhlen bereits kennt) tragen mit zur Partnerbindung bei.

1.2 Eine afrikanische Blaumeise reagiert aufgrund der Unterschiede im Gesang (strophenloser Gesang im Gegensatz zu acht Strophen) eigentlich nicht auf die akustischen Signale einer europäischen Blaumeise (und umgekehrt). Ist allerdings kein anderer Fortpflanzungspartner vorhanden und die Handlungsbereitschaft für die Fortpflanzung wird mit der Zeit immer größer, da der Trieb nicht durch eine Endhandlung befriedigt werden kann, reicht bei hoher innerer Bereitschaft auch schon ein sehr schwacher Schlüsselreiz (Gesang der anderen Blaumeisenpopulation) aus, um die Endhandlung (hier die Paarung) auszulösen. In Gefangenschaft wird es aufgrund des Triebstaus vermutlich zur Paarung kommen.

1.3 Da die Partner sich „in diesem Jahr treu" bleiben wird das Paarungssystem als (saisonale) Monogamie bezeichnet. Vorteile der Monogamie sind z. B.:
(1) gemeinsame Brutpflege
(2) optimale Versorgung/Überlebenschance der Jungtiere
(3) nur eine (aufwändige) Balz

2. Der Nutzen eines Geleges misst sich für die Elterntiere an der Zahl der überlebenden Jungtiere – und somit der Zahl der eigenen Gene – die an die nächste Generation weitergegeben wurden. Andererseits ist das Versorgen, Beschützen und Betreuen der Jungen ein Aufwand, der für die Eltern als Kosten verbucht werden muss. Nach dem Optimalitätsmodell wird dasjenige Verhalten gezeigt, für das die Differenz aus Kosten und Nutzen optimal ist. In diesem Fall ist der größte Unterschied zwischen den beiden Posten bei einem Gelege mit 8 Eiern gegeben. Dies entspricht der im betrachteten Lebensraum am häufigsten anzutreffende Gelegegröße.

3.1 Ein KASPAR-HAUSER-Experiment, bei dem die Jungen nach dem Schlüpfen unter Erfahrungsentzug – also ohne Möglichkeit, ihr bevorzugtes natürliches Umfeld (Laubwald) zu sehen – aufgezogen werden, könnte diese Frage klären. Zieht man viele Jungtiere beispielsweise in einem Käfig in einem geschlossenen Raum auf und entlässt sie anschließend in die Natur, so kann beobachtet werden, an welchem Ort sie sich ansiedeln. Sollten die Tiere den Laubwald als neues Revier wählen, obwohl dieser nicht ihrer Erfahrungswelt entspricht, so muss die Bevorzugung des Laubwaldes angeboren sein. Bei KASPAR-HAUSER-Versuchen sollte man allerdings immer im Hinterkopf behalten, dass die Aufzucht eines Tieres unter Erfahrungsentzug häufig mit Verhaltensveränderungen oder – schlimmstenfalls – Verhaltensstörungen einhergehen kann. Die experimentellen Bedingungen müssen also gut gewählt sein, um unnatürliches Verhalten, welches das Versuchsergebnis verfälschen könnte, auszuschließen.

3.2 Es handelt sich um eine verschränkte Form der Konditionierung - das sogenannte Lernen am Erfolg. Die bedingte Appetenz entspricht dabei dem „Milchflaschen-Anfliegen“, die bedingte Aktion dem „Deckel-Aufpicken“. Vermutlich hat sich der erste Vogel zufällig auf der Flasche niedergelassen und durch anfangs ungerichtetes Picken (Neugierde, Spieltrieb, ...) mit dem Schnabel den Flascheninhalt zufällig zugänglich gemacht. Da die Milch als Nahrungsquelle eine positive Verstärkung des Verhaltens darstellt, wurde in Zukunft das Aufpicken des Deckels häufiger gezeigt (bedingte Aktion) und die Flasche gezielt angeflogen (bedingte Appetenz), da ein Zusammenhang zwischen der Flasche, dem Picken und der positiven Verstärkung erlernt wurde. (Anmerkung: Dies gilt nur für die erste Blaumeise. Die anderen Tiere konnten das Verhalten vermutlich durch Nachahmung lernen. Als Tradition wurde das Verhalten weitergegeben - bis der Deckel schließlich durch eine stabilere, vogelsichere Version ausgetauscht wurde.)

4.1 Proximate Ursachen stellen die Frage nach den unmittelbaren und reizbedingten Ursachen sowie den Abläufen von Verhalten. Bezogen auf aggressives Verhalten liegen proximate Ursachen beispielsweise in den Bereichen:
(1) genetische Einflüsse
(2) hormonelle Einflüsse
(3) Versorgungszustand
(4) überlebensnotwendige Ressourcen

4.2 Wären alle Blaumeisen sehr aggressiv, so würde das Aufeinandertreffen aggressiver Tiere ständig zu Beschädigungskämpfen führen - was letztendlich die eigene Art schwächen würde. Daher hat sich in der Evolution als evolutionär stabile Strategie (ESS) ein bestimmtes Verhältnis von (etwas) friedlicheren und aggressiveren Individuen entwickelt. Treffen aggressive und friedlichere Tiere aufeinander, so gibt das friedlichere Tier nach und ein Beschädigungskampf wird verhindert. Auch wenn dies für das einzelne, friedlichere Individuum einen Nachteil darstellt, profitiert die Art insgesamt vom stabilen Verhältnis.

4.3 Eine Strategie zur Vermeidung von Aggression ist Territorialität und Migration. Jede Blaumeise strebt ein eigenes Revier an, das Nahrung, Schutz und die Möglichkeit zur Fortpflanzung bietet. Können einige Individuen kein eigenes Territorium besetzten, so führt dies in der Regel zu Beschädigungskämpfen um die begrenzten Ressourcen. Ausweg kann dabei die Migration sein, bei der unterlegene Tiere in ein Gebiet auswandern, das noch nicht von dieser Art erschlossen wurde. Dies führt zur Verbreitung der Art.

5.1 Diese Art des – auf den ersten Blick – vollkommen uneigennützigen Verhaltens wird als Altruismus bezeichnet. Der Warnruf scheint aus Sicht des warnenden Individuums unverständlich – lässt er damit doch die Ortung seiner Position für den Angreifer zu. Im schlechtesten Fall verliert er dadurch sein Leben, die selbstständige Weitergabe der eigenen Gene ist damit auf direktem Wege (direkte Fitness) nicht mehr möglich. Allerdings hat er damit auch (vielen) anderen Blaumeisen das Leben gerettet. Je größer die Verwandtschaft zu den beschützten Tieren, umso mehr Gene hat er mit ihnen gemeinsam. Konnten (viele) andere nahe verwandte Tiere überleben, so wurden indirekt auch viele seiner eigenen Gene weitergegeben (indirekte Fitness) und das übergeordnete Ziel – die Weitergabe der eigenen Gene (Gesamtfitness) – erreicht.

5.2 Eigentlich bringt die Warnung von Lebewesen einer anderen Art kein Fitnessgewinn mit sich, da sie sich in unterschiedlichen Genpoolen (keine Fortpflanzung möglich, keine Weitergabe von eigenen Genen) befinden. Kann das Tier jedoch davon ausgehen, dass in einer vergleichbaren Situation das nächste Mal auch die Tiere der anderen Art ihn warnen werden, so erhöht dies seine eigene Überlebenschance und die Fitness seiner Verwandten. Dies wäre eine mögliche Erklärung für den nicht artspezifischen Warnruf. Man bezeichnet dies in der Biologie als sogenannten reziproken Altruismus.

Anmerkung: Auch beim Menschen ist reziproker Altruismus zu beobachten und mit solch netten Sprüchen wie „Eine Hand wäscht die andere“ treffend umschrieben. Ein Grund für selbstloses Verhalten kann auch hier sein, dass der Mensch (unbewusst) erwartet, dass auch andere Menschen ihm bei Bedarf mit Rat und Tat zur Seite stehen würden. Allerdings geht man davon aus, dass es beim Menschen noch andere Altruismusarten gibt, die nichts bzw. nur wenig mit Fitness-Maximierung oder reziprokem Altruismus zu tun haben.

Selbstdiagnosebogen

Aufgabe Nr.	Kernkompetenzen	AFB	BE	erreichte BE	Förderung
1.1	Zusammenfassen wesentlicher Aspekte des Balzverhaltens, Analyse des Textes	I-II	5		Balzverhalten und Paarung (S. 121)
1.2	Abwägen von Argumenten vor dem Hintergrund der doppelten Quantifizierung	II-III	5		Instinkthandlungen (S. 111)
1.3	Herausarbeiten der Monogamie aus dem Text, Aufzählen von drei Vorteilen	I	3		Paarungssysteme S. (121 f.)
2	Analyse eines Balkendiagramms, Anwendung der Kosten-Nutzen-Analyse in Form des Optimalitätsmodells	III	6		Umgang mit Diagrammen (S. 26) Optimalitätsmodell (S. 116)
3.1	Planung eines KASPAR-HAUSER-Versuchs, Auswertung möglicher Ergebnisse	II	4		KASPAR-HAUSER-Versuche (S. 112)
3.2	Interpretation eines Verhaltens mithilfe der Konditionierung	II	6		Formen der Konditionierung (S. 114)
4.1	Proximate Ursachen von Aggression definieren und Beispiele aufzählen	I	4		Proximate und ultimate Ursachen aggressiver Verhaltensweisen (S. 120)
4.2	Analysieren und Beurteilen einer Aussage zu ultimativen Ursachen von Aggression	II-III	5		
4.3	wesentliche Zusammenhänge zwischen Aggression, Territorialität und Migration herstellen	II	4		Territorialität und Migration (S. 119)
5.1	Erkennen und Erklären von Altruismus gegenüber nahe verwandten Tieren im Beispiel	I-II	5		Direkte und indirekte Fitness (S. 116)
5.2	Aufstellen einer begründeten Hypothese	III	3		Umgang mit Hypothesen (S. 35)

Gesamtbewertungseinheiten: 40, davon AFB I: 9,5 BE (24 %), AFB II: 24,5 BE (61 %), AFB III 6 BE (15 %)

Angeborenes und erlerntes Verhalten des Menschen

Aufgabe 11: Verhaltensbeobachtungen beim Menschen

Das Verhalten des Menschen bietet ein nahezu unerschöpfliches Betätigungsfeld für Ethologen und Soziobiologen. Im Folgenden werden einige ausgewählte Beobachtungen im Bereich menschlichen Verhaltens herausgegriffen und ihre biologische Ursache und Bedeutung beleuchtet. Besonders interessant ist häufig die Fragestellung, ob beobachtbares menschliches Verhalten angeboren oder erlernt ist.

1. „KASPAR-HAUSER-Versuche zur Identifizierung angeborenen oder erlernten Verhaltens sind aus ethischer und medizinischer bzw. verhaltensbiologischer Sicht beim Menschen nicht möglich."

1.1 **Erklären** Sie die Grundidee eines -Versuchs.

1.2 **Nehmen** Sie auf dieser Grundlage ausführlich und begründet **Stellung** zur eingangs getroffenen Aussage.

1.3 **Beschreiben** sie zwei verhaltensbiologische Beobachtungsstrategien beim Menschen, die eine Unterscheidung von erlerntem und angeborenem Verhalten ermöglichen.

2. In der Kulturgeschichte des Menschen haben sich viele verschiedene Kampfsportarten etabliert – so beispielsweise auch der Boxkampf, der mit genormten, großflächigen Boxhandschuhen ausgetragen wird. Die Trefferfläche ist auf den Bereich oberhalb der Taille begrenzt. Gewonnen hat, wer entweder die meisten wirkungsvollen Treffer gelandet oder den Gegner k. o. geschlagen hat.

2.1 **Diskutieren** Sie anhand typischer Eigenschaften von Komment- und Beschädigungskampf, um welche Art des Kampfes es sich aus verhaltensbiologischer Sicht handelt.

2.2 **Begründen** Sie auf Grundlage einer geeigneten Aggressionstheorie für die Entstehung aggressiven Verhaltens beim Menschen, weshalb Boxtraining zum „Abbau von Aggression" führt.

3. Bereits beim Anblick einer leckeren Sahnetorte läuft vielen erwachsenen Menschen „das Wasser im Mund zusammen".
   Erläutern Sie diese Beobachtung aus der Sicht der ursprünglichen, klassischen Ethologie.

4. Babys sind bedingungslos auf die Versorgung durch ihre Eltern angewiesen. Wacht ein Baby hungrig auf, so bewegt es in den Armen der Mutter den Kopf ständig hin und her. Berührt ein „Flaschenkind" den Sauger der Milchflasche, so dreht es den Kopf in Richtung der Flasche und stülpt die Lippen über den Sauger. Wird die Form und Beschaffenheit des Saugers vom Kind erkannt, so beginnen rhythmische Saugbewegungen.
   Nach einiger Zeit löst sich das Kind von der Flasche. Auch wenn die Flasche direkt an den Mund gehalten wird trinkt das Kind in der Regel nicht mehr.

4.1 **Erläutern** Sie die dargestellten Verhaltensweisen des Kindes aus verhaltensbiologischer Sicht.

4.2 In diesem Zusammenhang ist auch der AAM von entscheidender Bedeutung. „Das Baby kann als AAM für die Mutter gewertet werden, der Sauger als AAM für das Baby."
Beurteilen Sie die beiden Teile dieser Aussage.

Benötigte Fachkenntnisse
KASPAR-HAUSER-Experiment, Mutter-Kind-Bindung, Hospitalismus, angeborenes/erlerntes Verhalten, Komment- und Ernstkampf, Aggressionstheorien, bedingter Reflex, Instinkhandlung, doppelte Quantifizierung, AAM (S. 109 ff.)

Benötigte Methodenkenntnisse
Auswertung von Sachtexten, Diskutieren von Möglichkeiten (S. 25)

Lösungen

1.1 Bei KASPAR-HAUSER-Versuchen wird ein Lebewesen unter Erfahrungsentzug – also ohne die Möglichkeit des Kennenlernens oder Übens bestimmter Verhaltensweisen – meist ohne Kontakt zu den Eltern oder zu anderen Lebewesen der gleichen Art aufgezogen. Zeigt das Tier anschließend bestimmte Verhaltensweisen, so können diese nur angeboren und nicht erlernt sein, da zum Erlernen keine Möglichkeit bestanden hat.

1.2 Das isolierte Aufwachsen eines Kindes ist weder aus ethischer noch medizinischer oder psychologischer Sicht zu verantworten, da schwere psychische und physische Schäden die Folge wären. Wird ein Kind längere Zeit von seiner Mutter (und/oder anderen Bezugspersonen) getrennt, so kann sich keine Mutter-Kind-Bindung ausprägen und das Krankheitsbild des Hospitalismus tritt auf. Dies kann sich beispielsweise in verlangsamten Entwicklungsprozessen, leichten Verhaltensstörungen oder Kontaktproblemen äußern, aber auch zu schwerwiegenden Schädigungen oder gar dem Tod des Kindes führen. Aufgrund der schwerwiegenden Schäden ist ein KASPAR-HAUSER-Versuch beim Menschen absolut undenkbar.
(Dies gilt aus heutiger Sicht, denn leider gab es im Mittelalter durchaus Versuche, die beispielsweise die „Ursprache des Menschen" ermitteln wollten, indem Kinder ihren Eltern weggenommen wurden und von Hebammen „versorgt" wurden. Diese hatten die Anweisung, die Kinder nur zu füttern und für hygienisch einwandfreie Bedingungen zu sorgen – ein Kontakt zu den Kindern (mit ihnen reden, spielen, sie beschäftigen, ...) war ihnen strikt untersagt. Das erste gesprochene Wort der Kinder sollte zeigen, welche Sprache die Ursprache des Menschen sei. Tragisches Ende dieses Experiments war der Tod der Kinder.)

1.3 Zeigen blind oder taubblind geborene Kinder bestimmte Verhaltensweisen, die sie aufgrund ihrer Behinderung nicht erlernt haben konnten, so kann davon ausgegangen werden, dass dieses Verhalten angeboren ist.
Treten bei eineiigen Zwillingen, die getrennt voneinander aufgewachsen sind, trotz sehr unterschiedlicher „Umwelteinflüsse“ (andere Erziehung, verschiedenes soziales Umfeld, andere Erfahrungen, ...) gleiche Verhaltensmuster auf, so sind diese vermutlich ebenfalls angeboren. (Alternativantworten möglich!)

2.1 Ein Boxkampf läuft nach festen Regeln ab (Trefferfläche, ...), die durch einen Schiedsrichter überwacht werden. Die eigentlichen Waffen (blanke Hände, Beine bzw. Füße oder gar Zähne) werden nicht eingesetzt, die Wirkung der Schläge durch großflächige Handschuhe gemindert und somit das Verletzungsrisiko gesenkt. Demnach kann der Boxkampf als Kommentkampf gewertet werden.
Allerdings ist die schnellste und beste Möglichkeit, den Kampf zu gewinnen, den Kopf des Gegners so fest zu treffen, dass dieser das Bewusstsein verliert und zu Boden geht (oder aufgrund von Verletzungen aufgibt). Das gezielte Angreifen empfindlicher Körperregionen (hier der Kopf des Gegners) – mit der Absicht, den anderen Gegner bewusstlos zu machen – spricht eigentlich eindeutig für einen Ernstkampf.

Hinweis: Sprachlich könnte zwischen den Begriffen Diskutieren und Erörtern differenziert werden. Während sich beim Erörtern eine Schlussbewertung anschließen muss, ist dies bei einer Diskussion (wie hier) nicht zwingend erforderlich. Im Zweifelsfall bietet es sich immer an, die begründete Entscheidung für eine der beiden Positionen mit anzufügen. Dies könnte in diesem Beispiel lauten, dass man selbst die kurze Bewusstlosigkeit sowie die möglicherweise auftreten Platzwunden als keine echten und schweren Verletzungen wertet. Eine Tötungsabsicht – häufiges Ziel des Ernstkampfes – liegt definitiv nicht vor, weshalb der Boxkampf als Kommentkampf zu werten ist. Natürlich kann man das auch anders sehen und begründen.

2.2 Betrachtet man Aggression beim Menschen als einen eigenständigen Trieb (also als eine Instinkthandlung) mit eigener Handlungsbereitschaft und Schlüsselreizen als Auslösern, so bietet das Training die Möglichkeit durch die Ausführung „aggressiver Handlungen“ – beispielsweise an einem Boxsack – die Handlungsbereitschaft für aggressives Verhalten zu senken. Die Ausführung einer Endhandlung wirkt sich negativ auf den Antrieb dieser Instinkthandlung aus und senkt diesen. Im normalen Leben muss entsprechend des Prinzips der doppelten Quantifizierung bei niedrigerem Antrieb ein stärkerer Schlüsselreiz vorhanden sein, um aggressives Verhalten auszulösen. Letztendlich führt dies zum „Abbau von Aggressionen“ bei einem Menschen, da Aggressionen im Alltag vermindert oder verhindert werden.

3. Speichelfluss („Wasser läuft im Mund zusammen“) wird beispielsweise vom Geschmack einer Sahnetorte ausgelöst, wenn diese in den Mund gelangt. Es handelt sich – der ursprünglichen, klassischen Ethologie folgend, die beispielsweise durch Pawlow berühmt wurde – um einen Reflex. Der Reflex wird durch den unbedingten Reiz (Geschmack der Sahnetorte) ausgelöst. Bei kleinen Kindern, die eine Sahnetorte das erste Mal sehen, wird kein Speichelfluss vorhanden sein, da der Anblick der Torte ein neutraler Reiz ist, der den Speichelfluss nicht auslösen kann. Da man kurz vor dem Essen die Torte immer sieht, stellt der Körper mit der Zeit einen Zusammenhang zwischen dem neutralen Reiz (Bild der Torte) und dem unbedingten Reiz (Geschmack der Torte) her. Nach einer Lernphase wurde der neutrale Reiz zum bedingten Reiz, der auch alleine (ohne den unbedingten Reiz) in der Lage ist, den Reflex auszulösen.

   Hinweis: Man kann hier – wie auch beim Pawlowschen Hund – darüber diskutieren, ob tatsächlich ein Reflex vorliegt. Wäre die Menge des gebildeten Speichels vom Antrieb (Hunger) abhängig, so ist eine Zuordnung zum Reflex strenggenommen nicht korrekt.

4.1 Es handelt sich bei diesem Beispiel um eine typische Instinkthandlung, die in drei Phasen aufgeteilt ist: Das ungerichtete Suchen des Kindes („den Kopf hin und her bewegt“), die sogenannte Appetenz, wird vom Antrieb („hungrig“) ausgelöst. Berührt das Kind den Sauger, so orientiert sich das Kind zum Objekt hin („dreht es den Kopf in Richtung der Flasche und stülpt die Lippen über den Sauger“). Man spricht hier von der Taxis. Der Schlüsselreiz („Form und Beschaffenheit des Saugers“) löst die Endhandlung („rhythmische Saugbewegungen“) aus.
Diese führt zu einer Senkung der Handlungsbereitschaft. Ist nach dem Trinken der gleiche Schlüsselreiz vorhanden (gleiche Milchflasche/Sauger), so reicht dieser aufgrund der verminderten Handlungsbereitschaft (weniger Hunger) nicht aus, die Endhandlung (Saugbewegungen) auszulösen. Dies entspricht dem Prinzip der doppelten Quantifizierung.

4.2 Der erste Teil der Aussage ist zutreffend, da gemäß des Kindchenschemas beispielsweise ein relativ großer Kopf, große Augen, Pausbacken, kurze und dicke Extremitäten sowie stimmliche Merkmale für die Mutter einen Angeborenen Auslöse-Mechanismus (AAM) darstellen. Er führt dazu, dass sich die Mutter dem Kind zuwendet, es versorgt und somit seine gute Entwicklung sichert.
Die Saugbewegung des Kindes muss angeboren sein, da es sich bei der Nahrungsaufnahme um ein lebenswichtiges Verhaltenselement handelt. Ein Kind muss bereits in den ersten Lebensstunden trinken können, ohne es vorher erlernen zu müssen. Auslöser der Instinkthandlung ist die mütterliche Brustwarze. Streng genommen entspricht der Sauger also nicht dem natürlichen Auslöser, weshalb der Begriff AAM nicht zutreffend wäre. Er stellt demnach genau genommen einen EAAM dar, also einen durch Erfahrung erweiterten Auslösemechanismus.

Selbstdiagnosebogen

Aufgabe Nr.	Kernkompetenzen	AFB	BE	erreichte BE	Förderung
1.1	Erklären der Grundidee eines KASPAR-HAUSER-Versuchs	I	3		KASPAR-HAUSER-Versuche (S. 112) Mutter-Kind-Bindung beim Menschen (S. 113)
1.2	Bewertung einer Aussage vor dem Hintergrund von Mutter-Kind-Bindung und Hospitalismus	II	5		
1.3	Beobachtungen zu Unterscheidung von angeborenem und erlerntem Verhalten	I	3		
2.1	Abwägen von Argumenten für Komment- und Ernstkampf	II	6		Intensitätsstufen aggressiven Verhaltens (S. 118) Proximate Ursachen aggressiver Verhaltensweisen (S. 120)
2.2	Begründung einer Aussage aufgrundlage der Triebtheorie der Aggression	II	4		
3	Ausführliche Darstellung eines bedingten Reflexes am konkreten Beispiel	II-III	7		Reflexe (S. 110)
4.1	Erläuterung der Phasen einer Instinkthandlung, Anwendung der doppelten Quantifizierung	II	8		Ablauf/Phasen einer Instinkthandlung (S. 111) AAM, EAM und EAAM (S. 112)
4.2	Beurteilen einer Aussage im Bereich des AAM/EAAM/EAM	I/III	4		

Gesamtbewertungseinheiten: 40, davon AFB I: 8 BE (20 %), AFB II: 26,5 BE (66 %), AFB III: 5,5 BE (14 %)

7 Original-Prüfungsaufgaben

A1 – Der menschliche Darm

Der Darm des Menschen setzt sich aus dem etwa 3 m langen Dünndarm und dem kürzeren Dickdarm zusammen. Der Darm ist Lebensraum für zahlreiche Bakterien, die an den lebenswichtigen Aufgaben Verdauung und Immunabwehr beteiligt sind. Eine wichtige Funktion des Dünndarms ist es, im Anschluss an die Verdauung den Übertritt von Molekülen aus dem Darminnenraum in die Darmwandzellen und anschließend ins Blut zu ermöglichen.

1 In der folgenden Abbildung ist der Transport von Glucose und Fructose aus dem Darminnenraum in die Darmwandzellen dargestellt.

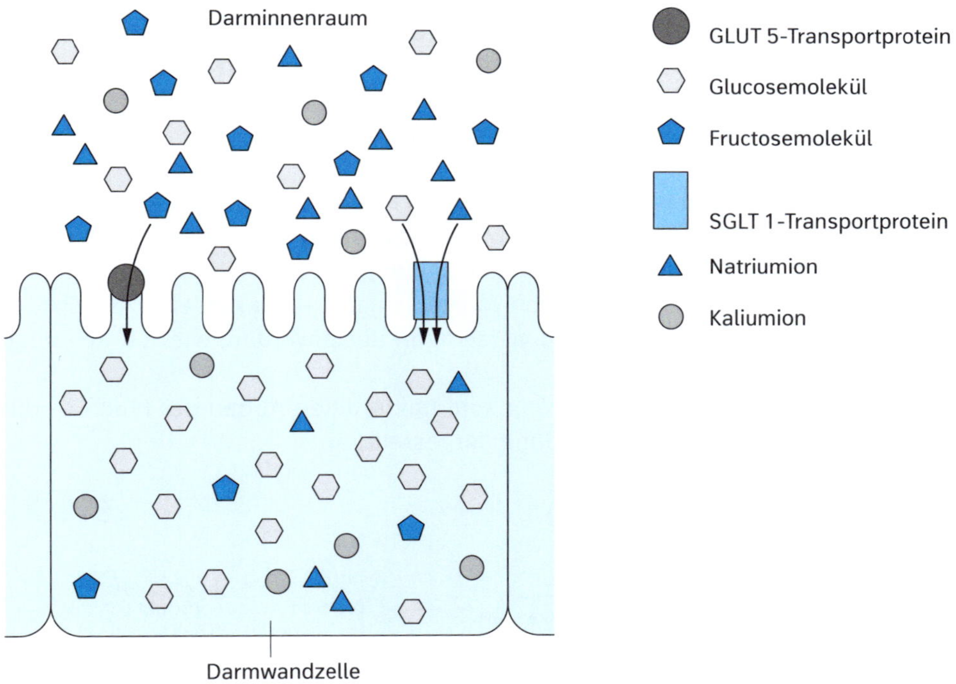

Abb. 1: Modell für den Glucose- und Fructosetransport[1]

1.1 Beschreiben Sie den in Abbildung 1 dargestellten Transport von Glucose und Fructose aus dem Darminnenraum in die Darmwandzellen! [6 BE]

1.2 Legen Sie dar, wie eine Aufrechterhaltung des Natriumionen-Konzentrationsgradienten an der Darmwandmembran gewährleistet werden kann. [3 BE]

1.3 Bei Patienten, die an erblicher Fructoseintoleranz leiden, kann die aufgenommene Fructose in verschiedenen Organen nicht abgebaut werden. Die Abbildung 2 zeigt einen Stammbaum einer Familie, in der erbliche Fructoseintoleranz auftritt:

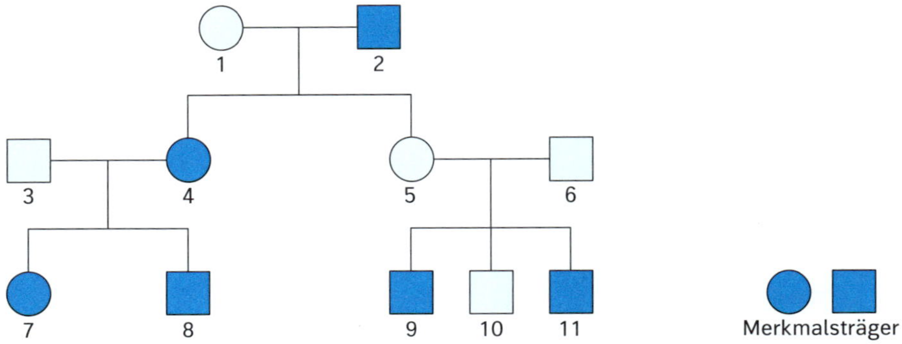

Abb. 2: Stammbaum einer Familie, in der erbliche Fructoseintoleranz auftritt

1.3.1 Leiten Sie anhand des Stammbaums den Erbgang der erblichen Fructoseintoleranz ab, indem Sie begründet nicht zutreffende Erbgänge ausschließen! Geben Sie alle möglichen Genotypen der Personen 1 – 6 und 10 an und ermitteln Sie mit welcher Wahrscheinlichkeit die Eltern 3 und 4 ein phänotypisch gesundes Kind bekommen. [7 BE]

1.3.2 Ähnliche Symptome wie bei der erblichen Fructoseintoleranz zeigen auch Menschen mit Fructosemalabsorption. Bei diesen ist die Aufnahme von Fructose in die Dünndarmzellen gestört. Deshalb gelangt dieser Zucker in größerer Menge in den Dickdarm, wo er anaerob von verschiedenen Bakterien, z. B. von E. coli, abgebaut wird. Dies führt zu vielseitigen Beschwerden, wie z. B. Blähungen, für die Betroffenen.
Ein möglicher Stoffwechselweg zum bakteriellen Abbau der Fructose durch E. coli ist in folgender Abbildung dargestellt:

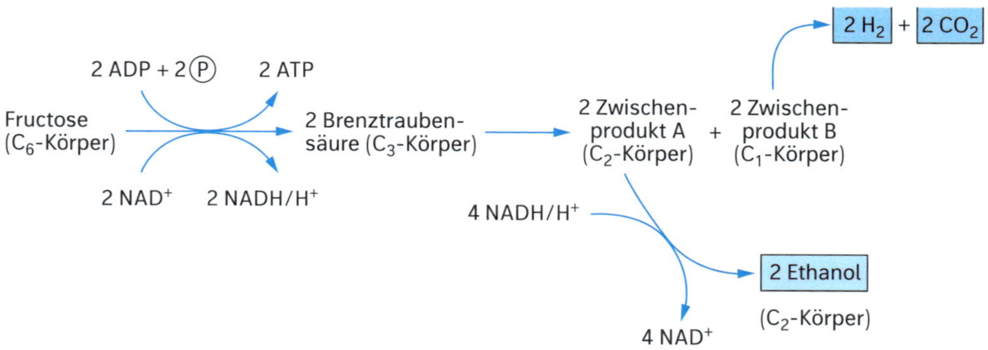

Abb. 3: Anaerober Abbauweg der Fructose in E.coli-Bakterien[2]

Vergleichen Sie den in Abbildung 3 dargestellten anaeroben Abbauweg mit der alkoholischen Gärung durch Hefepilze bezüglich der Energie- und Stoffbilanz! [6 BE]

1.3.3 Um diese Fructose-Aufnahmestörung (Fructosemalabsorption) zu diagnostizieren, gibt man Patienten, die mindestens 12 Stunden nichts gegessen haben, einmalig eine Lösung mit einer definierten Fructosemenge zu trinken. Der im Dickdarm entstehende Wasserstoff wird über das Blut zur Lunge transportiert und ausgeatmet. Nach der Fructosegabe wird kontinuierlich die Wasserstoffkonzentration in der Ausatemluft gemessen. In dieser Zeit darf der Patient keine weitere Nahrung zu sich nehmen.
Skizzieren Sie die bei diesem Test zu erwartende Wasserstoffkonzentration in der Ausatemluft in Abhängigkeit von der Zeit bei einem Patienten mit Fructosemalabsorption! [4 BE]

2 Morbus Crohn ist eine chronische Entzündung, die den ganzen Verdauungstrakt betreffen kann. Die Ursachen für die Entwicklung dieser Krankheit sind noch nicht geklärt. Als sicher gilt aber, dass neben bestimmten Umweltfaktoren wie Rauchen und Stress auch genetische Faktoren das Risiko für das Auftreten von Morbus Crohn erhöhen. Im Jahr 2001 konnte gezeigt werden, dass Mutationen im NOD2-Gen im Zusammenhang stehen mit einem erhöhten Risiko, an Morbus Crohn zu erkranken.
Folgende Abbildung zeigt einen Ausschnitt der DNA-Sequenz des nichtmutierten Allels des codogenen Stranges im NOD2-Gen:

Basennummern:		1	2	3	4	5	6	7	8	9	10	11	12	13	14	15	16	17	18	
Codogener DNA-Strang:	3'...	G	A	C	G	T	C	C	G	G	G	A	A	C	T	T	T	C	C	...5'

Abb. 4: Codogener Strang

Tab.: Der genetische Code

erste Base	zweite Base				dritte Base
5'	**U**	**C**	**A**	**G**	**3'**
U	Phe Phe Leu Leu	Ser Ser Ser Ser	Tyr Tyr Stopp Stopp	Cys Cys Stopp Trp	U C A G
C	Leu Leu Leu Leu	Pro Pro Pro Pro	His His Gln Gln	Arg Arg Arg Arg	U C A G
A	Ile Ile Ile Met(Start)	Thr Thr Thr Thr	Asn Asn Lys Lys	Ser Ser Arg Arg	U C A G
G	Val Val Val Val	Ala Ala Ala Ala	Asp Asp Glu Glu	Gly Gly Gly Gly	U C A G

2.1 Leiten Sie mithilfe der Tabelle die Aminosäuresequenz für den angegebenen DNA-Abschnitt ab! [5 BE]

2.2 Eine Reihe von chemischen Substanzen (Mutagene) können Mutationen in der DNA auslösen. Das Mutagen Hydroxylamin bewirkt in der DNA eine Strukturveränderung der Base Cytosin. Das so veränderte Cytosin paart sich jetzt komplementär mit der Base Adenin. Das Mutagen Acridinorange dagegen bewirkt eine Rastermutation durch Einschub eines Nucleotids mit einer beliebigen Base in den codogenen DNA-Strang.
Eine einzige Mutation (Änderung der Basensequenz) in der DNA-Sequenz (codogener Strang) aus Aufgabe 2.1 (Basennummer 1–18) bewirkt, dass die Aminosäuresequenz des entstehenden Proteins folgendermaßen verändert ist:

... – Leu – Gln – Ala – Pro

Geben Sie an, welches der beiden genannten Mutagene diese Veränderung der Aminosäuresequenz bewirkt hat, und begründen Sie Ihre Aussage! [9 BE]

Lösungen

1.1 Beschreiben Sie den in Abbildung 1 dargestellten Transport von Glucose und Fructose aus dem Darminnenraum in die Darmwandzellen! [6 BE]

Lösungshinweis: Analysieren Sie die Abbildung genau: Markieren Sie sich z. B. die unterschiedlichen Moleküle farbig. Damit können Sie sehr einfach die entscheidenden Konzentrationsunterschiede feststellen.

Glucosemoleküle werden zusammen mit Natriumionen durch ein Carrierprotein transportiert. Dabei handelt es sich um einen Symport. Bei diesem sekundär aktiven Transport wird Glucose entgegen des vorliegenden Konzentrationsgradienten zusammen mit dem Natriumionentransport entlang des Konzentrationsgradienten von Na^+ transportiert. Der Fructosetransport erfolgt ebenfalls durch ein Carrierprotein, jedoch entlang des Konzentrationsgradienten. Hier handelt es sich also um eine erleichterte Diffusion.

1.2 Legen Sie dar, wie eine Aufrechterhaltung des Natriumionen-Konzentrationsgradienten an der Darmwandmembran gewährleistet werden kann. [3 BE]

Lösungshinweis: Urteilen Sie hier nicht vorschnell, dass die Aufgabe auf die Natrium-Kalium-Pumpe abzielt. Bei genauer Betrachtung der Konzentrationsunterschiede in Aufgabe 1.1 sollten Sie festgestellt haben, dass die Konzentration der Kaliumionen auf der intrazellularen Seite der Darmwandmembran höher ist. Die Na^+-K^+-Pumpe transportiert beide Ionen entgegen deren Konzentrationsgradienten, kann hier also nicht als Lösung herangezogen werden (siehe Seite 44 f.).

Bedingt durch den Antrieb des Glucosecotransports muss die Natriumionenkonzentration im Innenraum der Darmwandzelle gering gehalten werden. Zur Aufrechterhaltung des Konzentrationsgradienten ist daher ein aktiver, also energiebenötigender Transport der Natriumionen gegen das Konzentrationsgefälle notwendig.

1.3.1 Leiten Sie anhand des Stammbaums den Erbgang der erblichen Fructoseintoleranz ab, indem Sie begründet nicht zutreffende Erbgänge ausschließen! Geben Sie alle möglichen Genotypen der Personen 1–6 und 10 an und ermitteln Sie mit welcher Wahrscheinlichkeit die Eltern 3 und 4 ein phänotypisch gesundes Kind bekommen. [7 BE]

Lösungshinweis: Beachten Sie, dass hier explizit der Ausschluss nicht-zutreffender Erbgänge als Antwort gefordert ist. Gehen Sie daher die verschiedenen Erbgänge nacheinander durch (siehe Seite 78 f.) und begründen Sie mit Belegen des vorliegenden Stammbaumes, warum diese nicht vorliegen.

Bei dem Erbgang muss es sich um eine autosomal-rezessive Vererbung der Fructoseintoleranz handeln.
Gegen eine Y-gonosomale Vererbung spricht, dass auch Frauen von der Krankheit betroffen sind. Ein X-chromosomal dominanter Erbgang kann ausgeschlossen werden, da Person 5 nicht erkrankt ist. Bei einem X-chromosmal rezessiven Erbgang erkranken hauptsächlich Männer. In dieser kleinen Generationenfolge sind jedoch ein Drittel der erkrankten Frauen, was gegen diesen Erbgang spricht. Zudem wäre Person 7 nicht erkrankt. Ein autosomal-dominanter Erbgang lässt sich ebenfalls ausschließen, da das Paar 5 + 6 in diesem Fall nur gesunde Kinder haben dürfte.

Genotypen der Personen:

1	2	3	4	5	6	10
Aa	aa	Aa	aa	Aa	Aa	AA/Aa

Die Kinder von Paar 3 + 4 sind mit einer Wahrscheinlichkeit von 50 % gesund.

1.3.2 Vergleichen Sie den in Abbildung 3 dargestellten anaeroben Abbauweg mit der alkoholischen Gärung durch Hefepilze bezüglich der Energie- und Stoffbilanz! [6 BE]

Lösungshinweis: Formulieren Sie die alkoholische Gärung beginnend mit der Glykolyse in einem analogen Syntheseschema (siehe Seite 60 f.). Analysieren Sie anschließend beide Synthesewege genau. Kennzeichnen Sie sich Gemeinsamkeiten und Unterschiede in verschiedenen Farben. Dann fällt es Ihnen leichter, den schriftlichen Vergleich zu formulieren.

Alkoholische Gärung durch Hefepilze:

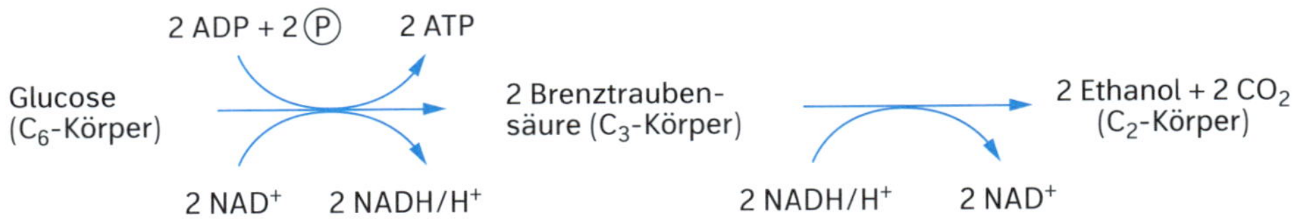

	Bakterieller Abbau der Fructose durch *E.coli*	**Alkoholische Gärung durch Hefepilze**
Energiebilanz	Gewinnung von 2 mol ATP pro 1 mol Zucker	
	Abbau von Brenztraubensäure unter Verbrauch von 4 mol NADH/ H^+ pro 1 mol Zucker	Abbau von Brenztraubensäure unter Verbrauch von 2 mol NADH/ H^+ pro 1 mol Zucker
Stoffbilanz	Edukt Fructose	Edukt Glucose
	Produkte 2 mol Ethanol, 2 mol CO_2	
	Zusätzliches Produkt: 2 mol H_2	

1.3.3 Skizzieren Sie die bei diesem Test zu erwartende Wasserstoffkonzentration in der Ausatemluft in Abhängigkeit von der Zeit bei einem Patienten mit Fructosemalabsorption! [4 BE]

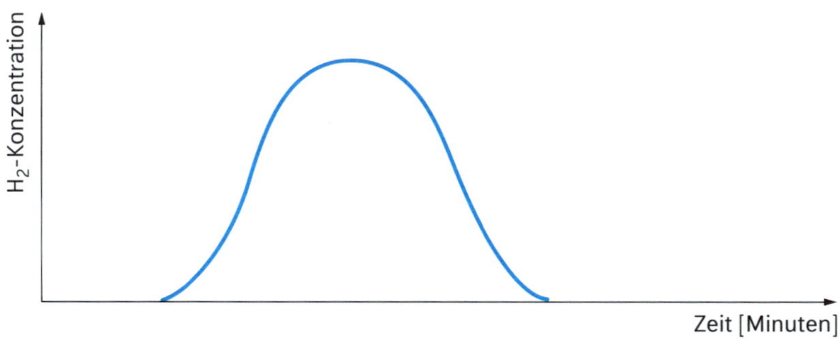

2.1 Leiten Sie mithilfe der Tabelle die Aminosäuresequenz für den angegebenen DNA-Abschnitt ab! [5 BE]

Lösungshinweis: Die Ableitung der Aminosäuresequenz erfolgt mithilfe des genetischen Codes. Dazu müssen Sie den vorgegebenen codogenen Strang der DNA in einen mRNA-Strang übersetzen (siehe Seite 38 f.).

Codogener DNA-Strang:	3'... G A C	G T C	C G G	G A A	C T T	T C C	...5'
m-RNA	5'... C U G	C A G	G C C	C U U	G A A	A G G	...3'
AS	– Leu –	Gln –	Ala –	Leu –	Glu –	Arg –	

2.2 Geben Sie an, welches der beiden genannten Mutagene diese Veränderung der Aminosäuresequenz bewirkt hat, und begründen Sie Ihre Aussage! [9 BE]

Lösungshinweis: Überführen Sie die AS-Sequenz in mRNA- und DNA-Tripletts. Dadurch wird sichtbar, welches der beiden Mutagene gewirkt hat (siehe Seite 38 f.).

AS		– Leu –	Gln –	Ala –	Pro		
m-RNA	5'	C U G	C A G	G C C	C C X	3'	(X = U, C, A, G)
codogener Strang:	3'	G A C	G T C	C G G	G G Y	5'	(Y = A, G, T, C)

Im Vergleich zum nicht-mutierten DNA-Strang fällt auf, dass an der 2. Base des 4. Tripletts Adenin durch Guanin ersetzt worden ist. Daraus folgt, dass die Ursache nicht beim Mutagen Hydroxylamin liegen kann. Dazu müsste sich an dieser Stelle die Base Cytosin befinden.
Daher muss eine Rastermutation durch Acridinorange stattgefunden haben. Zwischen der Base 10 und 11 des vorliegenden DNA-Stranges muss die Base Guanin in den codogenen Strang eingefügt worden sein. Daher bleibt die Codierung bis Alanin bestehen, aber es entsteht das neue DNA-Triplett GGA, wodurch die Aminosäure Prolin codiert wird. Danach erfolgt der Abbruch der Sequenz wegen des nun fälschlicherweise codierten Tripletts UGA (mRNA) bzw. ACT (codogener Strang).

Materialgrundlage

Abbildung und Tabellen:

1 verändert nach: R. Eckert: *Tierphysiologie.* Thieme Verlag, Stuttgart, 2000, 3. Auflage, S. 758
2 vereinfacht nach: S. C. Bischoff: *Probiotika, Präbiotika und Synbiotika.* Thieme Verlag, Stuttgart, 2009, S. 8

A2 – Zellschädigung

Zellschädigungen werden zum Beispiel durch schädliche Stoffwechselprodukte verursacht oder durch Veränderungen der DNA ausgelöst.

1 Das Enzym Katalase erfüllt eine wichtige Funktion für viele ein- und mehrzellige Organismen, da es das als Zellgift wirkende Wasserstoffperoxid zu den Endprodukten Wasser und Sauerstoff umwandelt. In der mikrobiologischen Diagnostik ist eine schnelle und eindeutige Unterscheidung von mikrobiellen Keimen, z. B. Streptokokken (besitzen keine Katalase) und Staphylokokken (besitzen Katalase) eine wichtige Aufgabe. Zur Unterscheidung dieser beiden Bakteriengattungen stehen im Labor folgende Materialien zur Verfügung:

- je eine Brutplatte mit Kolonien von *Streptococcus faecalis* bzw. *Staphylococcus aureus*
- Wasserstoffperoxid-Lösung
- Glas-Objektträger (steril)
- Impföse (steriles Hilfsmittel, um Bakterien aufzunehmen und zu übertragen)

Entwickeln Sie eine mögliche Vorgehensweise, wie unter Zuhilfenahme der angegebenen Materialien die beiden genannten Bakteriengattungen möglichst einfach unterschieden werden können! [5 BE]

2 Der Wasserstoffperoxid-Abbau erfolgt in eukaryotischen Zellen in speziellen Zellorganellen, den Peroxisomen.

2.1 Erklären Sie allgemein, warum das Vorhandensein von Zellorganellen für eine Zelle vorteilhaft ist. [3 BE]

2.2 Das so genannte Refsum-Syndrom ist eine rezessiv vererbte Erkrankung, die den Stoffwechsel in den Peroxisomen des Menschen betrifft und Schädigungen des Nervensystems hervorruft. Aufgrund eines genetischen Defekts kann Phytansäure, ein Stoff, der ausschließlich mit der Nahrung aufgenommen wird, nicht mehr abgebaut werden. Entsprechende Anreicherungen dieses Stoffes sind z. B. in Blutplasma oder Urin nachweisbar.

2.2.1 Die folgende Abbildung 1 zeigt einen Stammbaum-Ausschnitt einer Familie, in der das Refsum-Syndrom auftritt.

Leiten Sie ab, ob das Refsum-Syndrom autosomal oder gonosomal vererbt wird! Geben Sie die Nummern der Personen im Stammbaum an, die sicher heterozygot sind, und beschreiben Sie eine mögliche Vorgehensweise, durch die diese Personen diagnostiziert werden können! [8 BE]

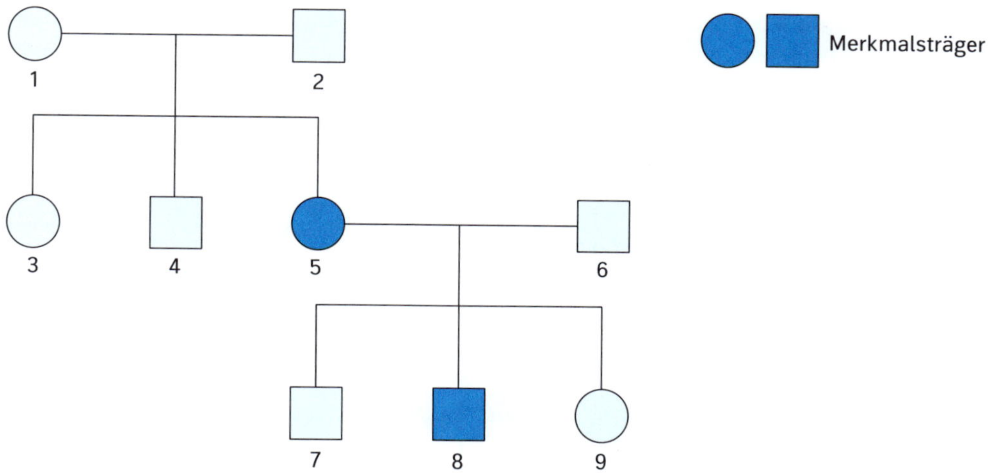

Abb. 1: Stammbaum einer Familie, in der das Refsum-Syndrom auftritt

2.2.2 Beim Refsum-Syndrom wird das Nervensystem in Mitleidenschaft gezogen. Schädigungen treten dabei nicht primär an den Neuronen selbst, sondern an den Myelinscheiden auf, die abgebaut werden.
Fertigen Sie eine beschriftete Zeichnung eines Neurons mit myelinisierter Nervenfaser an und erklären Sie, wieso beim Refsum-Syndrom Auswirkungen auf die Funktion der Nervenzellen zu erwarten sind! [8 BE]

3. Beim Hutchinson-Gilford-Progerie-Syndrom (HGPS) führt eine Mutation im LMNA-Gen zu einer Zellschädigung und als Folge zu einer Vergreisung bereits im Kindesalter. Das Gen LMNA codiert für zwei Proteine, Lamin A und Lamin C.

3.1. Die Abbildung 2 zeigt schematisch einen Ausschnitt aus dem LMNA-Gen im Bereich der Exons 9 bis 12 sowie den Aufbau der für die beiden Proteine Lamin A bzw. C codierenden mRNAs.

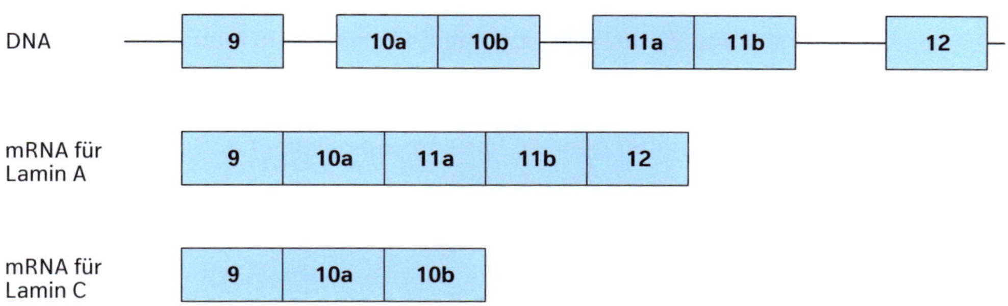

Abb. 2: Ausschnitt aus dem LMNA-Gen und Aufbau der mRNAs von Lamin A bzw. C[1]

Benennen Sie den Vorgang, der zur Bildung der prä-mRNA führt! Erklären Sie die Entstehung der beiden unterschiedlichen mRNAs aus der prä-mRNA für die beiden Proteine Lamin A und C! [7 BE]

3.2. Von Lamin A treten zwei Varianten auf. Tabelle 1 zeigt den Ausschnitt aus dem Exon 11 (nicht codogener Strang, Codestrang) des LMNA-Gens dieser beiden Varianten.

Tab. 1: Ausschnitt aus dem Exon 11 (Codestrang) des LMNA-Gens[1]

Protein	**Ausschnitt aus dem Exon 11 des LMNA-Gens**
Lamin A (Variante 1)	5' CAG GTG GGC GGA CCC 3'
Lamin A (Variante 2)	5' CAG GTG GGT GGA CCC 3'

Tab. 2: Der genetische Code

erste Base	**zweite Base**				**dritte Base**
5'	**U**	**C**	**A**	**G**	**3'**
U	Phe Phe Leu Leu	Ser Ser Ser Ser	Tyr Tyr Stopp Stopp	Cys Cys Stopp Trp	U C A G
C	Leu Leu Leu Leu	Pro Pro Pro Pro	His His Gln Gln	Arg Arg Arg Arg	U C A G
A	Ile Ile Ile Met(Start)	Thr Thr Thr Thr	Asn Asn Lys Lys	Ser Ser Arg Arg	U C A G
G	Val Val Val Val	Ala Ala Ala Ala	Asp Asp Glu Glu	Gly Gly Gly Gly	U C A G

3.2.1 Leiten Sie ausgehend von Tabelle 1 die Aminosäuresequenz der entsprechenden Ausschnitte von Variante 1 und Variante 2 des Lamin A ab und begründen Sie, um welchen Typ von Genmutation es sich handelt! [5 BE]

3.2.2 Bei HGPS-Patienten findet man die Variante 2 des Lamin A. Dieses ist funktionsgestört und beruht auf folgender mRNA:

mRNA für funktionsgestörtes Lamin A	**9**	**10a**	**11a**	**12**

Abb. 3: Ausschnitt aus der mRNA des funktionsgestörten Lamin A[1]

Entwickeln Sie eine Hypothese über die Folgen der Genmutation aus Aufgabe 3.2.1 auf molekularer Ebene, die die Bildung des funktionsgestörten Lamin A erklärt! [4 BE]

Lösungen

1. Entwickeln Sie eine mögliche Vorgehensweise, wie unter Zuhilfenahme der angegebenen Materialien die beiden genannten Bakteriengattungen möglichst einfach unterschieden werden können! [5 BE]

Lösungshinweis: Hierbei handelt es sich um eine Aufgabenstellung, die nicht nur mit dem erlernten Wissen aus dem Biologie-Unterricht beantwortet werden kann. Vielmehr ist es hier notwendig die gegebenen Informationen aus dem Text sorgfältig auszuwerten und zur Lösung der Aufgabe heranzuziehen (siehe Seite 25).

Zur Durchführung wird zunächst eine sterile Impföse benötigt. Mit dieser wird die jeweilige Kultur entnommen und auf einen sterilen Objektträger überführt. Anschließend wird etwas Wasserstoffperoxid-Lösung auf beide Kulturen getropft. Bereits nach kurzer Zeit kann man bei einer Kultur eine Gasbildung beobachten und bei einer nicht. Die Bakteriengattung *Staphylococcus aureus* bildet auf Grund der vorhandenen Katalase Sauerstoff, was die Gasbildung der einen Kultur erklärt. Dagegen bildet die Bakteriengattung *Streptococcus faecalis* keinen Sauerstoff, da ihr das notwendige Enzym Katalase fehlt.

2.1 Erklären Sie allgemein, warum das Vorhandensein von Zellorganellen für eine Zelle vorteilhaft ist. [3 BE]

Durch das Vorhandensein von Zellorganellen kommt es zur Kompartimentierung der Zelle. Dies bedeutet, dass die Zelle in viele abgetrennte Reaktionsräume unterteilt ist. Dies ist notwendig, damit mehrere Reaktionen unter unterschiedlichen Bedingungen gleichzeitig ablaufen können.

2.2.1 Leiten Sie ab, ob das Refsum-Syndrom autosomal oder gonosomal vererbt wird! Geben Sie die Nummern der Personen im Stammbaum an, die sicher heterozygot sind, und beschreiben Sie eine mögliche Vorgehensweise, durch die diese Personen diagnostiziert werden können! [8 BE]

Lösungshinweis: Immer wenn Sie einen Stammbaum zu einer erblichen Erkrankung in Ihrer Aufgabenstellung finden, sollten Sie diesen in die Beantwortung der jeweiligen Frage ausführlich integrieren. Wie hier bereits in der Angabe gefordert, müssen Sie nicht nur den vorliegenden Erbgang ermitteln, sondern auch wichtigen Personen (hier: heterozygoten Trägern des Refsum-Syndroms) die jeweiligen Genotypen zuordnen. Um einen Erbgang konkret zuzuordnen, bietet es sich immer an, nicht zutreffende Erbgänge begründet auszuschließen (siehe Seite 78).

Eine X-chromosomale Vererbung kann definitiv ausgeschlossen werden, da hierzu der Sohn Nr. 7 ebenfalls erkrankt sein müsste. Auf Grund der Erkrankung der Mutter kann er von dieser nur ein X-Chromosom mit dem rezessiven Allel erben. Eine Y-chromosomale Vererbung kann ebenfalls eindeutig ausgeschlossen werden, da dann die Frau Nr. 5, wegen eines fehlenden Y-Chromosoms, nicht erkrankt sein dürfte. Das Refsum-Syndrom wird also autosomal-rezessiv vererbt! Als Beleg wird im Folgenden der Stammbaum mit allen zugeordneten Genotypen angeführt:

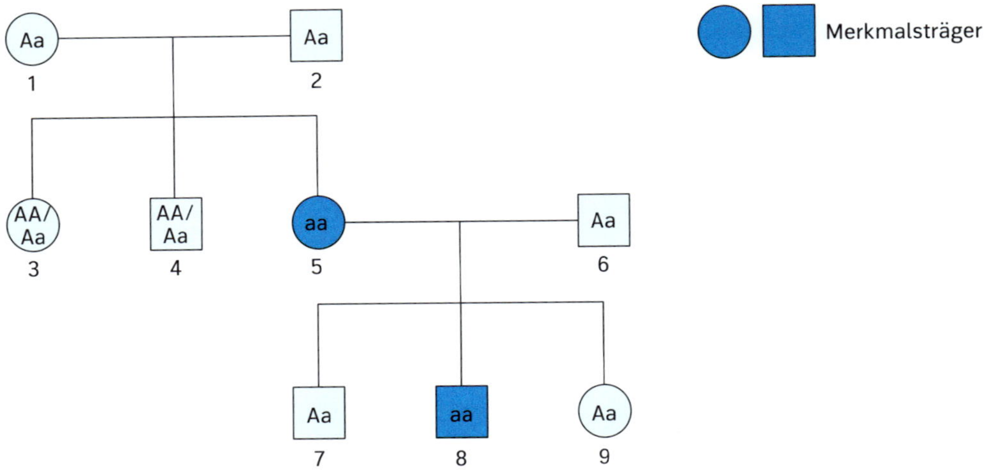

Heterozygote Konduktoren (Genotyp Aa) des Refsum-Syndroms sind folglich die Personen 1, 2, 6, 7 und 9.
Ein Nachweis ist mittels eines Heterozygotentests möglich. Hierbei kann der Abbau der Phytansäure beobachtet werden. Personen mit zwei dominanten Allelen (AA) bauen die Säure sehr schnell ab, wohingegen bei heterozygoten Personen (Aa) ein deutlich langsamerer Abbau zu vermerken ist. Personen mit zwei rezessiven Allelen (aa) können die Phytansäure gar nicht abbauen. Somit ist eine eindeutige Unterscheidung aller drei denkbaren Genotypen möglich.

2.2.2 Beim Refsum-Syndrom wird das Nervensystem in Mitleidenschaft gezogen. Schädigungen treten dabei nicht primär an den Neuronen selbst, sondern an den Myelinscheiden auf, die abgebaut werden.
Fertigen Sie eine beschriftete Zeichnung eines Neurons mit myelinisierter Nervenfaser an und erklären Sie, wieso beim Refsum-Syndrom Auswirkungen auf die Funktion der Nervenzellen zu erwarten sind! [8 BE]

Lösungshinweis: Hier geht es nur darum eine ausführlich beschriftete Skizze zu erstellen. Eine Erklärung ist lediglich für die Auswirkungen einer fehlenden Myelinschicht, nicht aber für alle weiteren Bestandteile erforderlich (siehe Seite 102)!

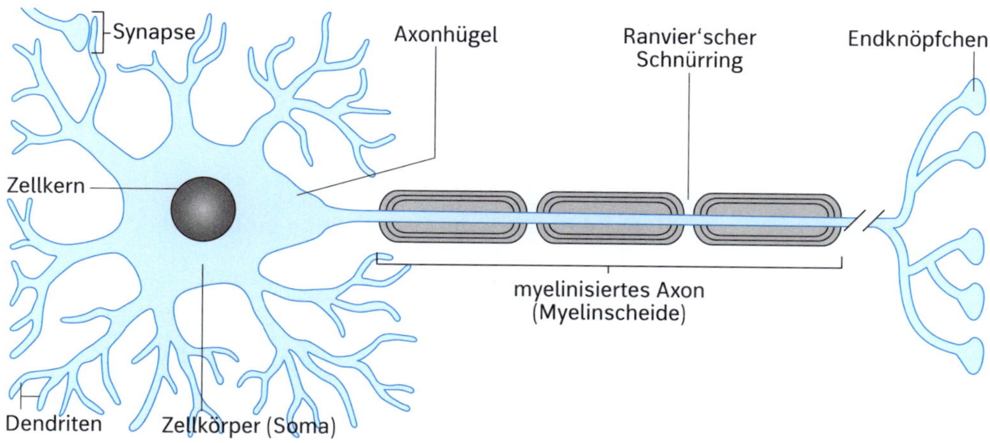

Eine fehlende Myelinscheide führt zu einer geringeren Leitungsgeschwindigkeit bei der Erregungsübertragung. Dies liegt daran, dass dann lediglich eine kontinuierliche statt einer saltatorischen Weiterleitung vorliegt. Bei einer kontinuierlichen Weiterleitung ist auch ein erhöhter Energiebedarf in Form von ATP zu erkennen, da die Erregung an jeder Stelle des Axons neu erfolgen muss.

3.1 Benennen Sie den Vorgang, der zur Bildung der prä-mRNA führt! Erklären Sie die Entstehung der beiden unterschiedlichen mRNAs aus der prä-mRNA für die beiden Proteine Lamin A und C! [7 BE]

Der Vorgang, der zur Bildung der prä-mRNA führt, wird als Transkription bezeichnet. Die prä-mRNA besteht aus Exons (codierende Bereiche) und Introns (nicht-codierende Bereiche), wohingegen die mRNA nur noch aus Exons besteht. Durch die unterschiedliche Kombination der vorhandenen Exons wird erst die Vielfalt an Proteinen ermöglicht.
Das Protein Lamin A besteht aus den Exons 9, 10a, 11a, 11b und 12. Das Protein Lamin C hingegen besteht nur aus den drei Exons 9, 10a und 10b. Die restlichen Exons und Introns wurden durch den Vorgang des Spleißens entfernt. Außerdem werden bei der RNA-Prozessierung noch ein Cap aus Guanin-Nukleotiden am 5'-Ende und ein Poly-A-Schwanz am 3'-Ende angefügt.

3.2.1 Leiten Sie ausgehend von Tabelle 1 die Aminosäuresequenz der entspre-chenden Ausschnitte von Variante 1 und Variante 2 des Lamin A ab und be-gründen Sie, um welchen Typ von Genmutation es sich handelt! [5 BE]

Lösungshinweis: Für die richtige Beantwortung dieser Fragestellung ist die genaue Kenntnis der Fachbegriffe „Code-Strang“ und „codogener Strang“ notwendig. Der Code-Strang der DNA wird in 5' → 3'-Richtung abgelesen. Der codogene Strang ist derjenige, der bei der Transkription, also der Übersetzung von DNA in mRNA, abgelesen wird, dies erfolgt in 3' → 5'-Richtung. Somit muss der gegebene Code-Strang erst durch komplementäre Basenpaarung in den codogenen Strang übersetzt werden.

Achten Sie außerdem auf eine korrekte Zuordnung der Basen Thymin und Uracil: Thymin kommt ausschließlich auf der DNA und Uracil nur auf der RNA vor. Bedenken Sie, dass die zur Beantwortung dieser Frage zur Verfügung gestellte Codesonne zwar vielleicht von der in Ihrem Schulbuch dargestellten abweicht, die Benutzung unterscheidet sich aber kaum (siehe Seite 38).

Zur übersichtlichen Darstellung bietet sich die Verwendung einer Tabelle an.

Lamin A (Variante 1)	Codestrang	5' CAG GTG GG**C** GGA CCC 3'
	Codogener Strang	3' GTC CAC CC**G** CCT GGG 5'
	mRNA	5' CAG GUG GG**C** GGA CCC 3'
	Aminosäuresequenz	Glu Val **Gly** Gly Pro
Lamin A (Variante 2)	Codestrang	5' CAG GTG GG**T** GGA CCC 3'
	Codogener Strang	3' GTC CAC CC**A** CCT GGG 5'
	mRNA	5' CAG GUG GG**U** GGA CCC 3'
	Aminosäuresequenz	Glu Val **Gly** Gly Pro

Hierbei handelt es sich um eine Punktmutation, da lediglich eine Base ausgetauscht wurde. Allerdings wird trotz der veränderten Base die gleiche Aminosäure eingebaut, somit liegt hier eine stumme Mutation vor.

3.2.2 Entwickeln Sie eine Hypothese über die Folgen der Genmutation aus Aufgabe 3.2.1 auf molekularer Ebene, die die Bildung des funktionsgestörten Lamin A erklärt! [4 BE]

Lösungshinweis: Zur Lösung dieser Aufgabe ist eine Abbildung zur Verfügung gestellt worden. Daher ist es empfehlenswert, dessen zentrale Aussagen bei der Beantwortung der Frage zu berücksichtigen.

Aus der Abbildung 3 ist zu entnehmen, dass bei Variante 2 im Vergleich zur Variante 1 das Exon 11b fehlt. Damit ist das entstehende Protein kürzer und besitzt vermutlich einen veränderten räumlichen Bau. Als Ursache kann man annehmen, dass die Base Cytosin am Ende des dritten Tripletts des Ausschnitts aus dem Exon 11, das Ende von Exon 11a darstellt. Durch die Mutation zur Base Thymin auf der DNA bzw. Uracil auf der prä-mRNA wurde die Schnittstelle für das Spleißosom verändert, was zu einer Entfernung von Exon 11b geführt haben könnte.

Materialgrundlage

Abbildung und Tabellen:

1 Verändert nach: S. Rodriguez, F. Coppedè, H. Sagelius, M. Eriksson: *Increased expression of the Hutchinson-Gilford progeria syndrome truncated lamin A transcript during cell aging. In: European Journal of Human Genetics* (2009) 17, 928 – 937

2 Sino Biological Inc: *Human LMNA Gene cDNA Clone (full-length ORF Clone).* 2014 http://www.sinobiological.com/LMNA-cDNA-Clone-g-4080.html, zuletzt aufgerufen am 16.11.2014

B1 – Präriehunde und Erdmännchen

Sowohl in den Savannen des südlichen Afrikas als auch in der Prärie Nordamerikas trifft man auf Kolonien in Familienverbänden zusammenlebender, höhlenbewohnender Säugetiere. Beide Tiergruppen zeigen einen auffällig ähnlichen Körperbau und ein vergleichbares Verhaltensrepertoire. So halten sowohl die afrikanischen Erdmännchen *(Suricata suricatta,* rechts*)* als auch die amerikanischen Präriehunde *(Cynomis sp.,* links*)* Wache, indem sich einzelne Individuen aufrecht stehend an Höhleneingängen positionieren und ihre Artgenossen durch schrille Alarmlaute vor eventuellen Gefahren wie Räubern warnen.

1 Erdmännchen und Präriehunde sind nicht näher miteinander verwandt. Beschreiben Sie eine molekularbiologische Methode Ihrer Wahl, mit der dies nachgewiesen werden kann, und erklären Sie unter Bezug auf den oben angefügten Text, inwieweit das ähnliche Verhalten und Aussehen der beiden Tiergruppen wissenschaftlich erklärt werden kann. [8 BE]

2 Im Gegensatz zu den pflanzenfressenden Präriehunden sind die Erdmännchen Fleischfresser, die auch in der Lage sind, Skorpione zu erbeuten und zu verspeisen. Da das Gift mancher Skorpione neurotoxisch ist, kommt es ab und zu zur Tötung eines Erdmännchens durch einen Skorpionstich. Das im Skorpiongift enthaltene Protein Bestoxin bindet an spannungsabhängigen Natriumionenkanälen der Axonmembran der Motoneurone. Das Gift bewirkt bei den Erdmännchen schwere Krämpfe, die zum Tod führen.

2.1 Entwickeln Sie eine begründete Hypothese, welche die Wirkung des Bestoxins auf Erdmännchen erklärt. [4 BE]

2.2 Um die giftigen Skorpione zu fangen, wenden Erdmännchen eine besondere Jagdtechnik an: Entdeckt ein hungriges Erdmännchen auf seinen Streifzügen einen Skorpion, so nähert es sich ihm und stellt sich dabei auf seine Hinterbeine. Der Skorpion bemerkt den Jäger und geht in Abwehrhaltung. Daraufhin bewegt sich das Erdmännchen noch näher heran, greift sich den Skorpion mit den Vorderpfoten und beißt den Giftstachel ab. Die somit wehrlose Beute wird noch mehrfach im Sand gewälzt und mit weiteren Bissen getötet, bevor sie gefressen wird. Interpretieren Sie das beschriebene Beutefangverhalten des Erdmännchens unter Verwendung ethologischer Fachbegriffe! Gehen Sie bei Ihren Überlegungen von einer erbkoordinierten Verhaltensweise des Erdmännchens aus. [5 BE]

2.3 Im Jahr 2006 wiesen zwei Biologen darauf hin, dass es sich bei dem Beutefangverhalten der Erdmännchen wohl doch nicht – wie bisher angenommen – um ein erbkoordiniertes Verhalten handelt.
Beschreiben Sie einen Versuch, mit dem diese neue Hypothese belegt bzw. geprüft werden kann! [4 BE]

3 In einer Studie der Northern Arizona University wurden die Warnlaute von Präriehunden aufgezeichnet und ausgewertet. Die dabei entstandenen zwei Spektrogramme (Abb. 1) stellen einen Ausschnitt aus dem Warnlaut eines Präriehundes bei der Annäherung eines angeleinten Haushundes bzw. eines Kojoten grafisch dar.

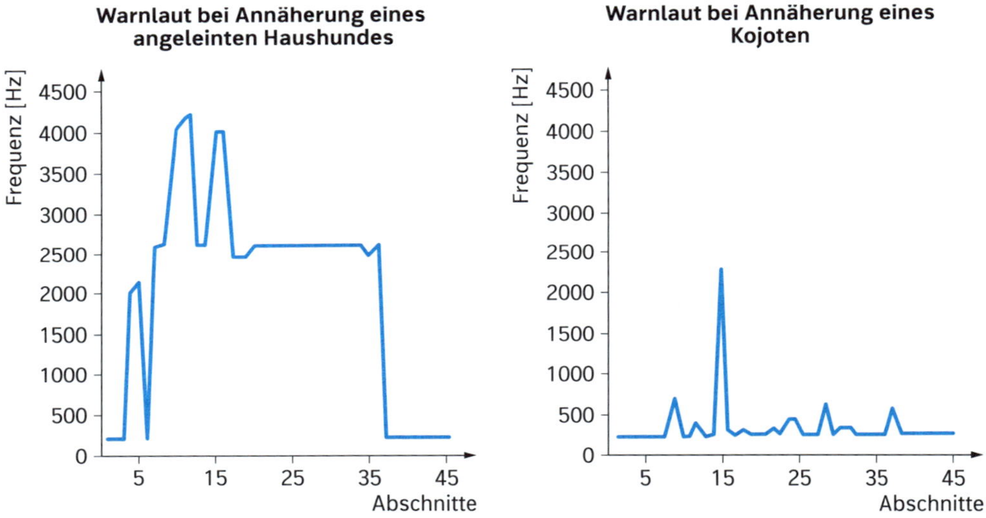

Abb. 1: Spektrogramme der Warnlaute von Präriehunden. Die Dauer des Warnlauts wurde jeweils in 45 gleich lange Abschnitte unterteilt.[1]

3.1 Erklären Sie, welche Schlussfolgerungen man anhand der beiden Spektrogramme über die Kommunikation zwischen Präriehunden ziehen kann, und entwickeln Sie eine Hypothese zu der ultimaten Ursache der Unterschiede der beiden Warnlaute! [5 BE]

3.2 Im Gegensatz zur Alarmierung erfolgt die Abgrenzung des Territoriums von den Revieren fremder Artgenossen sowohl bei Präriehunden wie auch bei Erdmännchen nur selten durch akustische Signale.
Geben Sie drei Nachteile einer Reviermarkierung durch akustische Signale an! Nennen Sie zwei geeignete Signale, mit denen die Territoriumsmarkierung alternativ erfolgen könnte! [5 BE]

4 In seinen umfangreichen Forschungen hat HOOGLAND das Sozialverhalten der Präriehunde erforscht. Diese pflanzenfressenden Tiere leben in Kolonien zusammen, wobei alle Tiere der Kolonie mehr oder weniger miteinander verwandt sind. Die Weibchen gebären ihre Jungen jeweils in ihren eigenen Bruthöhlen. Nur während der Jungenaufzucht vertreibt das Weibchen Artgenossen, die sich in dem Gebiet um ihre Höhle aufhalten. Während sie ihre Jungen säugen, verbringen die Mütter viel Zeit in ihren Höhlen und können so nur wenig zum Bewachen der Kolonie beitragen.
Hoogland hat jüngst beobachtet, dass Weibchen, die selber Junge säugen, häufig in die Höhlen von anderen Müttern eindringen und deren Junge töten.
Der Zusammenhang zwischen Anzahl der säugenden Weibchen innerhalb der Kolonie und der Infantizidrate ist im folgenden Diagramm dargestellt.

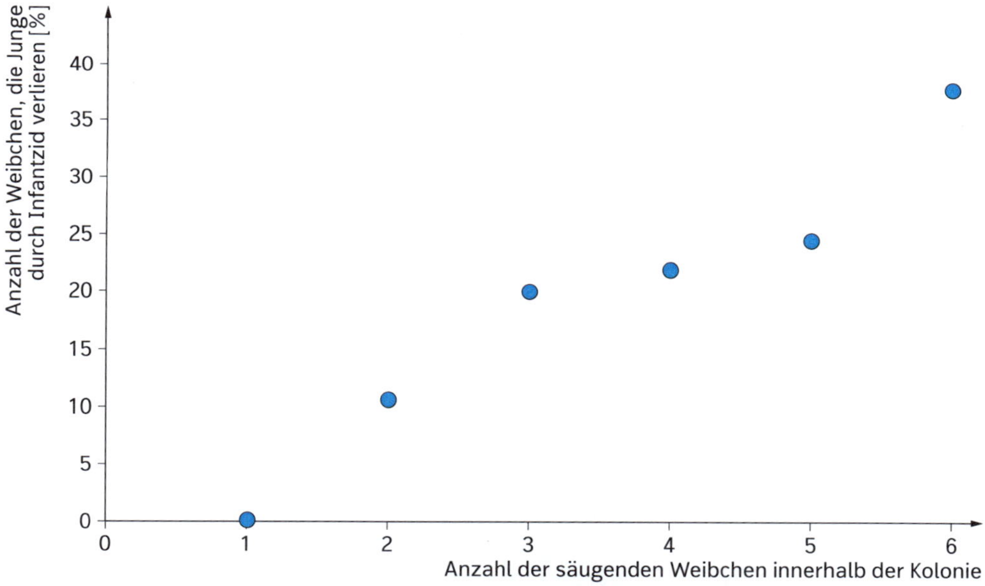

Abb. 2: Abhängigkeit der Infantizidrate von der Anzahl der säugenden Weibchen in einer Kolonie[2]

4.1 Erklären Sie, warum es auf den ersten Blick kontraproduktiv erscheint, verwandte Jungtiere zu töten! [3 BE]

4.2 HOOGLAND vermutete, dass es dennoch einen ultimaten Nutzen für säugende Weibchen hat, die Jungen von anderen Müttern zu töten.
Leiten Sie aus den Angaben im Text und dem Diagramm drei Vorteile ab, die die tötenden Weibchen durch den Infantizid erlangen. [6 BE]

Lösungen

1.1 Beschreiben Sie eine molekularbiologische Methode Ihrer Wahl, mit der dies nachgewiesen werden kann, und erklären Sie unter Bezug auf den oben angefügten Text, inwieweit das ähnliche Verhalten und Aussehen der beiden Tiergruppen wissenschaftlich erklärt werden kann. [5 BE]

Lösungshinweis: Natürlich wären neben der im Folgenden beschriebenen DNA-Hyridisierung auch andere Methoden denkbar, bei denen beispielsweise die Aminosäuresequenz verschiedener Proteine oder die DNA-Sequenz verglichen werden. Je geringer die ermittelten Unterschiede, umso näher verwandt müssen die Tiere sein. Eine weitere Standardmethode ist der Serumpräzipitintest, der den Grad der Übereinstimmung von Serumproteinen zweier Lebewesen ermittelt. Je ähnlicher die Proteine, umso näher die Verwandtschaft. (Prinzip des Serumpräzipitintests siehe Übungsaufgabe 7: Die Querzahnmolche von Mount St. Helen, Aufgabe 2.1)

Mithilfe der DNA-Hybridisierung kann ermittelt werden, wie nahe verwandt Erdmännchen und Präriehund sind. Dazu wird die doppelsträngige DNA des Erdmännchens erhitzt und die Temperatur bestimmt, bei der sie schließlich einzelsträngig vorliegt. Diese sogenannte Schmelztemperatur wird mit der Temperatur verglichen, die zum Schmelzen eines DNA-Hybriden aus einem Strang Erdmännchen-DNA und einem Strang Präriehund-DNA nötig ist. Erdmännchen und Präriehund sind umso näher verwandt, je geringer die ermittelte Differenz zwischen den beiden Schmelztemperaturen ausfällt. Grund dafür ist, dass mit abnehmender Verwandtschaft auch die Zahl unterschiedlicher Basen im Genom zunimmt, somit weniger Wasserstoffbrücken zwischen den einzelnen Strängen der Hybrid-DNA vorliegen (da einzelne „unterschiedliche, ungepaarte“ Basen vorliegen) und somit die Schmelztemperatur zur Trennung des Doppelstrangs in Einzelstränge niedriger ausfällt, da weniger Wasserstoffbrücken überwunden werden müssen. Aufgrund der Angabe in der Aufgabenstellung, dass Erdmännchen und Präriehund nicht näher miteinander verwandt sind, muss die Differenz der Schmelztemperaturen relativ groß sein.

Die Ähnlichkeiten in Verhalten und Aussehen der beiden Tiergruppen lassen sich durch eine konvergente Entwicklung in der Evolution erklären und werden als Analogien bezeichnet. Erdmännchen und Präriehunde treten – auch wenn sie auf unterschiedlichen Kontinenten leben – in Lebensräumen mit ähnlichen abiotischen und biotischen Faktoren auf. Daher entwickelten sie unabhängig voneinander vergleichbare Anpassungen auf Grund der vergleichbaren Umweltbedingungen (Konvergenz siehe Seite 96).

2.1 Entwickeln Sie eine begründete Hypothese, welche die Wirkung des Bestoxins auf Erdmännchen erklärt. [4 BE]

Lösungshinweis: Hier muss beachtet werden, dass eine Bindung an die spannungsabhängigen Natriumionenkanäle der Axonmembran – und nicht an die ligandenabhängigen Natriumionenkanäle der subsynaptische Membran – stattfindet und die Erregungsleitung (wie Seite 106 im Basisiwssen dargestellt) beeinflusst wird.

Bestoxin bindet an die spannungsabhängigen Natriumionenkanäle der Axonmembran. Dort kann es beispielsweise dafür sorgen, dass die Kanäle leichter geöffnet werden oder länger geöffnet bleiben können als üblich. Dies hat einen verstärkten Natriumioneneinstrom in das Axon zur Folge und führt letztlich zu einer sehr großen Zahl an Aktionspotenzialen, die über das Axon und schließlich eine (neuromuskuläre) Synapse auf den Muskel übertragen werden. Die Vielzahl ankommender Signale führt zu einer Dauerkontraktion (Verkrampfen) des Muskels. Ist die Atemmuskulatur betroffen, kann dies zum Tod des Tieres führen.

2.2 Interpretieren Sie das beschriebene Beutefangverhalten des Erdmännchens unter Verwendung ethologischer Fachbegriffe! Gehen Sie bei Ihren Überlegungen von einer erbkoordinierten Verhaltensweise des Erdmännchens aus. [5 BE]

Beim Verhalten des Erdmännchens könnte es sich um eine Instinkthandlung handeln, die üblicherweise in drei Phasen abläuft. Die erste Phase, die ungerichtete Appetenz, ist durch ein ungerichtetes Suchen („Streifzüge“) gekennzeichnet. Voraussetzung dafür ist eine hohe Handlungsbereitschaft („hungrig“). Typisch für die Taxis (gerichtet), die zweite Phase, ist die Orientierung zum Objekt hin („stellt sich dabei auf seine Hinterbeine (...) bewegt sich (...) noch näher heran“). Bei der dritten Phase, der formstarren Endhandlung, findet die eigentliche Instinktbewegung, hier der Beutefang, statt („greift sich den Skorpion mit den Vorderpfoten“). Gemäß der doppelten Quantifizierung findet die Instinkthandlung nur statt, wenn die Summe aus innerer Handlungsbereitschaft und Schlüsselreiz (Merkmale des Skorpions, die erkannt werden) einen bestimmten Schwellenwert überschreitet (siehe Seite 111).

2.3 Beschreiben Sie einen Versuch, mit dem diese neue Hypothese belegt bzw. geprüft werden kann! [4 BE]

Mithilfe eines Kaspar-Hauser-Versuchs lässt sich ermitteln, ob eine Verhaltensweise angeboren oder erlernt ist. Dazu wird ein Erdmännchen isoliert aufgezogen. Nach einiger Zeit wird ihm ein Skorpion präsentiert und sein Verhalten beobachtet. Würde das Erdmännchen daraufhin das im Text beschriebene Beutefangverhalten zeigen, so müsste dieses Verhalten angeboren sein, da es durch die isolierte Aufzucht (unter „Erfahrungsentzug“ ohne Übungsmöglichkeit) nicht erlernt werden konnte. Treten jedoch Unterschiede beim Verhalten auf, so müssen diese Unterschiede bei den in Freiheit beobachteten Erdmännchen auf Lernvorgängen beruhen und ein rein erbkoordiniertes Verhalten kann somit ausgeschlossen werden (siehe Seite 112).

3.1 Erklären Sie, welche Schlussfolgerungen man anhand der beiden Spektrogramme über die Kommunikation zwischen Präriehunden ziehen kann, und entwickeln Sie eine Hypothese zu der ultimaten Ursache der Unterschiede der beiden Warnlaute! [5 BE]

Die beiden Warnlaute unterscheiden sich bezüglich der Frequenzen in den einzelnen Abschnitten sehr stark voneinander. Es kann dementsprechend davon ausgegangen werden, dass gezielt den Artgenossen mitgeteilt wird, um welche Art von Bedrohung es sich handelt. Dies stellt eine sehr hoch entwickelte Art von Kommunikation dar. Präriehunde müssen auf verschiedene Bedrohungen unterschiedlich reagieren. So wären beispielsweise Angriff, Verteidigung, Abwarten oder Flucht vier denkbare Möglichkeiten bei drohender Gefahr, die situationsabhängig eingesetzt werden. Wird bei der Kommunikation die Art der Bedrohung übermittelt, so hat dies einen evolutiven Vorteil zur Folge, da angemessen auf die Situation reagiert werden kann und das Überleben gesichert wird.

3.2 Geben Sie drei Nachteile einer Reviermarkierung durch akustische Signale an! Nennen Sie zwei geeignete Signale, mit denen die Territoriumsmarkierung alternativ erfolgen könnte! [5 BE]

Lösungshinweis: Die Operatoren nennen/angeben verlangen lediglich eine Aufzählung ohne weitere Erläuterung, weshalb sich eine stichpunktartige Aufzählung (wie hier geschehen) anbietet!

Nachteile der akustischen Reviermarkierung:
- ständiges Wiederholen der Signale notwendig
- Feinde werden aufmerksam auf die Tiere
- geringe Reichweite der Signale

Mögliche Signale zur Territoriumsmarkierung:
- chemisch (mithilfe von Duftstoffen)
- optisch (mithilfe von Markierungen)

4.1 Erklären Sie, warum es auf den ersten Blick kontraproduktiv erscheint, verwandte Jungtiere zu töten! [3 BE]

Die Gesamtfitness eines Tieres setzt sich aus dem eigenen Fortpflanzungserfolg eines Individuums (direkte Fitness) und aus der Unterstützung naher Verwandter (indirekte Fitness) zusammen, da verwandte Lebewesen Übereinstimmungen in einem Teil der Gene zeigen. Die Tötung verwandter Jungtiere erscheint folglich auf den ersten Blick kontraproduktiv, da damit die indirekte Fitness und somit auch die Gesamtfitness vermindert werden.

4.2 Leiten Sie aus den Angaben im Text und dem Diagramm drei Vorteile ab, die die tötenden Weibchen durch den Infantizid erlangen. [6 BE]

Lösungshinweis: Der in den Aufgaben 4.1 und 4.2 erforderliche Fitness-Begriff ist auf Seite 116 erläutert, Infantizid auf Seite 122 an einem allgemeinen Beispiel verdeutlicht.

Die direkte Fitness – die Überlebenschance des eigenen Nachwuchses – wird durch den Infantizid „fremder“ Jungtiere erhöht. Dies bedeutet zwar einen Verlust an indirekter Fitness, dieser wird allerdings durch den Zugewinn an direkter Fitness mehr als kompensiert.
Das Diagramm zeigt, dass die Infantizidrate mit der Anzahl säugender Weibchen in der Kolonie steigt. Da laut Text nur „Weibchen, die selber Junge säugen, (...) Junge töten“ wird durch das Töten der anderen Jungen verhindert, dass das andere weibliche Tier die eigenen Jungen tötet. Außerdem wird somit die Nahrungskonkurrenz für die eigenen Jungen verringert und deren Versorgung gesichert. Da Weibchen, deren Junge getötet wurden, nun wieder den Wachdienst übernehmen (da sie keine Jungen mehr zu säugen und zu versorgen haben), bedeutet dies auch mehr Schutz für die anderen Jungen der Kolonie und erhöht deren Überlebenschance.

Materialgrundlage

Abbildung:

1 vereinfacht nach: J. Placer, C. N. Slobodchikoff: A Method for identifying sounds used in the classification of alarm calls. In: Behavioral processes, 2004, Band 67

2 verändert nach: J.L. Hoogland: Why do female prairie dogs copulate with more than one male. In: Journal of Mammalogy, 94 (4), 2013

B2 – Elefanten

Der Afrikanische Elefant (*Loxodonta africana*) ist das größte Landsäugetier der Gegenwart. Seine Nahrung besteht hauptsächlich aus Gräsern, Blättern, Wurzeln, Rinde, Holz und Früchten. Erwachsene Tiere benötigen etwa 200 bis 300 kg pflanzliche Nahrung pro Tag. Die Lebenserwartung Afrikanischer Elefanten beträgt 50 bis 60 Jahre. Eine Elefantenkuh bringt während ihres Lebens durchschnittlich sieben Junge zur Welt. Die Tragezeit beträgt 20 bis 22 Monate.

1 In vielen Bereichen Afrikas erlebten die Elefantenpopulationen in Teilen des 19. und 20. Jahrhunderts einen dramatischen Rückgang. Ursachen waren vor allem Elfenbeinjäger sowie der starke Zuwachs der afrikanischen Bevölkerung und die damit verbundene Ausweitung von Weideflächen für Nutztiere. Zum Schutz der Elefanten wurden vielerorts Nationalparks gegründet. Die folgende Abbildung zeigt die Vegetationsbedeckung im Gebiet des Chobe-Nationalparks.

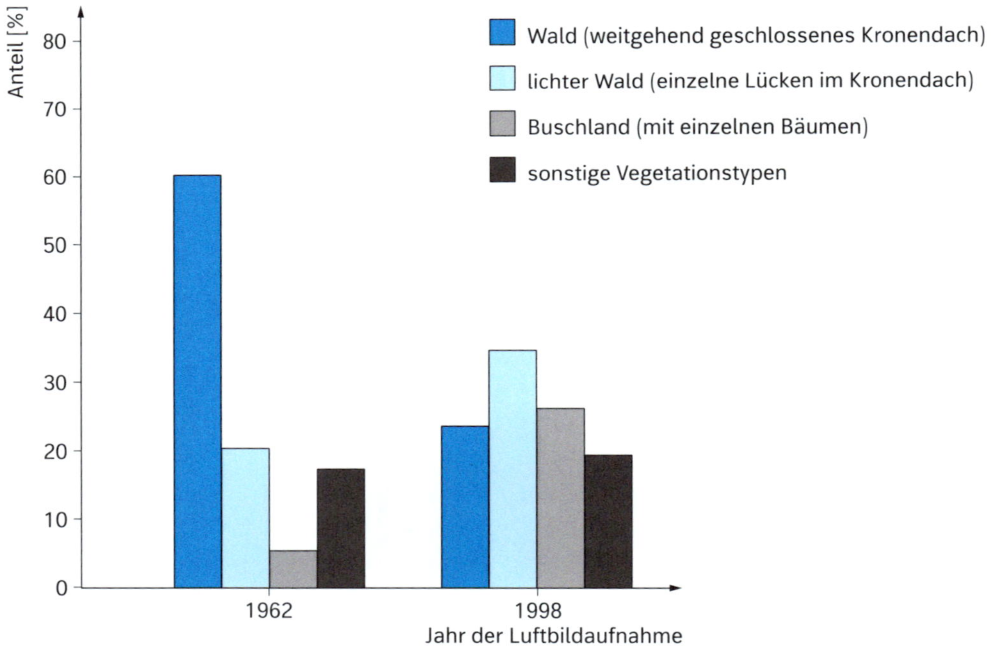

Abb. 1: Vegetationsbedeckung im Gebiet des Chobe-Nationalparks (gegründet 1967)[1]

1.1 Beschreiben Sie die Aussagen des Diagramms und leiten Sie eine begründete Hypothese zur Veränderung der Vegetation im Chobe-Nationalpark durch Elefanten ab. [6 BE]

2 Die Ergebnisse von Untersuchungen zur Fortpflanzung verschiedener Elefantenpopulationen sind in Tabelle 1 dargestellt.

Tab. 1: Untersuchungen zur Fortpflanzung weiblicher Afrikanischer Elefanten in verschiedenen Regionen Afrikas[2]

Region	**Populationsdichte (Elefanten/km²)**	**Alter der Elefantenkühe beim Erreichen der Geschlechtsreife (Jahre)**	**Geburtenabstand einer Elefantenkuh (Jahre)**
Kenia (Tsavo)	7	15	7
Uganda (N. Murchison)	7 – 16	16	9
Uganda (Budongo-Wald)	15 – 25	22	nicht bekannt

Leiten Sie aus den Werten der Tabelle 1 ab, wie sich bei Elefanten in Kenia das Alter beim Erreichen der Geschlechtsreife und der Geburtenabstand bei einer Verringerung der Populationsdichte ändern würden, und begründen Sie anhand der Fortpflanzungsstrategie, weshalb sich diese Mechanismen bei Elefanten nur langsam auf die Bestandsregulierung auswirken. [6 BE]

3 Manche Nationalparks sind unmittelbar von Farmland umgeben. In den Grenzgebieten zwischen Nationalparks und Farmland kommt es immer wieder zu Konflikten zwischen Bauern und Elefanten. Die auf die Schutzgebiete zurückgedrängten Elefanten fallen auf den umliegenden Feldern ein. Sie zerstören die Ernte und nehmen den Nutztieren und den Menschen die Nahrung. Es wird deshalb ständig nach neuen Methoden geforscht, um die Elefanten von den Feldern fernzuhalten.

3.1 Bei Elefantengruppen, die in Gebieten mit größeren Bienenvorkommen leben, wurde Folgendes beobachtet: Binnen Sekunden verließen die Elefanten ihre Standorte, wenn ihnen lediglich Tonaufnahmen summender Bienen vorgespielt wurden. Auf andere dargebotene Geräusche gleicher Lautstärke reagierten die Tiere dagegen nicht.

3.1.1 Interpretieren Sie das Verhalten der Elefanten, das dazu führte, dass die Tiere bereits beim Summen von Bienen flüchteten, mit ethologischen Fachbegriffen! [7 BE]

3.1.2 Begründen Sie, weshalb Aufnahmen von Bienensummen nur dann über längere Zeit zur Abschreckung von Elefantenherden genutzt werden können, wenn es in dem Gebiet größere Bienenvorkommen gibt! [3 BE]

3.2 In Simbabwe gelang es den Farmern, die Elefanten durch einen Ring von Chilisträuchern, den sie um ihre Felder pflanzten, abzuwehren. Der in Chilischoten enthaltene Stoff Capsaicin entfaltet bei Elefanten eine ähnliche Wirkung wie beim Menschen. Er aktiviert Nozizeptoren, Endigungen spezifischer in der Haut und Mundschleimhaut vorkommender Nervenzellen, indem er an Calciumionenkanäle in der Membran der Nozizeptoren bindet und so die Öffnung dieser Ionenkanäle bewirkt. Das infolge dessen in den Nozizeptoren ausgelöste Aktionspotenzial wird über Nervenbahnen zum Gehirn geleitet und dort als schmerzartige Empfindung wahrgenommen.

Tab. 2: Calciumionenkonzentration im Zellplasma von Nozizeptoren und extrazellulär vor der Bindung von Capsaicin[3]

	intrazellulär	**extrazellulär**
Calciumionenkonzentration in mmol/l	10^{-4}	2

3.2.1 Skizzieren Sie unter Einbeziehung der Werte aus Tabelle 2 einen vollständig beschrifteten Ausschnitt der Zellmembran eines Nozizeptors bei Anwesenheit von Capsaicin! [8 BE]

3.2.2 Vergleichen Sie den Mechanismus, der zur Öffnung der Calciumionenkanäle in der Membran der Nozizeptoren führt, mit dem Mechanismus, der die Ionenkanäle öffnet, die an der Weiterleitung eines Aktionspotenzials innerhalb einer Nervenzelle maßgeblich beteiligt sind! [5 BE]

4 Häufig weicht bei der Darstellung von Elefanten in Comics das Aussehen der Comicfigur deutlich vom naturgetreuen Abbild eines Elefanten ab, wie auch in Abbildung 2:

Stellen Sie eine Hypothese auf, welche Wirkung der Zeichner mit dieser Darstellung beim Betrachter erzielen möchte, und erläutern Sie, welche Erkenntnisse aus der Verhaltensforschung er zur Erreichung dieser Ziele einsetzt! [5 BE]

Abb. 2: Elefant als Comicfigur

Lösungen

1.1 Beschreiben Sie die Aussagen des Diagramms und leiten Sie eine begründete Hypothese zur Veränderung der Vegetation im Chobe-Nationalpark durch Elefanten ab. [6 BE]

Die Unterschiede in den beiden Vegetationsbedeckungs-Diagrammen zeigen, dass Wald mit weitgehend geschlossenem Kronendach 1998 weniger häufig im Chobe-

Nationlapark anzutreffen ist als im Jahr 1996. Das Buschland und auch der lichte Wald mit einzelnen Lücken im Kronendach haben stark zugenommen.
Durch das Ausweisen von Nationalparks, in denen die Elefanten relativ gut vor Elfenbeinjägern geschützt waren und nicht mit dem Menschen um Grund und Boden (z. B. unzugängliche Weidefläche für Nutztiere) konkurrieren mussten, nahm die Population der Elefanten zu. Da Bäume eine Hauptnahrungsquelle der Elefanten sind führte dies zur Reduzierung des Waldbestandes. Sind weniger Bäume vorhanden, so bekommen auch bodennähere Schichten wieder ausreichend Licht. Kleinwüchsigere Büsche konnten sich somit stärker entwickeln.

2 Leiten Sie aus den Werten der Tabelle 1 ab, wie sich bei Elefanten in Kenia das Alter beim Erreichen der Geschlechtsreife und der Geburtenabstand bei einer Verringerung der Populationsdichte ändern würden, und begründen Sie anhand der Fortpflanzungsstrategie, weshalb sich diese Mechanismen bei Elefanten nur langsam auf die Bestandsregulierung auswirken. [6 BE]

Die Tabelle zeigt, dass mit abnehmender Populationsdichte (Budongo-Wald → N. Murchison → Tsavo) das Alter der Elefanten beim Erreichen der Geschlechtsreife und der Geburtenabstand sinken. Bei einer Verringerung der Populationsdichte in Kenia müssten dementsprechend die Geschlechtsreife bereits früher als mit 15 Jahren erreicht werden und der Geburtenabstand weniger als 7 Jahre betragen, wodurch die Populationsdichte langfristig wieder zunehmen würde.
Da Elefanten typische K-Strategen mit langer Lebensdauer, später Geschlechtsreife und vergleichsweise geringer Zahl an Nachkommen sind, wirken sich Regulationsmechanismen jedoch nur sehr langsam auf die Populationsgröße aus. Größere Effekte dürften dementsprechend erst nach Jahrzehnten zu beobachten sein.

3.1.1 Interpretieren Sie das Verhalten der Elefanten, das dazu führte, dass die Tiere bereits beim Summen von Bienen flüchteten, mit ethologischen Fachbegriffen! [7 BE]

Es handelt sich um eine bedingte Aversion, eine Form der klassischen Konditionierung. Auf eine Reizsituation (Summen der Bienen) folgt eine schlechte Erfahrung (schmerzhafter Bienenstich), weshalb die Situation in Zukunft gemieden wird (Verlassen der Standorte).
Genauer betrachtet wird der neutrale Reiz (Summen der Bienen) aufgrund seiner zeitlichen Nähe (Kontiguität) mit dem unbedingten Reiz (schmerzhafter Bienenstich) verknüpft. Durch einen Lernprozess wird der neutrale Reiz zum bedingten Reiz und ist damit alleine in der Lage, das Verhalten (bedingte Reaktion) auszulösen (Verlassen der Standorte).

3.1.2 Begründen Sie, weshalb Aufnahmen von Bienensummen nur dann über längere Zeit zur Abschreckung von Elefantenherden genutzt werden können, wenn es in dem Gebiet größere Bienenvorkommen gibt! [3 BE]

Lösungshinweis: Da gefragt wird, warum ohne größeres Bienenvorkommen das Bienensummen nicht „über längere Zeit (...) genutzt werden könnte", kann man davon ausgehen, dass die Tonbandaufnahmen am Anfang wirken und es sich um konditionierte Elefanten handelt. Der Hinweis, dass Elefanten, die noch nie von einer Biene gestochen wurden (da es im Gebiet keine größere Bienenvorkommen gibt), ebenfalls nicht mit den Tonbandaufnahmen abgeschreckt werden können, da es bei ihnen nicht zu einer Verknüpfung von unbedingten neutralen Reiz kommen konnte, ist jedoch als ergänzende Abrundung der Antwort möglich (Konditionierung und Extinktion siehe Seite 114 f.).

Gelangt ein auf Bienensummen konditionierter Elefant in ein Gebiet ohne größere Bienenvorkommen, in dem Tonbandaufnahmen summender Bienen zur Abschreckung der Elefanten abgespielt werden, so wird der bedingte Reiz (Summen der Bienen) ständig ohne den unbedingten Reiz (schmerzhafter Bienenstich) dargeboten. Es kommt zur schnellen Löschung (Extinktion) des Verhaltens; die Elefanten werden durch das Bienensummen nicht mehr abgeschreckt.

3.2.1 Skizzieren Sie unter Einbeziehung der Werte aus Tabelle 2 einen vollständig beschrifteten Ausschnitt der Zellmembran eines Nozizeptors bei Anwesenheit von Capsaicin! [8 BE]

Lösungshinweis: Da das Einbeziehen der Werte aus Tabelle 2 verlangt ist, müssen die Konzentrationsverhältnisse der Calciumionen (sowie der Calciumeinstrom gemäß Konzentrationsgefälle) auch in der Skizze dargestellt werden.

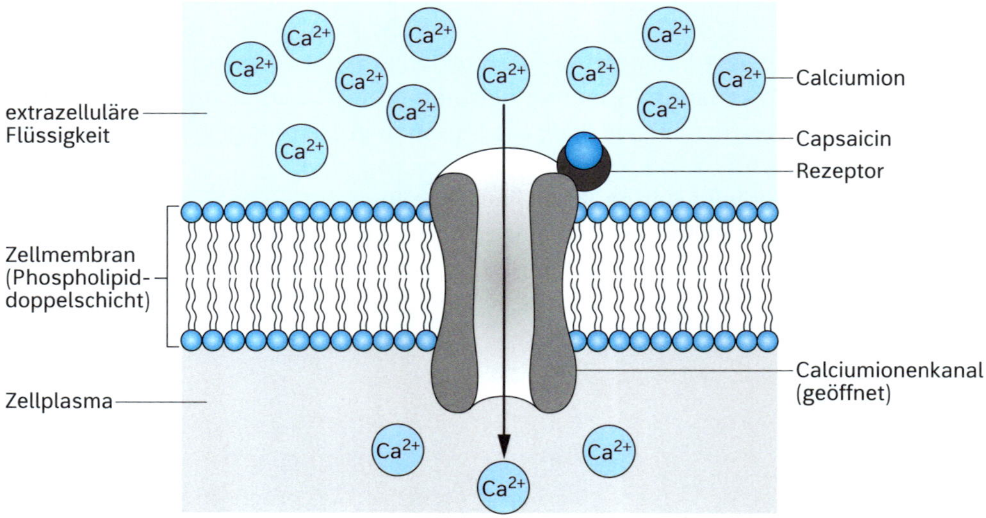

3.2.2 Vergleichen Sie den Mechanismus, der zur Öffnung der Calciumionenkanäle in der Membran der Nozizeptoren führt, mit dem Mechanismus, der die Ionenkanäle öffnet, die an der Weiterleitung eines Aktionspotenzials innerhalb einer Nervenzelle maßgeblich beteiligt sind! [5 BE]

Bei den Calciumionenkanälen der Membran der Nozizeptoren handelt es sich um ligandenabhängige Kanäle, die durch Bindung eines Stoffes (Liganden) an einen Rezeptor des Kanals geöffnet werden.
Bei den Natrium- und Kaliumionenkanälen hingegen, welche maßgeblich an der Weiterleitung der Aktionspotenziale innerhalb einer Nervenzelle beteiligt sind, handelt es sich um spannungsabhängige Ionenkanäle, die geöffnet werden, wenn sich das Potenzial der Membran über einen bestimmten Schwellenwert hinaus ändert.

4 Stellen Sie eine Hypothese auf, welche Wirkung der Zeichner mit dieser Darstellung beim Betrachter erzielen möchte, und erläutern Sie, welche Erkenntnisse aus der Verhaltensforschung er zur Erreichung dieser Ziele einsetzt! [5 BE]

Lösungshinweis: Eine Übersicht gängiger AAM des Menschen und deren Bedeutung finden sich im Basiswissen auf der Seite 112.

Der Zeichner wollte vermutlich eine sehr „ansprechende“ Comicfigur entwickeln, die von allen Betrachtern als möglichst „liebenswert“ empfunden wird. Dazu setzt er ganz bewusst das Kindchenschema ein, einen angeborenen Auslösemechanismus (AAM) des Menschen, der normalerweise sicherstellt, dass Kleinkindern die für sie lebensnotwendige Zuneigung und Fürsorge zuteil wird. Die typischen kindlichen Merkmale wie beispielsweise ein relativ großer Kopf mit großen Augen, Pausbacken und einer hohen Stirn sowie vergleichsweise kurze und dicke Arme und Beine wurden vom Zeichner bei der Comicfigur besonders herausgearbeitet und bewirken die „positiven Gefühle“ beim Menschen.

Materialgrundlage

Abbildung und Tabellen:

1 vereinfacht nach: D. K. Mosugelo, S. R. Moe, S. Ringrose, C. Nellemann: Vegetation changes during a 36-year period in northern Chobe National Park, Botswana. In: African Journal of Ecology. 40, S. 232 – 240, 2002
2 verändert nach: C. R. Austin, R. V. Short: Fortpflanzungsbiologie der Säugetiere. Pareys Studientexte 9, Parey Verlag, Berlin u. Hamburg, 1981
3 verändert nach: D. E. Clapham: Some like it hot: spicing up ion channels. In: Nature, Macmillan Publishers, Vo. 389, Oct. 1997, 783 – 784

Bildquellenverzeichnis: fotolia.com (jellytott): 22

C1 – Mais, eine Nutzpflanze und ihre Schädlinge

Die vielfältig nutzbare und weltweit angebaute Maispflanze erlangte gerade in den vergangenen Jahren auch in Deutschland eine immer größere Bedeutung als Energiepflanze. Wie viele andere Nutzpflanzen wird auch der Mais von Insekten befallen. Um den Energieverlust gering zu halten, werden in der Landwirtschaft Schädlingsbekämpfungsmaßnahmen eingesetzt.

1 Die Fotosynthese ist der zentrale Stoffwechselvorgang, der dem Wachstum von Mais zugrunde liegt. Eines der wichtigsten Enzyme der Fotosynthese ist RubisCO, das für den Einbau von Kohlenstoffdioxid in der Fixierungsphase der lichtunabhängigen Reaktionen verantwortlich ist.
Erläutern Sie mithilfe eines beschrifteten Diagramms, wie sich eine Zunahme des Kohlenstoffdioxidgehaltes auf die Reaktionsgeschwindigkeit der Kohlenstoffdioxidfixierung auswirkt! [5 BE]

2 In einem Experiment werden Maispflanzen mit violetten Körnern, die beim Trocknen nicht schrumpfen (beide Merkmale dominant), mit Maispflanzen mit gelben Körnern, die beim Trocknen schrumpfen, gekreuzt. In der nächsten Generation erhält man die Phänotypen der Eltern im Verhältnis 1:1.
Geben Sie die Genotypen der Ausgangspflanzen und der Folgegeneration an und charakterisieren Sie den Erbgang! [7 BE]

3 Einer der gefürchtetsten Maisschädlinge ist der Maiszünsler (*Ostrinia nubilalis*), ein Kleinschmetterling, der seine Eier auf der Blattunterseite von Maispflanzen ablegt. Die geschlüpften Raupen fressen dann neben den Blüten auch das Mark der Maispflanzenstängel.

3.1 Stellen Sie den Zusammenhang zwischen der Populationsgröße des Maiszünslers, der Anzahl seiner Fressfeinde und der Maisanbaufläche in einem Pfeildiagramm (je-desto-Beziehung) dar und erläutern Sie die von Ihnen dargestellten Zusammenhänge! [8 BE]

3.2 Zur Bekämpfung des Maiszünslers stehen verschiedene Verfahren zur Verfügung.

3.2.1 Das seit 2004 in Deutschland zugelassene Clothianidin ist ein Insektizid, das wie ein Transmitter an den Rezeptoren der erregenden Nervenzellen der Insekten wirkt, jedoch vom Transmitter spaltenden Enzym im synaptischen Spalt nicht abgebaut werden kann.
Erläutern Sie die Wirkungsweise des Insektizids auf die Raupen des Maiszünslers! [6 BE]

3.2.2 Ein US-Hersteller entwickelte eine transgene Maissorte mit zwei artfremden Genen. Eines der Fremdgene ist aus dem Bakterium *Bacillus thuringiensis* (Bt) entnommen und für die Bildung eines Proteins zuständig, das für die Schädlinge tödlich ist. Als Vektor für den Gentransfer in die Pflanze wird ein Hybridplasmid erzeugt.
Stellen Sie mithilfe beschrifteter Skizzen das Prinzip der Gewinnung eines Hybridplasmids dar und beschreiben Sie eine Methode zum Nachweis des erfolgreichen Einbaus einer Fremd-DNA in die Pflanzenzelle! [8 BE]

4 Unkrautvernichtungsmittel (Herbizide), z. B. auf Maisfeldern, sollen zum einen in geringen Dosierungen wirken und zum anderen hochspezifisch nur in pflanzliche Prozesse eingreifen.
In der folgenden Tabelle sind drei Herbizide mit ihrer entsprechenden Wirkung angegeben:

Tab.: Herbizide mit entsprechenden Strukturmerkmalen bzw. Eigenschaften[1]

Herbizid	**Strukturmerkmal bzw. Eigenschaft**
Triazine	Hemmung des Elektronentransports in der Thylakoidmembran
Diphenylether	Strukturell dem ADP-Molekül sehr ähnlich
Pyridazinone	Zerstörung von Farbstoffen

Erläutern Sie die Auswirkungen der jeweiligen Herbizide auf die Fotosynthese! [6 BE]

Lösungen

1 Die Fotosynthese ist der zentrale Stoffwechselvorgang, der dem Wachstum von Mais zugrunde liegt. Eines der wichtigsten Enzyme der Fotosynthese ist RubisCO, das für den Einbau von Kohlenstoffdioxid in der Fixierungsphase der lichtunabhängigen Reaktionen verantwortlich ist.
Erläutern Sie mithilfe eines beschrifteten Diagramms, wie sich eine Zunahme des Kohlenstoffdioxidgehaltes auf die Reaktionsgeschwindigkeit der Kohlenstoffdioxidfixierung auswirkt! [5 BE]

Lösungshinweis: Die Fixierung von Kohlenstoffdioxid in der lichtunabhängigen Reaktion erfolgt enzymatisch durch das Enzym RubisCO. Wie bei allen enzymatischen Prozessen ist auch hier die Reaktionsgeschwindigkeit v von der Substratkonzentration c(S) abhängig. Das Substrat ist Kohlenstoffdioxid. Ausgehend von konstanter Enzymmenge nimmt bei steigender Substratkonzentration die Geschwindigkeit bis zu einem Maximalwert (v_{max}) zu.

zu ①: Kohlenstoffdioxid-Moleküle treffen mit hoher Wahrscheinlichkeit auf unbesetzte RubisCO-Enzyme, weswegen die Reaktionsgeschwindigkeit v stark ansteigt

zu ②: Die Wahrscheinlichkeit, dass ein CO_2-Molekül auf ein unbesetztes RubisCO-Enzym trifft sinkt, da schon viele Kohlenstoffdioxid-Moleküle durch Enzyme verarbeitet werden; daher verlangsamt sich die Reaktionsgeschwindigkeit.

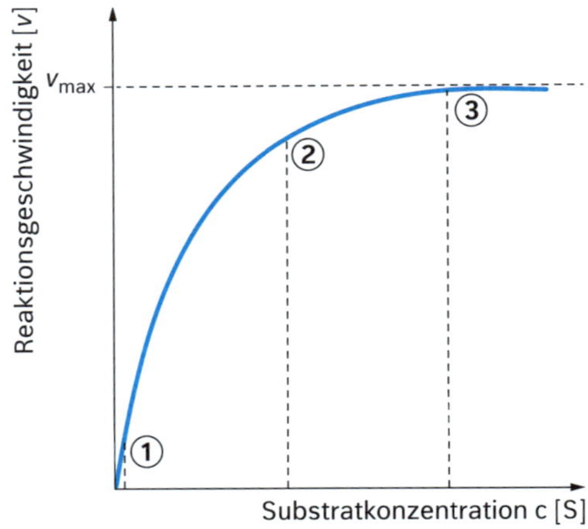

zu ③: Alle aktiven Zentren sind durch Kohlenstoffdioxid-Moleküle besetzt, damit ist die maximale Reaktionsgeschwindigkeit v_{max} erreicht und kein weiterer Anstieg der Reaktionsgeschwindigkeit möglich (Geschwindigkeit bleibt konstant)

2 In einem Experiment werden Maispflanzen mit violetten Körnern, die beim Trocknen nicht schrumpfen (beide Merkmale dominant), mit Maispflanzen mit gelben Körnern, die beim Trocknen schrumpfen, gekreuzt. In der nächsten Generation erhält man die Phänotypen der Eltern im Verhältnis 1:1.
Geben Sie die Genotypen der Ausgangspflanzen und der Folgegeneration an und charakterisieren Sie den Erbgang! [7 BE]

Lösungshinweis: Gemäß der Angabe erhält man in der F_2-Generation („… In der nächsten Generation …") nur Phänotypen der Eltern im Verhältnis 1:1. Diese Angabe soll Sie auf einen gekoppelten Erbgang hinweisen. Denn Sie erkennen einen dihybriden Erbgang mit gekoppelten Genen u. a. daran, dass bei der Rückkreuzung (Kreuzung mit homozygot, rezessivem Partner) der F_1-Generation in der F_2-Generation ein Phänotypen-Verhältnis von 1:1 statt 1:1:1:1 herauskommen kann:

<table>
<tr><th></th><th>Gekoppelter Erbgang</th><th>Nicht-gekoppelter Erbgang</th></tr>
<tr><td>P</td><td>AB AB x ab ab</td><td>AABB x aabb</td></tr>
<tr><td>F_1</td><td>AB ab</td><td>AaBb</td></tr>
<tr><td>F_2</td><td>
<table>
<tr><th></th><th>ab</th><th>Phänotypen-Verhältnis</th></tr>
<tr><td>AB</td><td>AB ab</td><td>1</td></tr>
<tr><td>ab</td><td>ab ab</td><td>1</td></tr>
</table>
Nur Phänotypen der Parental-Generation sichtbar.
</td><td>
<table>
<tr><th></th><th>ab</th><th>Phänotypen-Verhältnis</th></tr>
<tr><td>AB</td><td>AaBb</td><td>1</td></tr>
<tr><td>Ab</td><td>Aabb</td><td>1</td></tr>
<tr><td>aB</td><td>aaBb</td><td>1</td></tr>
<tr><td>ab</td><td>aabb</td><td>1</td></tr>
</table>
</td></tr>
</table>

Das ungewöhnliche Phänotypen-Verhältnis von 1:1 der F_2 kommt durch die Verletzung der 3. MENDEL'schen Regel zustande, die für gekoppelte Erbgänge nicht gilt.

In der Aufgabe ist nun nur verlangt, dass Sie die Genotypen der Ausgangspflanzen (= Parental-Generation) und deren Folgegenerationen (F_1, F_2) angeben (s. Tabelle, links, grau hinterlegt) sowie den Erbgang entsprechend charakterisieren.

Weitere erforderliche Angabe zu den Genotypen:

A: violette Kornfarbe	**B:** Körner schrumpfen beim Trocknen nicht
a: gelbe Kornfarbe	**b:** Körner schrumpfen beim Trocknen

Charakterisierung des Erbgangs: dominant-rezessiv, dihybrid, gekoppelter Erbgang

3.1 Stellen Sie den Zusammenhang zwischen der Populationsgröße des Maiszünslers, der Anzahl seiner Fressfeinde und der Maisanbaufläche in einem Pfeildiagramm (je-desto-Beziehung) dar und erläutern Sie die von Ihnen dargestellten Zusammenhänge! [8 BE]

Lösungshinweis: Bei einem Pfeildiagramm mit einer je-desto-Beziehung verwendet man das Symbol ⊕, um auszudrücken, dass eine Beziehung gleichsinnig ist („je mehr/größer ..., desto mehr/größer ..." bzw. „je weniger, desto weniger") und ⊖, wenn die Beziehung gegensinnig ist („je mehr, desto weniger" bzw. „je weniger, desto mehr"). Dabei kann es Kreisprozesse oder lineare Prozesse geben.

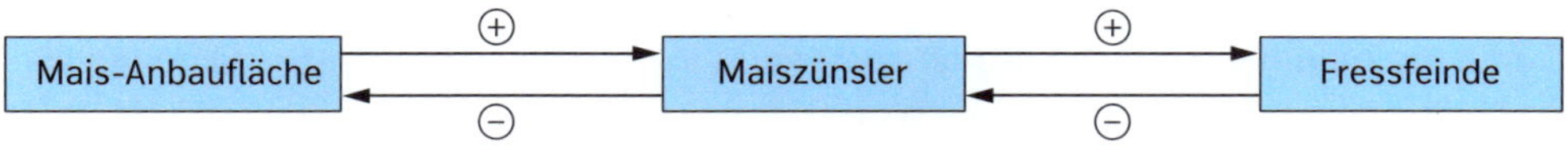

Das Pfeildiagramm liest sich wie folgt, beginnend von links nach rechts: Je größer die Anbaufläche für Mais-Pflanzen ist, desto mehr Maiszünsler können überleben. Je mehr Maiszünsler es gibt, umso mehr Fressfeinde werden angelockt und vermehren sich. Gibt es aber umso mehr Fressfeinde, geht die Maiszünsler-Population immer stärker zurück und je weniger Maiszünsler vorhanden sind, umso mehr Mais-Pflanzen überleben.

3.2.1 Das seit 2004 in Deutschland zugelassene Clothianidin ist ein Insektizid, das wie ein Transmitter an den Rezeptoren der erregenden Nervenzellen der Insekten wirkt, jedoch vom Transmitter spaltenden Enzym im synaptischen Spalt nicht abgebaut werden kann. Erläutern Sie die Wirkungsweise des Insektizids auf die Raupen des Maiszünslers! [6 BE]

Das Insektizid bindet an die Rezeptoren der ligandengesteuerten Natrium-Ionen-Kanäle im synaptischen Spalt und öffnet diese dadurch. An der subsynaptischen Membran strömen viele Natrium-Ionen in die postsynaptische Zelle. Dies führt zu einer Dauerdepolarisation mit starrer Lähmung (Krämpfe) und dem Tod des Insekts als Folge. Das Insektizid wird nicht abgebaut, weswegen die Wirkung dauerhaft ist.

3.2.2 Ein US-Hersteller entwickelte eine transgene Maissorte mit zwei artfremden Genen. Eines der Fremdgene ist aus dem Bakterium Bacillus thuringiensis (Bt) entnommen und für die Bildung eines Proteins zuständig, das für die Schädlinge tödlich ist. Als Vektor für den Gentransfer in die Pflanze wird ein Hybridplasmid erzeugt. Stellen Sie mithilfe beschrifteter Skizzen das Prinzip der Gewinnung eines Hybridplasmids dar und beschreiben Sie eine Methode zum Nachweis des erfolgreichen Einbaus einer Fremd-DNA in die Pflanzenzelle! [8 BE]

Eine Skizze zur Gewinnung eines Hybridplasmids, wie Sie sie zeichnen könnten, finden Sie auf Seite 83 unten in diesem Buch. Als Bakterienzelle wird in diesem Fall *Agrobacterium tumefaciens* verwendet.
Um nachzuweisen, dass das Hybridplasmid erfolgreich in die Pflanzenzellen eingebaut wurde, kann man das Plasmid mit Reporter-Genen oder Marker-Genen zusätzlich ausstatten. Die Reporter-Gene codieren meist für Enzyme, die man mittels einfachen Farbreaktionen nachweisen kann. Die Marker-Gene lassen die Pflanzen resistent gegenüber bestimmten Herbiziden werden. In beiden Fällen wäre bewiesen, dass die Fremd-DNA erfolgreich eingebaut wurde.

4. Erläutern Sie die Auswirkungen der jeweiligen Herbizide auf die Fotosynthese! [6 BE]

Auswirkung von **Triazin** auf die Fotosynthese:
Durch die Hemmung des Elektronentransports in der Thylakoidmembran können keine Elektronen auf $NADP^+$ übertragen und somit keine Reduktionsäquivalente NADPH/H+ für die Dunkelreaktion erzeugt werden. Die Fotosynthese kommt zum Erliegen.
Auswirkung von **Diphenylether** auf die Fotosynthese:
Da hier eine strukturelle Ähnlichkeit zwischen dem Herbizid und ADP besteht, findet ein kompetitiver Prozess bei der Synthese von ADP + Ⓟ → ATP statt:

Herbizid + Ⓟ → phosphoryliertes Herbizid.

Dadurch steht der Pflanze in der Dunkelreaktion zu wenig ATP zur Verfügung und die Fotosynthese kommt ebenfalls zum Erliegen.
Auswirkung von **Pyridazinon** auf die Fotosynthese:
Der Blattfarbstoff Chlorophyll wird zerstört, weswegen keine Anregung durch Licht mehr geschehen kann. Dadurch finden weder die Lichtreaktion noch die Dunkelreaktion der Fotosynthese statt.

Materialgrundlage

Abbildung und Tabellen:

1 P. Böger: *Die photosynthetische Membran als Angriffsort für Herbizide.* In: Biologie in unserer Zeit. 13.Jahrg., 1983, Nr.6

C2 – Cyanobakterien

1 Sowohl Cyanobakterien als auch Grünalgen kommen als Einzelzellen und Zellkolonien in zahlreichen Lebensräumen vor. Auch die Fotosynthese läuft bei beiden Organismengruppen gleich ab. Zudem besteht bei den Fotosynthesepigmenten große Übereinstimmung, wobei Cyanobakterien anders als Grünalgen zusätzlich das blaue Pigment Phycocyanin besitzen.

1.1 Die folgende Abbildung zeigt den schematischen Aufbau einer Cyanobakterienzelle:

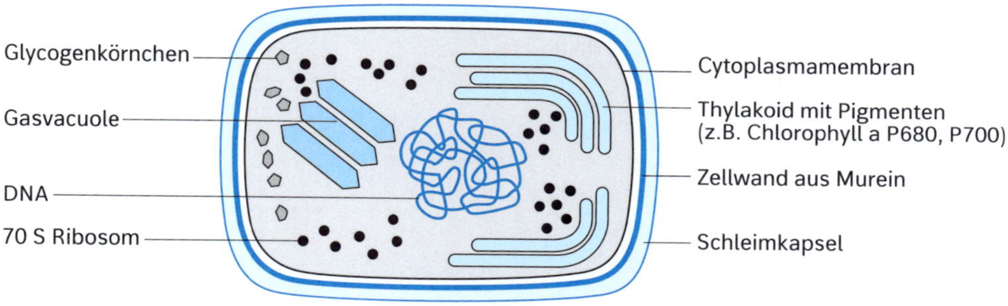

Abb. 1: Schematischer Aufbau einer Cyanobakterienzelle[1]

Früher nannte man die Cyanobakterien Blaualgen wegen der genannten Ähnlichkeiten mit den Grünalgen. Erörtern Sie anhand von Abbildung 1, weshalb man heute auf den Begriff Blaualgen verzichten sollte und die Bezeichnung Cyanobakterien gerechtfertigt ist. [5 BE]

1.2 Neben photoautotrophen Organismen kennt man seit dem 19. Jahrhundert auch chemoautotrophe Lebewesen. Im folgenden Schema ist die Chemosynthese farbloser Schwefelbakterien vereinfacht dargestellt:

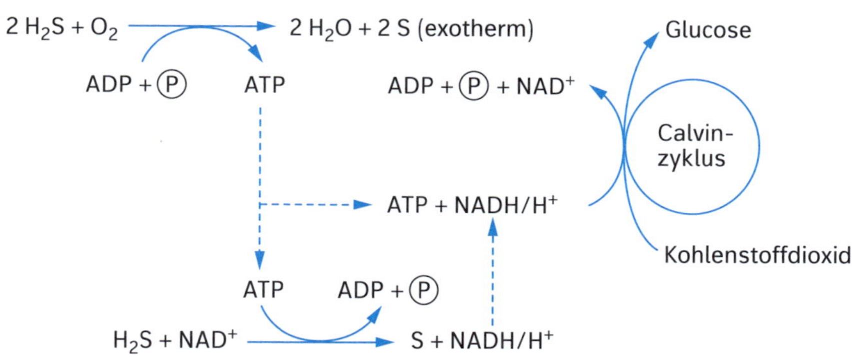

Abb. 2: Vereinfachte, schematische Darstellung der Chemosynthese farbloser Schwefelbakterien[2], Anmerkung: Calvinzyklus entspricht den lichtunabhängigen Reaktionen

Vergleichen Sie unter Berücksichtigung von Abbildung 2 die Stoffwechselwege der Chemosynthese und der Fotosynthese im Hinblick auf grundlegende Gemeinsamkeiten und Unterschiede! [8 BE]

2 Erstes Leben trat auf der Erde vor ca. 3,5-4 Mrd. Jahren auf. Tabelle 1 zeigt verschiedene in der Erdgeschichte auftretende Organismengruppen. In Abbildung 3 ist vereinfacht die Entwicklung des Sauerstoffgehalts in der Atmosphäre im Verlauf der letzten 4,5 Milliarden Jahre dargestellt.

Tab. 1: Verschiedene in der Erdgeschichte auftretende Organismengruppen

A	B	C	D
aerobe heterotrophe Prokaryoten	anaerobe heterotrophe Prokaryoten	mehrzellige Pflanzen	Cyanobakterien mit Fotosynthese

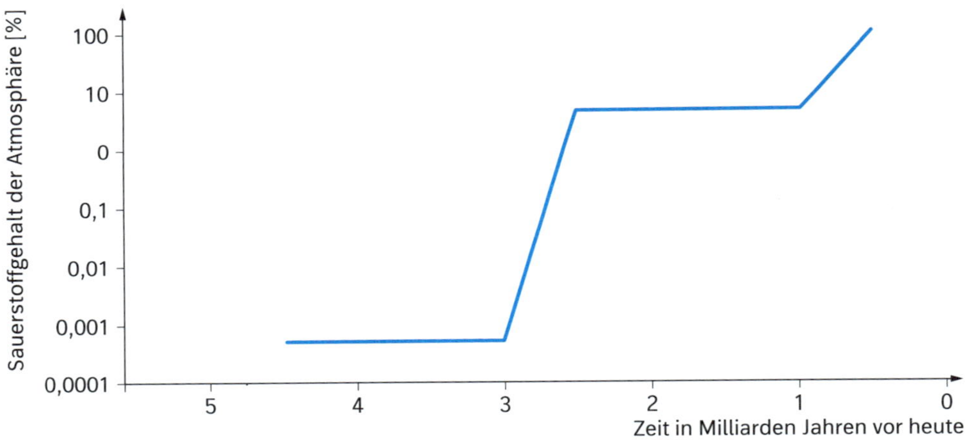

Abb. 3: Entwicklung des Sauerstoffgehalts in der Atmosphäre im Verlauf der letzten 4,5 Milliarden Jahre[3]

2.1 Schätzen Sie den Zeitpunkt des erstmöglichen Auftretens der angegebenen Organismengruppen A bis D ab und begründen Sie Ihre Angabe! [8 BE]

2.2 Auf aerobe Lebewesen wirkt Sauerstoff als begünstigender Selektionsfaktor. Legen Sie den Selektionsvorteil unter Mitverwendung geeigneter Stoffbilanzgleichungen des Energiestoffwechsels dar! [6 BE]

3 Viele Cyanobakterien, z. B. *Anabaena*, haben eine wichtige ökologische Bedeutung im globalen Kohlenstoff- und Stickstoffkreislauf. In den fadenartigen Zellkolonien von *Anabaena* kommen spezielle Zellen vor, die Heterocysten. Diese können aus elementarem Stickstoff mithilfe des Enzyms Nitrogenase Verbindungen herstellen, die für alle Lebewesen unverzichtbar sind.
In einer Versuchsreihe wurde die Aktivität der Nitrogenase untersucht. Es wurde bei allen Experimenten die gleiche Menge des Enzyms eingesetzt. Außerdem

fanden die Versuche in Stickstoffatmosphäre statt. Die Ergebnisse sind in Tabelle 2 zusammengefasst.

Tab. 2: Ergebnisse von Experimenten zur Aktiviät von Nitrogenase (+ Substanz vorhanden; – Substanz nicht vorhanden)

Ansatz	Temp.	O_2	ATP	Nitrogenase	Kupfer(II)-sulfat	Enzymaktivität
1	20 °C	–	+	+	–	hoch
2	20 °C	–	–	+	–	keine
3	20 °C	+	+	+	–	keine
4	20 °C	–	–	+	+	keine
5	8 °C	–	+	+	–	gering
6	85 °C	–	+	+	–	keine

3.1 Erklären Sie die Enzymaktivitäten in den Ansätzen 1, 3, 5 und 6! [9 BE]

3.2 Begründen Sie, welcher der sechs Versuchsansätze kein aussagekräftiges Ergebnis liefert! Formulieren Sie einen Verbesserungsvorschlag! [4 BE]

Lösungen

1.1 Früher nannte man die Cyanobakterien Blaualgen wegen der genannten Ähnlichkeiten mit den Grünalgen. Erörtern Sie anhand von Abbildung 1, weshalb man heute auf den Begriff Blaualgen verzichten sollte und die Bezeichnung Cyanobakterien gerechtfertigt ist. [5 BE]

Lösungshinweis: Zur Lösung der Aufgabe ist es erforderlich, dass Sie die Grünalgen als eukaryotische Zellen einordnen können. Mithilfe des dargestellten Zellaufbaus sollen Sie hier die Merkmale einer prokaryotischen Zelle erkennen und diese von einer Eucyte abgrenzen (siehe Seite 42).

Der Name „Blaualgen" würde implizieren, dass diese Lebensform ebenso wie die Grünalgen zur Gruppe der Eukaryoten zählt. Bei eukaryotischen Zellen würde man lineare DNA in einem Zellkern, eine Zellwand aus Cellulose und 80S Ribosomen erkennen. Das Cyanobakterium weißt in seiner Zellstruktur jedoch typische Merkmale einer Procyte auf: Es besitzt eine ringförmige DNA frei im Zellplasma, eine Zellwand aus Murein, 70S Ribosomen sowie Thylakoide, also Einstülpungen der Cytoplamamembra zur Oberflächenvergrößerung. Daher ist der Name „Cyanobakterium" die treffendere Bezeichnung für diese Organismen.

1.2 Vergleichen Sie unter Berücksichtigung von Abbildung 2 die Stoffwechselwege der Chemosynthese und der Fotosynthese im Hinblick auf grundlegende Gemeinsamkeiten und Unterschiede! [8 BE]

Lösungshinweis: Notieren Sie sich die Lichtreaktion in groben Zügen (siehe Seite 55), um Gemeinsamkeiten und Unterschiede leichter zu erkennen.
Die nachfolgende Antwort enthält zusätzliche Erläuterungen *(kursiv)*. Diese sind in der Aufgabenstellung nicht gefordert.

	Chemosynthese	**Fotosynthese**
	Gemeinsamkeiten	
Kohlenstoffquelle	Kohlenstoffdioxid → Aufbau von des Kohlenhydrats Glucose in der lichtunabhängigen Reaktion (CALVIN-Zyklus)	
Energiebereitstellung	ATP als energieübertragendes Molekül	
	Unterschiede	
Elektronenquelle	H_2O *Das Sauerstoffatom des Wassermoleküls wird oxidiert und liefert Elektronen für den Elektronentransport in Redoxsystemen. Dadurch wird Sauerstoff freigesetzt.*	H_2S *Hier wird das Schwefelatom zu elementarem Schwefel oxidiert und parallel dazu Sauerstoff reduziert. Dadurch entstehen die Produkte Wasser und Schwefel. Es liegt keine Elektronentransportkette vor.*
Energiequelle	Licht *Sonnenlicht ist in der Lichtreaktion notwendig, um die Elektronen in den Fotosystem I und II anzuregen und Reduktionsäquivalente aufzubauen. Denn die Spaltung des Wassermoleküls ist ein endothermer Vorgang.*	Reaktion von H_2S *Die exotherme Redoxreaktion setzt die Energie frei, die zum Aufbau von ATP benötigt wird.*
Reduktionsäquivalente	$NADPH/H^+$	$NADH/H^+$

2.1 Schätzen Sie den Zeitpunkt des erstmöglichen Auftretens der angegebenen Organismengruppen A bis D ab und begründen Sie Ihre Angabe! [8 BE]

Lösungshinweis: Hier stehen die Reihenfolge der Organismen und deren Begründung im Vordergrund. Die genaue zeitliche Abgrenzung sollte zur Begründung passen, muss jedoch nicht exakt mit den nachfolgenden Angaben übereinstimmen.

Zeit in Mrd. Jahren	Auftretende Organismenform	Begründung
3,5 – 4,5	B	Es herrschen anaerobe Bedingungen, die Ursuppe dient als Nahrungsquelle für anaerobe, heterotrophe Prokaryonten.
(vor) 3	D	Durch die Entstehung der Cyanobakterien und damit einhergehend durch die „Erfindung" des Fotosyntheseprozesses kommt es zu einer Anreicherung von Sauerstoff in der Atmosphäre.
(ab) 3 – 2,5	A	Bei einem ausreichenden Anteil Sauerstoff in der Atmosphäre können sich aerobe, heterotrophe Prokaryonten entwickeln.
1 – 0,5	C	Erst bei einem weiteren Anstieg der Sauerstoffkonzentration in der Erdatmosphäre können mehrzellige Pflanzen aus photoautotrophen Eukaryonten entstehen.

2.2 Auf aerobe Lebewesen wirkt Sauerstoff als begünstigender Selektionsfaktor. Legen Sie den Selektionsvorteil unter Mitverwendung geeigneter Stoffbilanzgleichungen des Energiestoffwechsels dar! [6 BE]

Auf aerobe Lebewesen wirkt Sauerstoff als Selektionsvorteil, da pro 1 Mol abgebauter Glucose bei der Zellatmung eine höhere ATP-Ausbeute möglich ist als im Vergleich zu einem anaeroben Abbau:

Zellatmung: $C_6H_{12}O_6 + 6\ O_2 + 38\ ADP + 38\ \text{Ⓟ} \rightarrow 6\ CO_2 + 6\ H_2O + 38\ ATP$

Alkoholische Gärung: $C_6H_{12}O_6 + 2\ ADP + 2\ \text{Ⓟ} \rightarrow 2\ C_2H_6O + 2\ CO_2 + 2\ ATP$

Dadurch können die Nährstoffressourcen von den aerob lebenden Organismen viel effizienter genutzt werden.

3.1 Erklären Sie die Enzymaktivitäten in den Ansätzen 1, 3, 5 und 6! [9 BE]

Lösungshinweis: Lesen Sie als erstes die Normalbedingungen aus der Tabelle heraus und ordnen Sie dann die Ihnen bekannten Regulations- und Hemmungsarten für Enzyme zu (siehe Seite 46 ff.).

Bei Ansatz 1 liegt eine hohe Enzymaktivität vor, das bedeutet die gegebenen Bedingungen (20 °C, Vorhandensein von ATP) scheinen wichtige Faktoren für die Enzymaktivität der Nitrogenase zu sein. Ansatz 2 ist keine Enzymaktivität erkennbar. Sauerstoff wirkt scheinbar hemmend auf das Enzym. Der Versuchsansatz 5 weist nur geringe Nitrogenaseaktivität auf. Dies ist auf die niedrige Temperatur (8 °C) zurückzuführen. Entsprechend der RGT-Regel steigt die Reaktionsgeschwindigkeit mit der Temperatur. Daher liegt bei niedrigen Temperaturen stets eine geringere Enzymaktivität vor. Die hohe Temperatur (85 °C) führt in Ansatz 6 zur Hitzedenaturierung der Nitrogenase. Dabei wird die Raumstruktur des Enyzms so verändert, dass das

Substrat nicht mehr am aktiven Zentrum binden kann. Somit ist keine Katalyse mehr möglich.

3.2 Begründen Sie, welcher der sechs Versuchsansätze kein aussagekräftiges Ergebnis liefert! Formulieren Sie einen Verbesserungsvorschlag! [4 BE]

Lösungshinweis: Beachten Sie, dass bei der Planung einer Versuchsreihe in jedem Ansatz immer nur eine Variable geändert wird, um eine klare Aussage über diese eine Variable treffen zu können.

In Ansatz 4 fehlt ATP und es ist zugleich Kupfer(II)-sulfat zugegeben worden. Daher lässt sich aus diesem Versuchsansatz keine Aussage über die Wirkung von Kupfer(II)-sulfat treffen.
Um die Wirkung von Kupfer(II)-sulfat auf die Enzymaktivität zu testen, muss ATP sowie eine Temperatur von 20 °C vorhanden sein, da die Nitrogenase unter diesen Bedingungen katalytisch aktiv ist (siehe Ansatz 1). Zusätzlich muss diesem Ansatz dann das Kupfersalz zugegeben werden.

Materialgrundlage

Abbildung und Tabellen:

1 verändert nach: V. Wolff: *Giftgrün.* In: Unterricht Biologie. 215 (1996), S. 52-53
2 verändert nach: R. W. Meyer: *Die Chemosynthese.* In: Unterricht Biologie. 153 (1990), S. 34
3 verändert nach: J. Markl: *Markl Biologie – Oberstufe.* Ernst Klett Verlag, Stuttgart, 2010, S. 287